JICENG SHOUYI CHANGJIAN NIUBING
ZHENLIAO SHOUCE

基层兽医常见牛病诊疗手册

梁锐萍　张升军　李宪博　主编

U0306676

中国农业科学技术出版社

图书在版编目(CIP)数据

基层兽医常见牛病诊疗手册/梁锐萍,张升军,李宪博主编.--北京:中国农业科学技术出版社,2024.3

ISBN 978-7-5116-6702-1

Ⅰ.①基… Ⅱ.①梁…②张…③李… Ⅲ.①牛病-诊疗-手册 Ⅳ.①S858.23-62

中国国家版本馆 CIP 数据核字(2024)第 028604 号

责任编辑	张国锋
责任校对	王 彦
责任印制	姜义伟 王思文

出 版 者	中国农业科学技术出版社
	北京市中关村南大街 12 号　　邮编:100081
电 话	(010) 82109705 (编辑室)　　(010) 82109702 (发行部)
	(010) 82109709 (读者服务部)
网 址	https://castp.caas.cn
经 销 者	各地新华书店
印 刷 者	北京富泰印刷有限责任公司
开 本	170 mm×240 mm　1/16
印 张	15
字 数	300 千字
版 次	2024 年 3 月第 1 版　2024 年 3 月第 1 次印刷
定 价	58.00 元

《基层兽医常见牛病诊疗手册》

编写人员名单

主　编　　梁锐萍　　张升军　　李宪博

副主编　　纪萌萌　　臧金刚　　吴星星　　冯小宇

　　　　　许文娟　　张兴华

编　委　　徐彩玲　　高晓龙　　李海生　　梅　力

　　　　　赵德浩　　刁瑞萍　　米娜古丽·铁木汉

　　　　　龙木措　　章　晔　　张　楠

前　言

当前，我国养牛业规模化程度不断提高，牛群密度增大，应激因素增多，圈舍卫生和牛群防疫的难度加大，牛病的流行情况越来越复杂，有些疫病甚至还可引发公共卫生问题。与此同时，基层兽医又因传统兽医观念的束缚，仍然停留在就病论病、单纯治疗的层面上，缺乏整体观念，难以应对当前牛病流行的新情况。为此，掌握牛病的流行情况，预测未来牛病的流行趋势，尽快从"治疗兽医"转向"预防兽医"，才能提高牛病治疗效果，更加有效地控制疾病的发生，减少经济损失。

基于这种想法，我们组织编写了《基层兽医常见牛病诊疗手册》一书，介绍了牛病的诊断方法和治疗技术、牛病常用兽药与临床处方，对基层兽医常见的牛内科病、外科与肢蹄病、中毒病、产科病、传染病、寄生虫病等，分别从发病原因、流行特点、临床症状、治疗、预防等方面，进行了比较全面的阐述。本书作者长期从事畜牧兽医研究、教学和生产服务一线，编写过程中力求内容系统完整、语言通俗易懂、技术先进实用、用药安全规范，特别适合基层兽医、规模化牛场兽医及饲养管理人员参考使用，也是大中专院校畜牧兽医专业师生的重要参考资料。

感谢北京中惠农科文化发展有限公司为本书做的宣传推广工作！

由于编者水平有限，加之全国各地情况不一，书中偏误和纰漏在所难免，敬请广大读者针对性地学习，选择性地应用，对不当之处不吝批评指正，以便进一步修改补充。

编者

2023. 10

目　　录

第一章

牛病的诊断方法与治疗技术

第一节　牛病临床诊断的基本方法

为了发现和收集作为诊断根据的症状资料，需用各种特定的方法，对病牛进行客观的观察与检查。以诊断为目的，应用于临床实际的各种检查方法，称为临床检查法。

从临床诊断的角度，通过问诊调查了解和应用检查者的眼、耳、手、鼻等感觉器官，对病牛进行直接的检查，仍是当前最基本的临床检查方法。

基本的临床检查法主要包括：问诊、视诊、触诊、听诊、叩诊和嗅诊。因为这些方法简单、方便、易行，在任何场所均可采用，并且多可直接地、较为准确地判断病理变化，所以一直被沿用为临床诊断的基本方法。

一、问诊

问诊是向饲养员询问了解有关病牛的发病情况，通过询问病情而诊断疾病的方法。问诊内容主要包括以下 3 个方面。

（一）发病经过及诊疗情况

了解病牛的发病时间、发病头数、主要症状以及诊疗情况等。包括是否进行过诊断性治疗，曾诊断为何种病，用药情况、治疗多长时间、效果如何等，可作为诊断和用药参考。

（二）饲养管理情况

了解草料（种类、来源、品质、调制、饲喂方法、配合比例等），饲养方法及最近有无改变等情况。如草料单一，容易患代谢性疾病；草料质量不好或饲喂方法不当，易患胃肠疾病；霉变饲料易引起中毒病等。同时还应了解圈舍的保温、通风、防暑、光照条件以及厩舍及牛体卫生条件等。

（三）既往病史

包括过去发病治愈等情况，以及本地区疫源和疫情等，如果病牛是新购进的，要了解购进地有无疫病流行，结合检查，可考虑是否有传染病以及帮助诊断病因。

二、视诊

视诊就是用肉眼观察病牛的状态，直观地了解诊断疾病。视诊是临床上最常用、最简单、最实用，往往也是最有价值的疾病检查方法。

内容主要包括：观察病牛全身状态，如营养、精神、姿势、被毛、腹围等；注意有无某些生理活动异常，如呼吸运动、反刍、排尿排粪动作、排粪量以及体表各部分、口、鼻等情况，如皮肤颜色及有无出汗，体表有无创伤和肿胀，可视黏膜的颜色和有无水疱、溃疡，内眼角、鼻腔、阴门等有无分泌物等。

三、触诊

即利用手指、手掌或拳头对牛体某部位进行病变检查。以手或手背感觉牛体表温度、湿度及肌肉张力、脉搏跳动等；以手指进行加压或揉捏，判断局部病变或肿物的硬度；以刺激为手段，判断牛的敏感性。触诊可感觉到的病变性质，主要有如下几种。

（一）捏粉样

感觉稍柔软，如压生面团样，指压留痕，除去压迫后慢慢平复。见于组织间发生浆液性浸润时，如皮下水肿。

（二）波动性

柔软有力，指压不留痕，行间歇压迫时有波动感。见于组织间有液体滞留且组织周围弹力减弱时，如血肿、脓肿等。

（三）坚实

感觉坚实致密，硬度如肝。见于组织间发生细胞浸润时（如蜂窝织炎）或结缔组织增生时。

（四）硬固

感觉组织坚硬如骨，见于骨瘤。

（五）气肿性

感觉柔软稍具弹性，并感觉有气体向邻近组织逃窜，同时可听到有如在耳边捻发音。见于组织间有气体集聚时，如皮下气肿、气肿疽、恶性水肿等。

四、听诊

应用听诊器通过听取牛体心、肺、喉、气管、胃肠等器官发出的音响，推断内部器官的病理改变，常用于功能检查。听诊可分为直接听诊和间接听诊。前者常用于咳嗽、气喘、磨牙等的检查；后者应用较多，特别是心、肺及胃肠音响的检查。间接听诊常与叩诊结合应用，以判定被检查器官是否膨大或移位，以及与其他器官的界限。

五、叩诊

即用手指、小叩击锤、叩击板叩打牛体某一部位，根据所产生音响的性质，以推断被叩打的组织和深部器官有无病理改变的一种检查方法。按是否使用器械分为直接叩诊和间接叩诊。间接叩诊法包括手指叩诊法和槌板叩诊法。

叩诊音，根据被叩诊组织是否含有气体，分为清音（含气组织振动时发出的声音）、浊音和钢管音。广义的清音包括正常的肺叩诊音、鼓音和过清音3种。狭义的清音仅指正常肺叩诊音而言。广义的浊音包括相对浊音（半浊音）和绝对浊音（浊音或实音），钢管音是皱胃变位后叩诊出现的声音。一般肺部为清音；肌肉、肝脏、心脏为浊音；肝边缘为相对浊音区（半浊音）；瘤胃臌气时为鼓音。

六、嗅诊

嗅诊又称闻诊，是借助嗅觉对动物分泌物、排泄物和呼出的气体及皮肤气味进行辨别的诊断方法。用嗅觉判别牛患病的情况比较普遍，也有助于病原微生物的种类鉴别。如尿毒症，皮肤和汗液带有尿味；酮血病时，牛呼出气体、汗液或排出的尿液有芳香甜气味等；大肠杆菌感染的脓汁常有粪臭味，绿脓杆菌感染的脓汁呈绿色带腐草臭；厌气菌感染的脓汁一般具有奇臭味。

牛的常用生理指标见表1-1至表1-3。

表1-1　牛的3个基本生理常数

项目	体温（℃）	脉搏（次/min）	呼吸（次/min）
数值	37.5	40~80	10~30

表1-2　牛消化系统的几个生理指标

反刍 （次/昼夜）	每次反刍 持续时间 （min）	每个食团 咀嚼次数	瘤胃蠕动	嗳气 （次/h）	排粪 （次/昼夜）	粪量 （kg/昼夜）
8～15	40～50	50～70	不到2次	20～40	12～18	20～40

表1-3　牛的繁殖生理指标

使用年限	初配年龄	发情周期 （d）	发情持续期 （d）	妊娠期 （d）
母牛9～11胎， 种公牛5～6年	母牛16～22月 种公牛18～22月	18～25（平均21）	1～2	285

第二节　牛病的临床检查

一、临床检查程序

临床检查程序也称为临床检查方案，是指在临床上，按照一定的顺序，有系统、有目的地对病牛进行全面检查，是避免遗漏主要症状和产生误诊的有效手段。因为造成误诊的原因，往往是由于这样或那样的项目漏检所致。在临床实践工作中，对病牛一般按照下列顺序进行检查。

（一）病牛登记

病牛登记的主要内容包括：病牛所在牛舍号、名称、耳号、年龄、特征、发病日期、初诊日期、诊疗用药情况等。

（二）病史调查

病史调查包括疾病史、生活史调查。疾病史主要调查发病时间、病后表现、过去是否患过同样疾病，附近相邻牧场有无类似疾病发生，以及治疗情况。生活史包括饲养管理情况、防疫卫生制度贯彻情况等。

（三）一般检查

一般检查的内容包括病奶牛全身状态、被毛及皮肤状态、眼结膜及可视黏膜和体表淋巴结以及体温、脉搏及呼吸次数的检查。

（四）系统检查

系统检查包括对牛循环系统、呼吸系统、消化系统、泌尿系统、神经系统、运动系统、乳房检查、病料检查等各系统的系统检查。

二、临床一般检查

(一) 全身状态的观察

观察牛的全身状态，主要包括精神状态、发育情况、营养状况、体格、姿势与步态等。

1. 精神状态

主要观察病牛的神态，根据其耳的运动，眼的表情及各种反应、举动而判定。正常时中枢神经系统的兴奋与抑制两个过程保持动态的平衡。正常牛反应机敏、灵活。精神异常可表现为抑制或兴奋。抑制状态主要见于热性病、重症病牛及某些脑病与中毒；兴奋状态一般多见于脑病或中毒病。

2. 营养、发育与体格检查

观察牛肌肉的丰满度、皮下脂肪的蓄积量、皮肤与被毛状况，判断牛的营养状况。根据牛的体长、体高、胸围等体尺判断发育情况；根据病牛的头、颈、躯干及四肢、关节各部位的发育情况和形态、比例关系，判断躯干状况。

体格发育不良的奶牛，躯体矮小、瘦弱无力、体长而扁、肢长而细，发育迟缓或停滞，这多是由于营养不良或慢性消耗性疾病所致。患佝偻病时，见躯体矮小、头大颈短、关节变粗、四肢弯曲或脊柱凹凸变形。营养状态与动物机体的代谢功能和饲养、管理条件有密切关系。营养不良可见于营养缺乏及代谢紊乱性疾病，长期的消化障碍（如慢性胃肠卡他）及慢性消耗性疾病（如发热病、某些传染病及寄生虫病）等。

3. 姿势、步态检查

病牛表现姿势为异常，如站立不稳姿势，多是病牛患一些疼痛性疾病，如蹄叶炎。强迫站立姿势，如破伤风患牛肌肉强直，四肢开张如"木马"。强迫横卧姿势多因神经系统的功能障碍引起，如脑炎、中暑、牛产后瘫痪等疾病。患牛昏迷时多呈横卧姿势。

(二) 被毛及皮肤检查

1. 被毛

健康牛被毛平顺而有光泽，每年春秋两季脱换新毛。患营养不良和慢性消耗性疾病的病牛，被毛常蓬乱而无光泽、易脱落或换毛季节推迟，湿疹或毛癣、疥癣等皮肤病，常表现为局部被毛脱落。

2. 皮肤检查

主要检查皮肤温度、湿度、气味、弹性、皮肤及皮下肿胀、皮肤丘疹和皮肤完整性检查。热性病时常表现全身皮温升高；局部发炎常表现局部性皮温升高；因衰竭、局部大出血、产后瘫痪等病理性体温过低时，则表现为全身皮温降低；局部水肿或外周神经麻醉时，常表现为一定部位冷感；末梢循环障碍时，则皮温分布不均，耳根、鼻镜、四肢末梢冷厥。健康牛皮肤有弹性，牛营养不良、失水以及患皮肤病时，皮肤弹性降低。

3. 鼻镜检查

健康牛鼻镜湿润，附有较多的小水珠，触之有凉感。而病牛鼻镜常干燥、增温，甚至发生龟裂，触之有热感。

（三）可视黏膜检查

牛可视黏膜检查的部位包括眼结膜、鼻黏膜、口腔黏膜及阴道黏膜等，仔细观察黏膜有无苍白、潮红、发绀（红紫色或青紫色），以及有无肿胀、出血、溃疡等。其中，眼结膜检查最常用。

检查牛眼结膜，通常需检查牛的眼球结膜，即巩膜和眼睑结膜。检查时，两手持牛角，使牛头转向侧方，巩膜自然露出。检查眼睑结膜时，用大拇指将下眼睑压开。健康牛眼球结膜呈淡粉红色。结膜苍白、结膜弥漫性潮红、结膜发绀和结膜黄染等变化，均属疾病状态。结膜苍白是贫血的表现，如大失血、肝脾破裂、营养性贫血、肠道寄生虫病等；结膜弥漫性潮红是充血（血液循环障碍）的表现，见于眼的发热性疾病，如外伤、结膜炎及各种急性热性传染病；结膜发绀是淤血的表现或血液中还原型血红蛋白增多的结果，见于肺炎、心力衰竭及某些中毒病；结膜黄染是黄染的表征或血液内胆红素增多的结果，见于肝脏疾病及某些中毒病及附红细胞体病等。

（四）淋巴结检查

主要通过触诊和视诊，检查淋巴结的位置、形态、大小、硬度、敏感性及移动性等。临床上具有重要诊断意义的淋巴结有下颌淋巴结、膝上淋巴结、肩前淋巴结。

健康牛淋巴结较小，而且深藏于组织内，一般难以摸到。淋巴结主要检查其大小、形状、硬度、温度敏感性以及移动性。牛淋巴结病变有急性、慢性肿胀。

1. 急性肿胀

表现淋巴结体积增大，变硬，伴有热、痛反应。急性肿胀可见牛的白血病；牛患泰勒氏焦虫病时全身淋巴结急性肿胀；淋巴结偶有波动时多见于炭疽。

2. 慢性肿胀

无热、痛反应，较坚硬，表面不平，不易向周围移动，常见于副鼻窦炎、结核病、牛淋巴细胞白血病及放线菌感染等。

（五）体温检查

测温前先把体温计的水银柱甩到35℃以下，涂上润滑剂或水。测温人站在牛正后方，左手提牛尾，右手将体温计斜向前上方徐徐捻转插入牛肛门，用体温计夹子夹在尾根部尾毛上，隔 3~5min 取出查看。牛经过使役、剧烈活动、日晒、大量饮水后，应休息 30min 后再测体温。

健康牛的体温一般上午高、下午低，温差在 1℃ 以内。所以，一般应该在每天上午 8—9 时和下午 4—5 时各测量 1 次，观察体温日差变化。正常犊牛的体温为 38.5~39.5℃，青年牛为 38~39.5℃，成年牛为 38~39℃。

如果发现牛的体温低于正常值，多由于体热散失过多，或产热不足、代谢高度减退等所致。通常见于大失血、内脏破裂、严重脑病、中毒性疾病、重急症末期或者将要死亡；如果牛的体温高于正常范围并伴有发热症状的，则可判断该牛已发热。病牛体温升高 1℃ 内的为微热，升高 2℃ 以内的为中热，升高 2℃ 以上的为高热。

发热可见 3 种热型：稽留热：高热持续 3d 以上，且每日温差在 1℃ 以内，多见于传染性胸膜肺炎、犊牛副伤寒等；弛张热：日温差在 1℃ 以上，常见于化脓性疾病、败血症及支气管肺炎等；间歇热：表现为有热和无热期交替出现，多见于结核、锥虫病、焦虫病等。

三、系统检查

（一）循环系统检查

在临床诊断中，准确地判断心血管系统的功能状态，不仅在诊断上十分重要，而且对推断预后也有一定的意义。因此，心血管系统的检查是一项非常重要的内容。心血管系统的检查，主要应用视诊、听诊、叩诊的方法。

1. 心脏的临床检查

（1）心搏动的视诊与触诊　心搏动的强度取决于心脏的收缩力量、胸壁的厚度、胸壁与心脏之间的介质。病理性的心搏动增强，可见于一切引起心脏功能亢进，如发热病的初期，伴有疼痛性的疾病，轻度的贫血，心脏病的代偿期（如心肌炎、心包炎、心内膜炎的初期）以及病理性的心肥大等。心搏动减弱，表现为心区的震动微弱甚至难以感知。

心搏动的减弱可见于：①引起心脏衰弱、心室收缩无力的病理性过程，如心脏病的代偿期；②病理性原因引起的胸壁肥厚，如当纤维素性胸膜肺炎或胸壁浮肿时；③胸壁与心脏之间的介质状态的改变，如当渗出性胸膜炎、胸腔积水、肺气肿、渗出性纤维素性心包炎时。在牛的创伤性心包炎时，有大量的渗出液蓄积，心搏动特别微弱。

（2）心区的叩诊　心脏正常的叩诊音为浊音，心脏叩诊浊音区缩小提示肺气肿的发生。心脏叩诊浊音区扩大，可见于心肥大、心扩张以及渗出性心包炎、心包积液。当心区叩诊时，牛表现回视、躲闪或反抗而呈疼痛不安，乃心区敏感反应，常是心包炎或胸膜炎的特征。当牛患创伤性心包炎时，除可见浊音区扩大、呈敏感反应外，有时可呈鼓音或浊鼓音。

（3）心脏的听诊　除心脏本身能够发生疾病外，其他系统的疾病都会影响心脏机能。因此，了解心脏状态，不仅可以诊断循环系统疾病，而且对了解全身机能状态，判定疾病预后，都有重要意义。牛心脏的5/7位于胸腔左侧部。心脏基部位于胸腔1/2高度的水平线上，心尖部位于第5肋骨上方5~6cm处，后缘斜对第5肋间。心脏与网胃（第二胃）很靠近，只隔一层横膈膜。因此，网胃内有金属尖锐物等异物时，容易由网胃经横膈膜刺伤心包及心肌。

听诊心脏时，一般用听诊器在左侧胸壁前下方，肘关节内侧听取心音。牛的心音最强听取点，二尖瓣在左侧第4~5肋间，主动脉半月瓣在左侧第四肋间，肺动脉音在左侧第3肋间，三尖瓣音在右侧第3~4肋间。

① 正常心音。在健康牛的每个心动周期中，可以听到"噜—嗒"有节奏的交替而来的2个声音，称为心音，前一个称第一心音，后一个称第二心音。第一心音音调低而钝浊，持续时间长，尾音也长；第二心音音调较高，持续时间较短，尾音终止突然。心音的病理变化包括心音的频率、强度、性质和节律的变化等。

② 心音频率的改变。包括窦性心动过速和窦性心动过缓。前者见于病牛发热及心力衰竭时，后者见于黄疸、颅内压增高的疾病、洋地黄中毒等。

③ 心音强度的改变。第一、第二心音均增强可见于热性病的初期，心脏功能亢进以及兴奋或伴有剧痛性的疾病及心脏肥大等。第一、第二心音均减弱可见于心脏功能障碍的后期以及渗出性胸膜肺炎或心包炎。第一心音增强主要见于心脏衰弱或大失血、失水以及其他引起动脉血压显著下降的各种病理过程，第二心音增强主要由于肺动脉及主动脉血压升高所致，可见于肺气肿或肾炎。

④ 心音性质的改变。常表现为心音混浊，音调低沉且含混不清，主要见于热性病及其他引起心肌损害的多种病理过程。

⑤ 心音分裂。把一个心音分成 2 个声音，听起来类似"嗒、噜—嗒"或"噜、嗒—嗒"。第一心音分裂可见于心肌损害及其传导功能障碍，第二心音分裂主要由于主动脉瓣与肺动脉瓣的不同时关闭所致。

⑥ 心杂音。心脏杂音是心音以外持续时间较长的附加声音，它可与心音分开或相连续甚至完全遮盖心音，其音性与心音完全不同，有的如吹风样、锯木样，有的如哨音、皮革摩擦音。心脏杂音对心脏瓣膜及心包疾病的诊断具有重要意义。

⑦ 心率失常。多见于心脏兴奋性改变、心脏传导系统功能障碍和严重疾病时。

2. 脉搏检查

在安静状态下检查牛的脉搏数。牛的脉搏数检查是通过触摸尾中动脉，触摸位置在尾底面。检查人站立在牛的正后方，左手将牛的毛根略微抬起，用右手的食指和中指压在尾腹面的尾中动脉上进行计数。计算 1min 的脉搏数。

（1）脉搏性质　主要检查脉搏的强弱。脉搏强而有力，见于热性病初期、心脏代偿功能亢进及兴奋、运动时；脉搏弱而无力，见于心脏衰弱、热性病及中毒病的后期；脉搏不感于手，见于心力衰竭及濒死期。

（2）脉搏节律　如果牛的脉搏间隔不等，强弱不定，就是无节律脉。

健康牛脉搏的正常生理指标为每分钟 40~80 次。脉搏次数增多常见于各种发热性疾病、各种心脏病、各种贫血或严重的脱水、各种伴有剧烈疼痛的疾病、某些中毒性疾病或药物的影响。脉搏次数减少可见于引起颅内压增高的疾病（如慢性脑室积水）、胆石症、某些植物中毒和药物中毒等。

3. 中心静脉压的测定

中心静脉压是指右心房或腔静脉的压力。中心静脉压的高低，主要由血容量的多少、心脏功能的好坏及血管张力的大小决定，测定中心静脉压作为观察血液的动态变化以及临床上作为补充血容量的一个指标。

（1）设备　盐水输液瓶、中心静脉压测定管、三通开关、聚乙烯塑料管及采血针头。该装置用 70% 酒精浸泡、消毒备用。

（2）步骤　先使输液瓶通过三通开关与静脉测压管相通，用生理盐水注满测压管，并调整测压管零刻度与被测动物右心房在同一水平线上，关闭三通开关。

用聚乙烯塑料管测定针头颈静脉刺入点与右心房之间的距离，并在聚乙烯塑料管上做好标记，然后取采血针头尖端朝向心端方向刺入颈静脉内，并迅速将聚乙烯塑料管通过针孔导入颈静脉内，将聚乙烯塑料管推送至标记处，即达到右心房内。

打开三通开关，使测压管与右心房相通，静压柱液体缓缓下降，待液面不再下降时所在的刻度即为中心静脉压读数后，再使输液瓶与尼龙导管相通，输液5min，再测1次，以2次的平均数作为结果。牛的中心静脉压正常值为（90±40）Pa。

（3）临床意义及应用　中心静脉压的高低受有效循环血液量的多少、心脏功能的好坏和血管张力的大小影响，同时它也反映当时心脏是否有能力将回心血液排出和当时血管床能否容纳已经输入的液体。血压低，中心静脉压低，表示其血容量有绝对或相对的不足，此时必须大量快速输液，以提高血容量，改善循环功能，才能挽救重危病例。

血压偏低，中心静脉压很高，表示心脏功能不全或心力衰竭，必须先要强心，而后补充血容量。否则，输液速度越快，输液数量越多，对心脏越不利。

牛患创伤性心包炎时，中心静脉压可升高到240Pa以上，对早期确诊创伤性心包炎具有重要的诊断意义。

（二）呼吸系统检查

1. 呼吸方式

健康牛的呼吸方式呈胸腹式，即呼吸时胸壁和腹壁的运动强度基本相等。检查牛的呼吸方式，应注意牛的胸部和腹部起伏动作的协调和强度。如出现胸式呼吸，即胸壁的起伏动作特别明显，多见于急性瘤胃臌气、急性创伤性心包炎、急性腹膜炎、腹腔大量积液等。如出现腹式呼吸，即腹壁的起伏动作特别明显，常提示病变在胸壁，多见于急性胸膜炎、胸膜肺炎、胸腔大量积液、心包炎及肋骨骨折、慢性肺气肿等。

2. 呼吸次数

健康牛呼吸次数为10~30次/min。在一般情况下，牛饱食或活动后以及天热、受惊、兴奋时，都可以使呼吸次数增多，这属于正常现象。

引起呼吸次数增多的疾病，除了包括能引起脉搏增多的疾病外，临床上多见于呼吸疼痛性疾病（如胸膜炎、肋骨骨折、创伤性网胃炎、腹膜炎等）。呼吸次数减少比较少见，主要有脑病（脑炎、脑肿瘤、脑水肿）、上呼吸道狭窄和尿毒症等。

3. 呼吸困难

吸气式呼吸困难主要发生于鼻腔、咽、喉及气管患病；慢性肺气肿及细支气管炎时则多发呼气式呼吸困难；肺和胸膜腔疾患时，如肺炎、胸腔积液或气胸等，则呈现混合式呼吸困难。

4. 鼻液检查

多量鼻液，见于呼吸系统的急性炎症疾病和某些传染病；少量鼻液，见于慢性呼吸系统疾病和某些传染病。浆液性鼻液常见于呼吸道黏膜急性炎症的初期及感冒；黏液性鼻液常见于呼吸道急性炎症的中期或恢复期；脓性鼻液见于呼吸道黏膜急性炎症的后期、鼻窦炎及肺脓肿破溃；腐败性鼻液见于坏疽性肺炎和腐败性支气管炎等；血液性鼻液，见于呼吸道黏膜损伤和肺出血。

5. 咳嗽检查

人工诱咳，若牛连续多次咳嗽，即为病态。干咳多见于喉和气管异物、慢性支气管炎、胸膜炎、肺结核；湿咳见于气管炎等。单发性咳嗽常见于感冒、慢性支气管炎和肺结核等，连续性咳嗽常见于急性喉炎、支气管炎和支气管肺炎。

6. 喉及气管检查

视诊、触诊喉和气管，应注意有无肿胀，若有肿胀，表明喉或气管有炎症。听诊喉部，当喉和气管黏膜炎症或因肿瘤等异物压迫而发生狭窄时，喉和气管呼吸音增强并伴有啰音。

7. 胸部检查

（1）胸部触诊　胸部触诊，主要是判定胸壁的敏感性及肋骨状态。胸壁敏感，触诊时动物骚动不安，见于胸膜炎、肋骨骨折等。佝偻病时，有时在肋骨与肋软骨结合部可摸到串珠状肿胀。

（2）胸部叩诊　检查时，一手拿叩诊板，顺肋骨密贴纵放；另一手拿叩诊槌，以手腕的动作，垂直地向叩诊板上做短而急地连续叩打两次。一般自肩后每个肋间，由上至下进行。

正常的肺部叩诊音为清音，叩诊呈浊音或半浊音，见于肺炎、胸膜炎等，叩诊呈鼓音，见于肺空洞、气胸等，叩诊呈过清音，见于肺气肿。

肺叩诊区扩大是肺泡内气体增多、肺容积增大的结果，是肺泡气肿和气胸。肺叩诊区缩小多为腹腔脏器膨大、腹腔积液、心包积液压迫肺脏的结果或肺萎缩所致。

（3）胸部听诊　胸部听诊区和叩诊区是一致的。听诊与叩诊都是诊断肺和胸膜疾病可靠的重要方法。通过听诊可以确定呼吸音的强弱、性质以及病理的呼吸音。

听诊顺序是由前至后，由上至下，直至全肺区。每个听取点至少要听取2~3次呼吸音。再变换位置。如呼吸音有异常变化时，须在该部周围及对侧对称部位做仔细的比较。为便于发现病理呼吸音，术者可短时间停闭呼吸继续听诊。

牛的正常肺音有肺泡呼吸音和支气管呼吸音两种。肺泡呼吸音类似"呋呋"声，低沉而稍弱，声音由弱变强，呼气时短而弱，声音由强到弱。听诊中央区明显，后界减弱，前下方最弱。支气管呼吸音，音性较粗，类似"赫赫"声。可在第3~4肋间肩关节下方听到支气管呼吸音，它是带有肺泡音的混合呼吸音，为生理性支气管呼吸音。病理性支气管呼吸音，则为肺和胸膜重剧疾病的主要特征。

病理状态下呼吸音增强，见于热性病和贫血等。肺泡呼吸音减弱或消失，见于肺炎、肺气肿和胸膜炎。干啰音常见于支气管炎、肺结核等，湿啰音常见于支气管炎、支气管肺炎和肺水肿等。捻发音常见于胸膜炎的初期和渗出液吸收期。胸腔拍水音见于渗出性胸膜炎。

（三）消化系统检查

在牛疾病中，消化系统疾病占很高比例，既有原发性的，也有继发性的。因此，在一般检查的基础上多数要进行消化系统检查，包括饮欲、食欲检查，口腔检查，咽及食管检查，反刍、嗳气及腹部检查。

1. 食欲、饮欲检查

食欲是牛健康的最可靠指证。健康牛食欲旺盛，见到精饲料大口吞咽，很快吃完，并以舌头舔饲槽，发出刷刷的声音。

在一般情况下，只要牛生病，首先就会影响到食欲，病牛一般食欲减退或消失，如对饲料不争食、有剩料或拒食，都是患病的表现，可以在早上给料时查看饲槽是否有剩料来确定。

食欲反常主要见于代谢性疾病，尤其是矿物质缺乏或慢性消化紊乱，表现异食癖。食欲废绝，表明严重的全身紊乱，也见于严重的口腔疾病及其他疼痛性疾病；饮欲反映全身需水量的程度，饮欲减退见于伴有昏迷的脑病；饮欲增加见于高热或大失血等情况。

2. 反刍检查

反刍是食团从瘤胃返回口腔进行再咀嚼和再吞咽。由于反刍与前胃、皱胃的功能有关，健康牛通常在饲喂后不久即出现反刍，每次反刍持续 30 ~ 60min，1 个食团咀嚼 40~60 次。反刍的病理变化主要是反刍迟缓而稀少，短而无力，时时终止，不愿咀嚼或咀嚼不充分即行咽下，严重时反刍停止，见于前胃迟缓或胃肠病。

在反刍中逆呕或吞咽不自然，可能是食管疾病。

假性反刍是一种病理现象，其特点是空口咀嚼，并发出含漱音。用手插入口腔，有大量黄褐色、酸臭的瘤胃液流出，常见于前胃疾病、各种传染病、严重的寄生虫病、多种代谢病、中毒病，当出现全身症状时均可影响反刍。

3. 嗳气检查

嗳气是瘤胃气体压迫瘤胃后背盲囊而引起的一种反射运动。常用听诊或视诊检查，嗳气增强表示瘤胃运动功能增强，发酵旺盛；嗳气减少是瘤胃运动功能障碍和前胃内容物干涸或积食的结果。嗳气停止与食欲废绝、反刍消失常相一致，并常常导致瘤胃臌胀。

4. 腹部检查

腹部检查是消化系统检查的重要组成部分，包括腹围大小、腹腔内容物及胃肠道功能变化。

（1）腹围检查　从前方或尾后观察腹围的大小，在胃肠臌胀、变位、子宫蓄脓、膀胱破裂、腹水、肿瘤等均可见腹围增大；而长期饥饿、腹泻等腹围缩小。

（2）瘤胃检查　瘤胃触诊是瘤胃检查很重要的方法。用拳紧压瘤胃即可感到节律性的起伏运动，判定蠕动波的次数，用手触诊瘤胃还可探知内容物的数量和硬度。听诊可测定蠕动波的强弱与长短。凡影响消化系统的局部和全身性疾病，瘤胃蠕动次数减少，蠕动音降低，蠕动力量减弱。病情严重者则蠕动停止。

（3）网胃、瓣胃检查　网胃、瓣胃检查不如瘤胃检查效果明显，即使是触诊网胃，也并非一定能测出疼痛。瓣胃在右侧第7~9肋间、肩关节水平线上下3cm处，在此处听诊，可听到轻微的沙沙音，患瓣胃堵塞时蠕动音减弱或消失。

（4）皱胃检查　皱胃位于右侧第8~11肋间及肋弓的腹下部。判定皱胃阻塞则用触诊的方法，两手掌平放于右侧肋弓后下方，向腹内摇动可感到皱胃的轮廓和硬度。当皱胃左方变位时，在左侧髋关节水平线上的倒数1~4肋间范围内叩诊结合听诊可出现钢管音。当皱胃右方变位时，在右侧髋关节水平线的倒数1~4肋间范围内叩诊结合听诊可出现典型的钢管音。

（5）肠管检查　牛正常肠音低弱，病理状态下肠音减弱或消失。临床上牛的直肠检查对肠套叠、肠扭转、肠便秘等疾病的确诊具有实用价值。

（四）泌尿系统检查

1. 排尿动作及尿液感观检查

（1）观察牛在排尿过程中的行为与姿势　正常牛每日排尿8~10次。临床病理现象常见多尿、少尿、频尿、无尿、尿失禁、尿淋漓等。

① 多尿。表现为排尿次数和尿量增加，多见于慢性肾病、渗出性胸膜炎的吸收期。

② 少尿。表现为排尿次数减少和尿量减少，见于热性病、急性肾炎。

③ 频尿。表现为时有排尿动作，但尿量少，多尿见于膀胱炎、尿道炎。

④ 无尿。真性无尿，无排尿动作，见于急性肾炎；假性无尿，时有排尿行为，但无尿液排出，见于尿道结石或堵塞。

⑤ 尿失禁或尿淋漓。尿失禁是尿液不由自主地自行流出；尿淋漓是在腹压增高或姿势改变时，经常有少量尿液呈滴状流出。见于膀胱及其括约肌的麻痹或中枢神经系统疾病。

（2）尿液及其感观检查　尿液感观检查，主要检查尿液的气味、透明度、颜色及混有物。健康牛的新鲜尿液呈清亮透明，呈浅黄色。如排出的尿液有强烈氨臭味，见于膀胱炎；有醋酮味，见于酮尿病。颜色变深，见于饮水不足或热性病；尿液深黄色见于肝病、胆道阻塞；红尿提示血红蛋白尿或血尿，血红蛋白尿多透明，放置无沉淀，见于牛血红蛋白尿症、梨形虫病和犊牛饮水过多；血尿有沉淀多因肾脏、尿道、膀胱出血。

2. 肾脏、膀胱及尿道

肾区捶击或触诊时牛疼痛不安，提示肾炎；膀胱区触诊呈波动感，提示膀胱内尿液潴留；随触压而流出尿液，则提示膀胱麻痹；触诊敏感，多见于膀胱炎。

（五）神经系统检查

1. 中枢神经功能检查

主要观察牛的精神状态或行为。常见的中枢神经功能障碍有以下两种。

（1）兴奋、狂躁　牛表现为不安、惊恐，横冲直撞，攻击人、畜，见于狂犬病、脑及脑膜充血以及中毒等。

（2）抑制、昏迷　轻者表现为低头垂耳，反应迟钝，行动无力，多见于热性病；重者呈现昏迷状态，病牛卧地不起，呼唤不应，意识完全丧失，反射消失，甚至瞳孔散大，粪尿失禁，为预后不良征兆，见于脊髓损伤、脑及脑膜炎、中暑后期及重度的产后瘫痪。

2. 头颅及脊柱检查

观察头颅的形状、大小及脊柱的外形，配合进行触诊及叩诊。头颅局部膨大变形，见于外伤、肿瘤、额窦炎；局部温度增高，多为脑、脑膜充血及炎症；叩诊浊音，见于脑瘤、额窦炎、脑多头蚴病；脊柱变形，向内、向下、侧方弯曲，见于骨软症或佝偻病；局部肿胀疼痛，常为挫伤或骨折；僵硬，快速运动或转圈运动不灵活，见于破伤风、腰肌风湿等。

必要时，要进行开颅检查。

3. 感觉器官检查

（1）视觉器官检查　观察眼球、眼睑、角膜、瞳孔的状态，主要检查眼的视觉能力及瞳孔对光的反应。

①眼睑。眼睑肿胀，见于流行性感冒、牛恶性卡他热；上眼睑下垂，多见于面神经麻痹、脑炎、脑肿瘤及某些中毒病。

②眼球。眼球下陷，见于严重失水、眼球萎缩；眼球震颤，见于急性脑炎、癫痫等。

③角膜。角膜混浊，见于牛恶性卡他热、角膜外伤或维生素 A 缺乏等。

④瞳孔。瞳孔散大，多见于脑膜炎、脑肿瘤或脓肿、多头蚴病或阿托品中毒；瞳孔缩小，且伴发对光反应迟钝或消失，多见于慢性脑室积水、脑膜炎、有机磷中毒等。

⑤视力。视物不清，甚至失明，多见于犊牛的维生素缺乏症。

（2）听觉器官检查　在安静环境，给予音响刺激，观察牛的反应。常见的听觉异常有以下两种。

①听觉增强。对轻微声音耳迅速来回转动，惊恐不安，多见于破伤风、狂犬病、牛酮血症等。

②听觉减弱。对较强的声音刺激，无任何反应，见于延髓和大脑皮质颞叶受损等。

（3）皮肤感觉检查　遮盖动物的眼睛，检查牛皮肤的触觉、痛觉和温热感觉。感觉减弱或消失，对强烈刺激无明显反应，见于中枢功能抑制的脊髓、脑干部疾病；感觉增强，见于局部炎症、脊髓炎等。

（4）反射功能检查　主要检查皮肤、黏膜、深部反射等。反射减弱或消失，常见于脑积水、多头蚴病等；反射亢进，见于脊髓背根、腹根或外周神经的炎症，以及脊髓炎、破伤风、有机磷中毒、士的宁中毒等。

（六）运动系统检查

先观察牛在站立静止时肢体的位置、姿势是否正常，肢体局部有无异常变化，然后让牛自由活动，观察是否存在运动异常。

常见的运动功能障碍有盲目运动、共济失调、痉挛、麻痹和瘫痪等。

1. 盲目运动

表现为无目的地行走，前冲、后退、转圈运动等，见于脑炎、脑膜炎、某些中毒病以及牛多头蚴病等。

2. 共济失调

表现为静止时站立不稳，四肢叉开，运步时步态不稳、后躯摇晃、行走如醉，多见于小脑性失调。

3. 痉挛

主要见于破伤风、某些中毒病、脑炎及脑膜炎。

4. 麻痹

末梢性麻痹，常见于面神经麻痹、坐骨神经麻痹、桡神经麻痹等。中枢性麻痹，常见于狂犬病、某些中毒病等。

5. 瘫痪

有两种情况：单瘫表现为某一肌群或一肢的麻痹，如三叉神经或颜面神经麻痹，以致影响咀嚼和采食；截瘫时，身体两侧对称部位发生麻痹，多因脊髓横断性损伤所致。

（七）乳房检查

乳房的检查对乳腺疾病的诊断具有很重要的意义。检查方法主要有视诊、触诊，同时注意观察乳汁的外观。

1. 视诊

注意乳房的大小、形状，乳房和乳头的皮肤颜色，有无发红、橘皮样变、外伤、隆起、结节及脓疱等。乳房皮肤上出现疱疹、脓疱及结节多为痘疹的特征。

2. 触诊

须在挤奶后进行。用手触摸乳房，注意检查肿胀的部位、大小、硬度、压痛及局部温度，有无波动感。牛患乳房炎症时，炎症部位肿胀、发硬、皮肤呈紫红色，有热痛反应。有时乳房淋巴结也肿大，挤奶不畅。炎症可发生于整个乳房，有时仅限于乳腺的一叶，或仅局限于一叶的某部分。因此，检查应遍及整个乳房。如乳房发生脓肿时，可在乳房的皮下或深部出现大小不等的坚实感并带有明显弹性的囊状物。当脓肿成熟后，可出现波动，但深部肿胀波动不明显。奶牛发生乳房结核时，乳房淋巴结显著肿大、硬结、触诊无热痛。

3. 乳汁外观检查

除轻度炎症外，多数乳房炎患牛，乳汁性状都有变化。检查时，可将患病乳叶的乳汁挤入手心或盛于器皿内进行观察，注意乳汁的颜色、稀薄和性状，如乳汁内含絮状物或纤维蛋白性凝块，或含有脓汁、带血，为乳房炎的重要指征。此外，必要时可用化学方法进行乳汁的酸碱度测定及乳内酶的测定；亦可用显微镜检查法进行血细胞和细菌学分析，以确定乳房炎的类型。

第三节　牛的病理剖检与常见病理变化

一、剖检的准备与注意事项

进行尸体剖检，必须做好如下准备工作。

（一）剖检准备

1. 解剖器械和消毒药品的准备

有条件的基层兽医站都购有动物专用的解剖器械箱，其箱内都配备解剖所需要的器械。一般而言，解剖器械的准备主要包括外科刀、外科剪、骨剪、斧头、镊子等。消毒药品主要有 5%碘酒、75%酒精、3%～5%来苏尔、0.2%新洁尔灭、高锰酸钾、消毒威、菌毒灭等，解剖前最好准备好两种以上用途的常用消毒药品。

2. 剖检人员自身防护的准备

在解剖前，剖检人员应先行戴好手套、口罩、防护帽，穿上防护服、长筒胶鞋，必要时还要外罩胶皮或塑料围裙，戴上防护眼镜，以防病菌的感染。

3. 解剖场地的准备

尸体剖检一般应在专用解剖室内进行，以便于清洗、消毒，防止病源的扩散。如果条件不许可，应选择远离村庄、房屋、水源、道路和畜禽栏舍，并且要求地势高、环境干燥、方便就地掩埋畜禽尸体的地点进行。

（二）剖检注意事项

1. 剖检对象的选择

要选择临床症状比较典型的病死牛。有的病例，特别是最急性死亡的病例，特征性病变尚未出现。因此，为了全面、客观、准确地了解病理变化，可多选择几头疫病流行期间不同时期出现的病、死牛进行解剖检查。

2. 剖检时间

剖检应在病牛死后尽早进行，死后时间过长（夏季超过 12h）的尸体，因发生自溶和腐败而难以判断原有病变，失去剖检意义。剖检最好在白天进行，因为灯光下很难把握病变组织的颜色（如黄疸、变性等）。

3. 正确认识尸体变化

牛死亡后，血液循环停止，机体组织器官的功能与代谢过程先后停止，受体内细胞酶和肠道内细菌的作用，以及外界环境的影响，逐渐发生一系列的死后变化。其中包括尸冷、尸僵、尸斑、血液凝固、尸体自溶与腐败等。正确地辨认尸体的变化，可以避免把某些死后变化误认为生前的病理变化。

4. 剖检人员的防护

剖检人员在剖检过程中要时刻警惕感染人畜共患病以及尚未被证实，而可能对人类健康有害的微生物，所以剖检人员应尽可能采取各种防护手段，穿工作服、胶靴，戴胶手套及工作帽、口罩、防护眼镜。剖检过程中要经常用低浓度的消毒液冲洗器械上及手套上的血液和其他分泌物、渗出物等。剖检中若不慎皮肤被损伤，应立即停止剖检，妥善消毒包扎；若液体溅入眼中，要迅速用2%硼酸水冲洗，并滴入消炎杀菌的眼药水。剖检后，双手用肥皂洗数次后，再用0.1%新洁尔灭洗3min以上；为除去腐败臭味，可先用5%高锰酸钾溶液浸洗，再用3%草酸溶液洗涤脱色，然后用清水清洗；口腔可用2%硼酸水漱口；面部可用香皂清洗，然后用70%乙醇擦洗口腔附近面部。

5. 尸体消毒和处理

剖检前应在尸体体表喷洒消毒液，如怀疑患炭疽时，取颌下淋巴结涂片染色检查，确诊患炭疽的尸体禁止剖检。死于传染病的尸体，可采用深埋或焚烧法处理。搬运尸体的工具及尸体污染场地也应认真清理消毒。

6. 注意综合分析诊断

有些疾病特征性病变明显，通过剖检可以确诊，但大多数疾病缺乏特征病变。另外，原发病的病变常受混合感染、继发感染、药物治疗等诸多因素的影响。在尸体剖检时应正确认识剖检诊断的局限性，结合流行病学、临床症状、病理组织学变化、血清学检验及病原分离鉴定，综合分析诊断。

7. 做好剖检记录，写出剖检报告

尸体剖检记录是尸体剖检报告的重要依据，也是进行综合分析诊断的原始资料。记录的内容要力求完整、详细，能如实地反映尸体的各种病理变化。记录应在剖检当时进行，按剖检顺序记录。记录病变时要客观地描述病变，对于无肉眼可见变化的器官，不能记录为"正常"或"无变化"，因为无肉眼变化，不一定就说明该器官无病变，可用"无肉眼可见变化"或"未发现异常"来描述。

二、病理剖检方法

（一）尸体外观检查

主要检查其营养状况、皮肤、被毛、可视黏膜、天然孔等有无异常，以及尸体变化和卧位等内容。

（二）尸体剖检的技术要点

由于牛胃占据整个左侧腹腔，故剖检牛宜采用左侧卧位固定，而羊体躯较小，仰卧剖检便于采出内脏器官。剖检前，应在体表喷洒消毒液，而后在剑状软骨处开一个切口，然后用左手食指和中指插入切口，呈"V"形叉开，再将刀口向上插入切口，沿腹壁白线向后切开腹壁至耻骨联合部，然后在脐的后方左右侧各横切至腰椎部，这样就可以看到整个腹腔；接着沿着肋骨弓向前到软骨，在肋骨与胸骨连接处锯断，沿着肋软骨部位切断，再切开横膈膜，即暴露整个胸腔，随后检查胸、腹腔各个器官的位置及病理变化。接着在第四胃后部十二指肠的起始部做双结扎，在结扎之间剪断肠管；然后找到直肠，做个单结扎，在远端剪断，并进行胃、肠道摘离，以及肝、脾、胰、肾脏等的剥离；再用环切的办法取出骨盆腔其他器官；接着摘除胸腔各个器官和气管；然后逐一检查各个器官。随后检查鼻、舌、口腔、咽喉以及身体各处淋巴结。最后在脑部打开颅腔并检查脑组织。

三、常见病理变化

（一）充血

由于小动脉扩张而流入局部组织和器官中的血量增多的现象，称为动脉性充血，简称充血。

按充血发生的机理，可分为生理性充血和病理性充血两类。生理性充血见于生理情况下，当器官组织和机能活动加强时，如采食后的胃肠道充血，运动时肌肉的充血等。病理性充血是在致病因子作用下发生的，如炎症早期的充血，就是动脉性充血。

充血时，由于局部小动脉和毛细血管扩张，组织的含血量增多，血流速度加快，血液中富含氧气，因此，充血的组织，器官色泽鲜红，局部温度升高，体积肿大，血管搏动明显，代谢旺盛，机能增强。

（二）淤血

由于静脉回流受阻，血液淤积在小静脉和毛细血管中，引起局部组织中的静脉血含量增多的现象，称为静脉性充血，简称淤血。

淤血按其原因不同可分为局部性淤血和全身性淤血。局部性淤血的原因：主要由于局部静脉管腔狭窄，或完全阻塞所致。全身性淤血的原因：主要由于心脏机能障碍或肺循环障碍。

淤血时，各级静脉（特别是小静脉）毛细血管或细动脉因血液回流障碍而扩张，其中充满血液。静脉的回流不畅，必然妨碍动脉血的灌注，从而使局部动脉血液的含量减少；同时因血流缓慢，又使血氧过多地消耗，因而血中还原血红蛋白含量显著增多，血管内充满着紫黑色的血液，使局部组织呈蓝紫色，称为发绀。

（三）局部贫血

局部贫血是指由于动脉管腔高度狭窄或完全闭塞所造成的局部组织的血液供应不足或完全断绝。原因可归纳为以下 3 类。

1. 动脉痉挛性

这种局部贫血是指中、小动脉管壁的平滑肌，因缩血管神经兴奋而发生强力收缩，造成管腔持续性狭窄，导致血液流入减少，乃至完全停止所引起的贫血。寒冷、外伤、疼痛等均可引起局部动脉痉挛。

2. 动脉阻塞性

由于中、小动脉管壁增厚（慢性小动脉炎、小动脉硬化）或血管内腔被某些异物（血栓）所阻塞引起其内腔狭窄或闭塞所致。

3. 动脉压迫性

这是由于血管壁受某种外力压迫而引起的局部贫血，如肿瘤、异物、积液等。

局部贫血组织，因缺血的原因，暴露出组织所固有的色彩。如黏膜、皮肤贫血时，其色彩苍白，肺则呈灰白色，肝呈褐色。缺血的组织温度下降，体积变小，被膜有皱纹形成。

（四）梗死

当某组织或器官由于动脉血流断绝，组织因缺血而发生坏死的过程称为梗死形成。因缺血所致的坏死灶称为梗死。

由任何原因所造成的组织缺血，在侧支循环不能及时建立的情况下，均可以引起梗死。其中最多见的是血管内血栓形成和栓塞。

梗死灶的形态与发生梗死的血管所分布的区域相一致。肺、肾、脾等动脉均由这些器官的"门部"向外缘作树枝状分布，因此，这些器官的梗死灶呈尖端指向器官中心的锥体状，锥体的底部位于器官的表面。心、脑发生梗死时，因局部血液循环重新有所调整，故呈不规则形。当动脉闭塞时，由于闭塞局部及其周围的血管发生反射性痉挛，组织内的血液几乎全部被挤出，残留的红细胞崩解，其血红蛋白迅速被破坏和吸收。因此，梗死部位呈灰白色，称为白色梗死（贫血性梗死）。白色梗死多见于心、脑、肾、脾和肝。初期形成的梗死灶除脑部形成液化性坏死外，其他各器官的相应组织则发生凝固性坏死。坏死的组织呈轻度肿胀，所以略向表面隆起；而与之相邻的健康组织的血管，则发生反射性充血和出血，因此，在梗死灶外围形成一红色反应带。外观呈红色的梗死则称为红色梗死（出血性梗死），这是因为梗死区伴有显著的出血所致。红色梗死常见于肺和肠。

（五）出血

血液流出血管或心脏之外，称为出血。血液流出体外称为外出血；血液流入组织间隙或体腔内称内出血。

血管壁被损坏是出血的直接原因。根据破坏的情况不同，分为破裂性出血和渗出性出血。

1. 破裂性出血

破裂性出血是由于血管受损而引起的出血。见于外伤、炎症和肿瘤的侵蚀，或在血管壁发生某种病理变化的基础上，血压突然升高时。

2. 渗出性出血

渗出性出血时，肉眼上甚或光学显微镜下看不出血管壁有明显的解剖学变化。红细胞可通过通透性增高的血管壁漏出血管之外。

出血的表现因出血血管的种类，局部组织的特性以及出血速度不同等而异。动脉管的破裂性出血时，由于血压高、血流急、出血量多，从而压迫周围组织，往往形成血肿。毛细血管出血，多形成小出血点（淤血）或出血斑。组织内的出血，称为溢血。当有全身性渗出性出血倾向时，称为出血性素质。

（六）水肿

组织间液在组织间隙内蓄积过多，称为水肿。若组织间液在胸腔、腹腔、心包腔、关节腔和脑室等浆膜腔蓄积过多时，则称为积水。

水肿的病理特征是，局部组织体积增大、膨胀、变重、紧张度增加、弹性降低、局部温度降低、颜色苍白等。

（七）脱水

机体内水分因摄入不足或丧失过多，所造成水的负平衡，称为脱水。由于水、盐（主要是氯化钠）是体液的主要组成成分，所以在水分丧失的同时，都伴有不同程度的盐类丧失。根据水、盐丧失的比例不同，在临床实践中将脱水区分为缺水性脱水、缺盐性脱水和混合性脱水 3 种类型。

1. 缺水性脱水

以水分丧失为主、盐类丧失较少的一种脱水，称为缺水性脱水，也称为单纯性脱水。

缺水性脱水的特点：血液浓稠，血浆渗透压升高，细胞因脱水而皱缩。患畜呈现口渴、尿少，尿的比重增高。此型脱水的主导环节是血浆渗透压升高，故临床又称之为高渗性脱水。

2. 缺盐性脱水

以盐类的丧失多于水分丧失的一类脱水，称为缺盐性脱水。此型脱水的特点：血浆渗透压降低，血浆容量及组织间液减少，血液浓稠，细胞内水肿；患畜不感到口渴，尿量较多，尿的比重降低。由于血浆渗透压降低是本型脱水的主导环节，所以在临床上又称为低渗性脱水。

3. 混合性脱水

混合性脱水是体内水分和盐类都大量丧失，但往往以水分的丧失略为显著。又因丧失的多半是等渗溶液，故又称为等渗性脱水。

（八）变性

变性是细胞和组织物质代谢与机能活动障碍在形态学上的反映，它的特点是表现在细胞或间质内出现过多的或异常的，具有各种各样特殊物理和化学性质的物质。例如，水分、糖类、脂类及蛋白质类等。大多数变性是属于可复性的病理过程，此时细胞或组织保持着生活能力，但是机能往往减低。严重的变性，则能导致细胞和组织的死亡。

常见的细胞变性有颗粒变性、水泡变性、脂肪变性及透明变性等；间质的变性则有黏液变性、透明变性及淀粉样变等。

1. 颗粒变性

颗粒变性是一种最常见和轻微的细胞变性，很容易恢复，但也可能是其他严重变化的先兆。临床上使用的名称很多。它的主要特征是变性细胞的体积肿大，胞浆内出现蛋白质颗粒，这是颗粒变性这一名称的由来。由于变性的器官细胞肿胀和浑浊，失去原有光泽，所以也称浑浊肿胀，简称"浊肿"。

2. 水泡变性

水泡变性也是主要见于急性病理过程中的一种细胞变性形式。它的主要特征是细胞的胞浆和胞核内出现多量水分，形成大小不等的水泡，使整个细胞呈蜂窝状的结构。镜检时，细胞内的水泡呈空泡状，所以又称空泡变性或水肿变性。

3. 脂肪变性

脂肪变性是指在变性细胞的细胞浆内，出现大小不等的游离脂肪小滴，简称脂变。所见脂肪较多为中性脂肪（甘油三酯），也可能是类脂质或为两者的混合物。

4. 黏液变性

黏液变性是指某些间叶组织（结缔组织）发生物质代谢障碍时，失去原来的组织结构而变成一种透明、黏稠的物质，其中含有多量的黏液物质或黏蛋白。

5. 透明变性

透明变性又称玻璃样变，是指某些病理过程（主要是慢性过程）中在间质或细胞内出现一种在光学显微镜下呈同质化、半透明、致密无结构的蛋白样物质，称为透明蛋白或透明素。

6. 淀粉样变

淀粉样变是指一种淀粉样物质沉着在某些器官的网状纤维、血管壁或组织间的病理过程，常伴发于体内存在慢性抗原性刺激和异常的浆细胞增多症时。

7. 免疫复合物沉着

在某种超敏反应过程中，抗原和循环抗体在小血管壁内及其周围形成一种很小的沉淀物，并吸引补体共同形成抗原—抗体—补体复合物。称为免疫复合物沉着。这种复合物引起的病变，称为免疫复合物疾病。

（九）坏死

动物体内局部细胞组织的病理性死亡，称为坏死。坏死是细胞组织物质代谢障碍的最严重表现，是不可逆的变化。

组织坏死的原因复杂，有缺氧性坏死，生物性因素、化学性因素、物理性因素、机械性因素坏死，神经营养障碍性坏死等。

坏死的类型主要如下。

1. 凝固性坏死

组织坏死后，由于蛋白质凝固，形成一种灰白或灰黄色，比较干燥而无光泽的凝固物质，称为凝固性坏死。

2. 液化性坏死

这一类型的坏死组织，因受蛋白分解酶的作用，细胞死后迅速进行酶分解而变成液体状态。

3. 坏疽

组织坏死后，由于受到外界环境的影响和不同程度的腐败菌感染所引起的变化，坏死组织外观上呈现灰褐色或黑色，称为坏疽。

按照坏疽的发生原因、条件及病理变化，可分为：干性坏疽、湿性坏疽、气性坏疽。

（十）炎症

炎症通常称为发炎。它是机体遭受有害刺激物的作用，特别是微生物感染时，在受作用的局部所发生的一系列复杂反应的病理过程，首先是引起组织的损伤，继而出现血液循环障碍，白细胞游出及液体的渗出，最后常以组织增生、修复损伤而告痊愈。临床上，发炎的部位常表现红（局部充血）、肿（组织肿胀）、热（炎区温度升高）、痛（疼痛）及机能障碍（器官组织的机能下降）等症候。

1. 炎症反应的基本过程

（1）变质　炎症的第一个阶段是变质。变质是指炎症发生的部位组织出现变性和坏死的现象。变质通常是致炎因子直接作用的结果，或者是局部血液循环障碍作用的结果。变质的轻重与致炎因子的性质、强度有关，症状表现不一，严重时可导致组织功能障碍。

（2）渗出　炎症的第二个阶段是渗出。渗出的过程主要包括流血动力学改变、血管通透性增加、液体渗出和细胞渗出等。流血动力学改变通常包括细动脉短暂收缩、炎症充血和血流速度减慢等。血管通透性增加会导致炎症发生部位液体和蛋白质渗出。

（3）增生　增生是指在致炎因子的刺激下，炎症发生部位的细胞出现的再生和增殖的现象。在临床上，炎症增生是很重要的防御反应，能够有效限制炎症的扩散，促进组织的修复。

2. 炎症的本质

炎症是动物有机体受到有害因子的损伤时引起的一种综合性病理反应过程，它是动物在进化发展过程中受外界条件的作用而形成，并遗传下来的一种生物学特性；它不仅是一种病理性过程，而且在本质上还是一种有利于机体的防卫适应性反应。通过炎症反应，机体能预防和制止许多疾病的发生发展。

需要指出的是，炎症的本质虽然是一种防御性反应，但在评价炎症对机体的意义时，必须考虑到炎症过程中的具体情况，而不能单从概念上来确定。

3. 炎症的分类

在病理解剖分类上，通常以炎症过程的 3 种基本变化（变质、渗出和增生）为依据，把炎症区分为三大类。

（1）变质性炎　这种炎症的特征是炎灶内以组织变质、营养不良或渐进性坏死的变化为主，而渗出性和增生性的反应微弱。

（2）渗出性炎　渗出性炎的特征是以渗出现象为主，变质和增生现象较轻微。这是由于血管壁的损害较重，有较大量的液体或细胞成分由血管内渗出所致。

按照炎症发生的部位和渗出物的性质不同，渗出性炎可以分为下列 5 种。

① 浆液性炎。以渗出较大的浆液为特征。浆液类似血浆或淋巴液，含蛋

白质 3%~5%，色淡黄。在炎症时，浆液性渗出液中还含一些白细胞及脱落细胞，故呈轻度浑浊。

② 纤维素性炎。纤维素性炎是以炎症渗出液中含大量凝固的纤维蛋白为特征。纤维蛋白（纤维素）来源于血浆中的纤维蛋白原，渗出后，受到损伤组织释出的酶的作用即凝固成为淡灰黄色的纤维蛋白。

按炎灶组织坏死的程度不同，纤维素性炎可分为两种类型。

浮膜性炎：发生在黏膜或浆膜上。它的特征是渗出的纤维蛋白凝固，形成一层淡黄色、有弹性的膜状物（假膜）被覆在炎灶的表面。这种膜状物易于剥离，剥离后，被覆上皮一般仍保存。

固膜性炎：又称纤维素性坏死性炎，它的特征是黏膜发炎时，渗出的纤维蛋白形成一层与深层组织较牢固地相结合的纤维蛋白膜（痂）、不易剥离。这是由于组织损伤较重，黏膜层发生坏死，纤维蛋白透入坏死组织中而凝固所致。

③ 卡他性炎。是指发生于黏膜并在表面有大量渗出物流出为特征的一种炎症。卡他性炎简称"卡他"。"卡他"一词是来自拉丁语的译音，它的含义是"流溢"之意。黏膜发生轻度炎症时，由于分泌增强，浆液性和黏性渗出物从表面多量流出，故称卡他性炎。

卡他性炎又分为不同类型。渗出液稀薄透明者称浆液性卡他；渗出物黏稠而不透明者称黏液性卡他；渗出液为灰黄色或浅绿色的脓性分泌物者，称脓性卡他。

④ 化脓性炎。炎性过程中以形成脓液为主要特征者称化脓性炎。脓液是浑浊的、灰白色、灰黄色或浅绿色的凝乳状渗出物，其中混有多量中性粒细胞和富于白蛋白和球蛋白的成分。

表现形式：脓性浸润、脓性卡他、积脓、脓肿、蜂窝织炎。

⑤ 出血性炎。炎症时，有大量的红细胞渗出。致使渗出液甚至整个炎区组织呈现血红色。

出血性炎的基础是血管壁严重损伤，通透性显著增高所致。病因一般是一些强烈的刺激物。常发于胃肠道。

（3）增生性炎　是以组织增殖反应占优势为特征的炎症。它分为普通增生性炎和特异性增生性炎两种。

① 普通增生性炎。这是与特异增生性炎比较而言。在普通增生性炎中，增生的组织无特殊的组织结构。

② 特异性增生性炎。某些炎症，其增生的组织具有一定的特殊性结构。例如，结核杆菌、鼻疽杆菌、放线菌等病原微生物所引起的慢性炎症。

四、病料的采集和保存

（一）病料的采集方法

1. 液体材料的采集

一般用棉棒采集破溃的脓汁、胸水、鼻液、阴道分泌物、排泄物。采集未破的脓肿时，在表面消毒后，用注射器抽取，也可用吸管吸取，汁液置于试管中。血液可从静脉采集。若是突然死亡或病因不明的尸体，须先采集末梢血液制成涂片，镜检，疑似炭疽时，不得进行剖检。

2. 实质器官的采集

应在刚解剖尸体后立刻采集。若剖检过程中污染了被检器官，或剖开腹腔后时间过久，应先用烧红的刀片烧烙表面，在烧烙的深部切取小块器官，放在灭菌试管或培养皿内。或直接用铂耳挑取病料涂抹于平板培养基上。常采集的脏器有肝、脾、肾、心、肺、淋巴结等。

3. 胃肠及其内容物的采集

除去粪便的肠管，水洗后放在平皿内。粪便应采集新鲜的带有脓、血、黏液部分，液态粪便应采集絮状物。有时可将胃肠剪下，两端结扎好，送往实验室（厌氧菌培养时）。

4. 胎儿

可将流产胎儿送往实验室，也可用吸管或注射器吸取胎儿内容物放在试管内。

（二）病料采集注意事项

① 取被检病料应采用无菌操作技术，所用器械、器皿都须经过灭菌。在抽取血液或其他液体时，要避免外源性污染。取得材料后，应立即送往实验室检查。

② 动物死亡后应立即采集病料，不能拖延时间。夏季应在 4~8h，冬季应在 24h 之内。而且应采集病原菌最多的部位或脏器。病料量不宜过少，用合适的容器盛装，避免在送检途中细菌干燥死亡等情况的发生。

③ 送检的病料（如体液、尿、脓汁、鼻液等）首先应做涂片检查，再根据情况作分离培养等其他检验方法。

④ 人畜共患病在取样和送检途中，应严格要求，以免工作人员受到传染。

（三）牛常见细菌性传染病取样部位

1. 炭疽

取样时，严禁剖检尸体，应立即从耳尖采血涂片染色镜检。必要时在严格控制的条件下，从尸体左侧最后一条肋骨后缘打开腹腔，采集小块脾脏涂片染色镜检，腹腔切口用浸透碘酊的纱布填塞。皮肤炭疽可采集病灶水肿液渗出物，肠炭疽可采集粪便。

2. 布鲁氏菌病

最好采集流产胎儿的胃内容物、羊水及胎盘的坏死部分。如无此材料，也可用母牛阴道分泌物、乳汁或尿液。

3. 巴氏杆菌病

尽可能采集新鲜病料，如渗出液、心血、肝、脾、淋巴结、骨髓等，制成涂片，以免镜检时细胞碎片混淆视线。

4. 结核病

采集病牛的病灶、痰液、尿液、粪便、乳汁及其他分泌物。

5. 副结核病

已有临床症状的病牛，可刮取直肠黏膜或取粪便中的小块黏膜及血液凝块，尸体可取回肠末端与附近肠系膜淋巴结或取回盲瓣附近的肠系膜。

6. 放线菌病

采集病灶脓汁。

（四）被检材料的保存方法

供细菌检验的被检材料，如能立即送往实验室并有条件立即展开工作的，最好立即对病料进行分析。若须在 1~2d 内送到实验室，可暂放在有冰的保温瓶或冰箱内，也可放入灭菌液状石蜡或 30% 甘油生理盐水中。还可在保温瓶内放氯化铵 500g 加 1 500mL 水，使保温瓶内保持 0℃ 左右达 24h。送到实验室暂且不能检查的病料，也要放置冰箱中待检。

供细菌检验用的被检材料，应尽可能地保证其中的细菌数量和活力不发生变化。最好由专人送检，并记录有关的详细情况，如病情、剖检、采集时间和部位等，以供检验人员参考。

第四节　牛病常用治疗技术

一、牛的保定方法

（一）牛的接近

牛的性情温顺而倔强，对饲养员、挤奶员一般表现比较温顺，而对陌生人员则比较倔强。接近病牛与实施检查、诊断时，首先要考虑人、畜安全。当牛低头凝视时一般不要接近。一般接近牛时，事先应向饲养员了解牛平时的性情，是否胆小、易惊，是否有踢人、顶人的恶癖，并最好由饲养员在旁边进行协助，先投以温和的呼声，即向牛发出一个善意接近的信号，给牛以友好的感觉，消除牛的攻击心态，使其安静、温顺，然后再从牛的侧前方慢慢接近。接近后用手轻轻抚摸牛的颈侧，逐渐抚摸到牛的臀部，以便进行检查。

（二）牛的保定

保定的目的是在人、畜安全的前提下防止牛的骚动，便于疾病的检查与处置。

1. 简易保定法

常用的有以下4种方法。

（1）徒手握牛鼻保定法　在没有任何工具的情况下，先由助手协助提拉牛鼻绳或鼻环，然后术者先用一手抓住牛角，另一只手准确快捷地用拇指和食指、中指捏住牛的鼻中隔，达到保定的目的。多在注射及一般检查时应用。

（2）牛鼻钳保定法　与徒手握牛鼻保定方法相似，将牛鼻钳的两钳嘴替代手指抵入牛的两鼻孔，迅速夹紧鼻中隔，用一手或双手握持，亦可用绳拴紧钳柄固定。适用于注射或一般检查应用。

（3）捆角保定法　用一根长绳拴在牛角根部，然后用此绳把角根捆绑于木桩或树上保定。为防止断角，可再用绳从臀部绕躯体1周拴到桩上。适用于头部疾病的检查和治疗。

（4）后肢保定法　用一根短绳在两后肢跗关节上方捆紧，压迫腓肠肌和跟腱，防止踢动（图1-1、图1-2）。适用于乳房、后肢以及阴道疾病的检查和治疗。

2. 柱栏内保定法或站立保定法

（1）单柱颈绳保定法　将牛的颈部紧贴于单柱，以单绳或双绳做颈部活结固定。适用于一般检查、直肠检查。

（2）两柱栏保定法　将牛牵至两柱栏的前柱旁，先用颈部活结使颈部固定在前单柱颈绳保定柱的一侧，再用一条长绳在前柱至后柱的挂钩上做水平缠绕，将牛围在前、后柱之间，然后用绳在胸部或腹部做上下、左右固定，最后分别在鬐甲和腰上打结固定（图1-3）。适用于修蹄以及瘤胃切开等手术时保定。

（3）六柱栏保定法　六柱栏基本结构为6个柱子（主要钢管制，也有木制和铁制），用直径8~10cm的无缝钢管焊接而成，牢固固定在地面上，也有

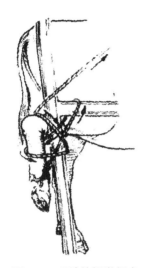

图 1-1　后肢的提举保定

图 1-2　两后肢保定

图 1-3　牛两柱栏保定法

可移动的六柱栏。其中两个门柱用以固定头颈部，2 个前柱和 2 个后柱，用以固定体躯和前肢，在同侧前后柱上，设有下横梁和上横梁，用以吊胸、腹带。保定时先将六柱栏的胸带（前带）装好，将牛由后方牵入六柱栏内，立即装上尾带，并把缰绳拴在门柱上。

　　为防止牛从前带跳出，可用一扁绳"压梁"，即用绳拴在下横梁上，再通过鬐甲部至对侧横梁上缠绕打结。同时为了防止卧下，应装好腹带。诊疗工作完毕, 先解除鬐甲带, 再解除腹带和前带, 即可将牛牵出六柱栏。

3. 倒卧保定法

(1) 背腰缠绕倒牛法 用一根长绳, 在绳的一端做一个较大的活绳圈, 套在两个角的基部, 将绳沿非卧侧颈部外面和躯干上部向后牵引, 在肩胛骨后沿处环胸绕一圈做成第一绳套, 继而向后引至胺部, 再环腹1周 (此套应放至乳房前方, 避免勒伤乳房) 做成第二绳套。由两人慢慢向后拉绳的游离端, 由另一人把持牛角, 使牛头向下倾斜, 牛立即蜷腿而慢慢倒下 (图1-4)。牛倒卧后, 一定要固定好头部, 不能放松绳端, 否则牛易站起。固定好后, 方可实施检查或处置, 此法适用于外科手术。

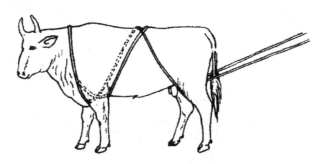

图1-4 背腰缠绕倒牛法

(2) 拉提前肢倒牛法 将一根8~10m的圆绳折成一长一短的双叠, 在折叠部做一个猪蹄扣, 套在牛的倒卧侧前肢球节的上方 (系部)。然后将短绳穿过胸下从对侧经背部返回由一人固定, 再将长绳端引向后方, 在髋结节前方绕腰腹部作一环套, 并继续引向后方, 由另一人固定。令牛向前走一步, 当牛抬举被套前肢的瞬间, 用力拉紧绳索, 牛即先跪下而后倒卧, 一人迅速固定牛头, 一人固定牛的后躯, 一人速将缠在腰部的绳套向后拉并使之滑到两后肢的跗关节上方 (跖部) 而拉紧绳子, 最后将两后肢与卧地侧前肢捆扎在一起。适用于会阴部外科手术等。

二、经口给药法

在牛病防治过程中, 经口给药 (投药) 是最基本的防治措施。投药的方法很多, 实践中应根据药物的不同剂型、剂量以及药物的刺激性和病情及其进程, 选用不同的投药方法。

(一) 液剂药物灌服法

适用于液体性口服药物。

给牛灌药，建议采用专用灌药橡皮瓶，若没有专用橡皮瓶，可使用长颈塑料瓶或长颈啤酒瓶，洗净后，装入药液备用。一般采用徒手保定，必要时采用牛鼻钳及鼻钳绳借助牛栏保定。

灌服时，首先把牛拴系于牛栏活牛桩上，由助手一手紧拉鼻环或抓住牛的鼻中隔，抬高牛头，一般要略高于牛背，用另一只手的手掌托住牛的下颌，使牛嘴略高。术者一手从牛的一侧口角伸入，打开口腔并轻压牛的舌头，另一只手持盛有药液的橡皮瓶或长颈瓶，从另一侧口腔角伸入并送向舌背部，然后抬高灌药瓶的后部，并轻轻振抖，使药液流出，吞咽后继续灌服，直至灌完。若药量较多，应分瓶次灌服，每瓶次药量不宜装得太多，灌服速度不宜太快。严禁药物呛入气管内，灌药过程中，如病牛发生强烈咳嗽时，立即暂停灌服，并使牛头低下，使药液咳出。

经口腔灌药，既可以往瘤胃内灌药，又可以往瓣胃以后的消化道灌药，不同的灌药方法会产生不同的效果。一般若每次灌服少量药液时，由于食道沟的反射作用，使食道沟闭锁，形成筒状，而把大部分药液送入瓣胃；若一次灌入大量药液，则食道沟开放，药液几乎全部流入瘤胃。因此往瘤胃投药时，可用长颈瓶子等器具一次大量灌服，或用胃管直接灌服，而往瓣胃内以及以后的消化道内投药时，则应少量多次灌服。

（二）片剂、丸剂、舔剂药物投药法

应用于西药以及中成药制剂，可采用裸手投药或投药器进行。

投药时一般站立保定。裸手投药法：术者用一手从一侧口角伸入，打开口腔；另一只手持药片（丸、囊）或用竹片刮取舔剂自另一侧口角送入其舌背部。投药器投药法：事先将药品装入投药器内，术者持投药器自牛一侧口角伸入并直接送向舌根部，迅速将药物推出，抽出送药器，待其自行咽下。

裸手投药或投药器投药后，都要观察牛是否吞咽，必要时也可在投药后灌饮少量水，以确保药物全部吞咽。

通过口腔投入抗生素、磺胺类药物等化学制剂时，应考虑到其对瘤胃微生物群落的影响问题。四环素族抗生素以及磺胺类药物对瘤胃微生物群落的发育繁殖具有强烈的抑制作用，链霉素相对危害较轻。一般采用化学制剂灌服治疗之后，建议采用健康牛瘤胃液灌服，以接种瘤胃微生物群落。

（三）胃管投药法

大剂量液剂药物或带有特殊气味、经口不易灌服的药品，可采用胃管投药法。

按照胃管插入术的程序和要求，通过口腔或鼻孔插入胃管，将药物置于挂桶或盛药漏斗，经胃管直接灌入胃中。患咽炎或明显呼吸困难的病牛，不能用胃管灌药。若灌药过程引起咳嗽、气喘时，应立即停止灌药。

插胃管时，要确实保定好病牛，固定好牛的头部。胃管用水湿润或涂上润滑油类。先给病牛装一个木制的开口器，胃管经口即从开口器的中央孔插入或经鼻孔插入，插入动作柔和缓慢，到达咽部时，感觉有抵抗，此时不要强行推进，待病牛发生吞咽动作时，趁机插入食管。胃管通过咽部进入食管后，应立即检查是否进入食管，正常进入食管后，可在左侧颈沟部触及到胃管，这时向管内吹气，在左侧颈沟部可观察到明显的波动，同时嗅胃管口，可感觉到有明显的酸臭气味排出；若胃管误进入气管内，仔细观察可发现管内有呼吸样气体流动，或吹气感觉气流畅通，则应拔出重新插入；若发现鼻、咽黏膜损伤而出血，则应暂停操作，采用冷水浇头方法进行止血，若仍出血不止，应及时采取其他止血措施，止血后再行插入。

三、注射给药法

注射是防治牛病常用的给药法。注射法即借用注射器把药物投入病牛机体的给药法。皮下注射、肌内注射、静脉注射是临床上最常用的注射法，另外还有皮内注射、胸腔注射、腹腔注射，气管、瓣胃以及眼球结膜等部位注射。实践中根据药物的性质、剂量以及疾病的具体情况选择特定的方法进行注射。

按照不同注射方法和药物剂量，选取不同的注射器和针头；检查注射器是否严密，针管、针芯是否合套，金属注射器的橡皮垫是否好用，松紧度调节是否适宜，针头是否锐利、通畅，针头与针管的结合是否严密。注射前必须排净针管内的空气。所有注射用具在使用前必须清洗干净并进行煮沸或高压灭菌消毒。

注射部位应先进行剪毛、消毒（先用5%碘酊涂擦，再用75%酒精），注射后也要进行局部消毒。严格执行无菌操作规程。抽取药液前，要认真检查药品的质量，注意药液是否混浊、沉淀、变质；同时混注两种药液时，要注意配伍禁忌。若需要注入大量药液时，特别是静脉滴注时，应加温，使药液与体温同高。抽完药液后，要排出注射器内的气泡。

四、皮内注射法和皮下注射法

皮内注射法主要用于变态反应试验，如牛结核菌素变态反应试验。注射部位一般在颈部上1/3处或尾根两侧的皮肤皱襞处。采用1mL注射器，小号或专用皮内注射针头。注射时，对注射部位剪毛消毒，以左手食指和拇指捏住注射部位皮肤，右手持注射器，在牢固保定的情况下，将针尖刺入真皮内，使针头几乎与注射皮面平行刺入。待针头斜面完全进入皮内后，放松左手，注入药液，使皮面形成一个圆丘即可。皮内注射，要注意不能刺入太深，注射后不能按压，拔出针头后，不要再消毒或压迫。

皮下注射是将药液经皮肤注入皮下疏松组织内的一种给药方法。适用于药量少、刺激性小的药液，如阿托品、毛果芸香碱、肾上腺素、比赛可灵以及预防疫苗（菌）等。刺激性大的药液、混悬液、油剂等由于皮下吸收不良，不能采用皮下注射，注射部位以皮肤较薄、皮下组织疏松处为宜，牛一般在颈部两侧。如药液量较多时，可分数处多部位注射。注射部位也可选在肘后或肩后皮肤较薄处。皮下注射一般选用 16 号针头，注射时对注射部位剪毛消毒（用70%酒精或 2%碘酊涂搽消毒），一般用左手拇指和食指捏起注射部位皮肤，使皮肤与针刺角度呈 45°角，右手持注射器，或用右手拇指、食指和中指单独捏住针头，将针头迅速刺入捏起的皮肤皱褶内，使针尖刺入皮肤皱褶内 1.5～2cm 深，然后松开左手，连接针头和针管，将药液徐徐注入皮下。

注意：分步操作；在连接针管时，要将盛药针管内的空气排净。

五、肌内注射法

肌内注射法是最常用的注射法，即将药液注入牛的肌肉内。动物肌肉内血管丰富，药液注入后吸收较快，仅次于静脉注射。一般刺激性较强、较难吸收的药液都可以采用肌内注射法，如青霉素、链霉素以及各种油剂、混悬剂等均可进行肌内注射。但对一些刺激性强烈而且很难吸收的药物，如水合氯醛、氯化钙、浓盐水等不能进行肌内注射。

肌内注射的部位一般选择在肌肉层较厚的臀部或颈部。使用 16 号针头，注射时，对注射部位剪毛消毒，取下注射器上的针头，以右手拇指、食指和中指捏住针头座，对准消毒好的注射部位，将针头用力刺入肌肉内，然后连接吸好药液的针管，徐徐注入药液。注射完毕后，拔出针头，针眼涂以碘酊消毒。

注意：一般肌内注射时，不要把针头全部刺入肌肉内，以防针头折断后不易取出。近年来多采用一次性塑料注射器，则不必拿下针头单独刺入，为动物注射给药提供了方便。

六、静脉注射法

（一）静脉注射

静脉注射就是把药液直接注入动物静脉血管内的一种给药方法。静脉注射能使药液迅速进入血液，随血液循环遍布全身，很快产生药效。注射部位多选在颈静脉上 1/3 处。一般使用兽用 16 号针头或 20 号针头。注射时，先保定好病牛，使病牛颈部向前上方伸直。注射部位剪毛消毒，用左手在注射部位下面约 5cm 处，以大拇指紧压在颈静脉沟中的静脉血管上，其余 4 指在右侧相应部位抵住，拦住血液回流，使静脉血管鼓起。术者右手拇指、食指和中指紧握针头座，针尖朝下，使针头与颈静脉呈 45°角，对准静脉血管猛力刺入，如果刺进血管，便有血液涌出，如果针头刺进皮肤，便没有血液流出，可另行刺入。针头刺入血管后，再将针头调转方向，使针尖在血管内朝上，再将针头顺血管推入 2~3cm。松开左手，固定针头座，与右手配合连接针管。左手固定针管，手背紧靠病牛颈部作支撑，右手抽动针管活塞，见到回血后，将药液徐徐注入静脉。

注射完药液后，左手用酒精棉球压紧针眼，右手将针拔出，为防止针眼溢血或形成局部血肿，在拔出针头后，继续紧压针眼 1~2min，然后松手。

静脉注射要将药液直接送入血液，因而要求药液无菌、澄清透明，无致热原；刺激性强的药液，要注意稀释浓度，如果浓度过高，容易引起血栓性静脉管炎；注射时，严防药液漏至血管外，以免引起局部肿胀；保定要牢固，注射速度应缓慢。

（二）静脉吊瓶滴注

静脉吊瓶滴注即输液，即通过静脉注射或滴注的方法将药液直接输入静脉血管内。临床上可以使用人用的一次性输液器代替过去的输液工具，免去了过去的吊瓶消毒、胶管老化等诸多麻烦。新的方法：采用一次性输液器，兽用 16 号、20 号粗长针头作输液针头，按治疗配方将使用的药液配装在 500mL 的等渗盐水瓶中，或所需要的不同浓度的葡萄糖注射液（500mL 瓶）药瓶中，作为输液药瓶。将输液药瓶口朝下置入吊瓶网内，然后把一次性输液器从灭菌塑料袋中取出，把上端（具有换气插头端）插入输液药瓶的瓶塞内，把吊瓶网挂在高于牛头 30~40cm 的吊瓶架上。把输液器下端过滤器下面的细塑料管连同针头拔掉，安装上兽用输液针头（16 号或 20 号针头）。打开输液器调节开关，放出少量药液，排出输液管内的空气，调节输液器管中上部的空气壶，使之置入半壶药液，以便观察输液流速。将排完空气的输液器关好开关，备用。取下输液器上的锋利的兽用针头，按照静脉注射的方法，将针头刺入静脉血管，把针头向下送入血管 2~3cm，以防针头滑出。这时松开静脉的固定压迫点，打开输液器开关，连接输液器管，把输液器末端（过滤器下段）插入置于静脉血管中的针头座内，拧紧（防止松动漏液），调节输液速度，开始输液，然后再用两个文具夹把输液器下端连接针头附近的输液管分两个地方固定在牛的颈部皮肤上。滑动输液器上的调节开关，使之按照需要的滴流速度进行输液。

与静脉注射的区别：静脉注射使用的针头在刺入静脉后，调整针头走向，使之针尖朝上，然后连接针管、注入药液。而静脉输液时使用的针头，在刺入静脉后，将针头向下顺入静脉管内，连接输液器下端，输入药液。

静脉注射或滴注过程中，若药液漏出静脉外时，可做如下处理：如为高渗溶液，则向肿胀局部及周围注入适量的注射用水（灭菌蒸馏水）以稀释；如为刺激性强或有腐蚀性的药液，则向周围组织注入生理盐水；如是氯化钙溶液可注入10%硫酸钠溶液，使其转化为硫酸钙和氯化钠。此外，局部温敷可以促进吸收。

七、气管注射给药法

气管注射是将药液直接送入动物气管内，用以治疗气管、支气管以及肺部疾病的注射方法。病牛站立保定，头颈伸直并略抬高，沿颈下第三轮气管正中剪毛消毒，用16号针头向后上方刺入，当穿透气管壁时，针感无阻力，然后连接针管，将药液缓缓注入。

气管注射时，为防止咳嗽，可先在气管内注入0.25%~0.5%的普鲁卡因溶液5mL，再注入治疗用药液。3月龄以下犊牛，也可直接用0.25%的普鲁卡因溶液20mL稀释青霉素80万U，缓缓注入气管内，隔日1次，连用2~5次。

八、胸腔注射给药法

病牛站立保定，右侧第5或左侧第6肋间，胸外静脉上方2cm处剪毛消毒，用左手将注射部位皮肤前推1~2cm，右手持连接针头的注射器，沿肋骨前缘垂直刺入3~5cm，注入药液，拔出针头，使局部皮肤复位，常规消毒。整个注射过程要防止空气进入胸腔。

九、腹腔注射给药法

腹腔注射是将特定药物直接注入腹腔，借助腹膜的吸收机能治疗某些疾病的注射法。

腹腔注射时，病牛站立保定，犊牛亦可侧卧保定。术部剪毛、消毒后，用16~18号针头垂直皮肤刺入，依次穿透腹肌和腹膜，当针头透过腹膜后，其阻力降低，有落空感。针头内不出现气泡及血液，也无腹腔脏器内容物溢出，经针头注入生理盐水无阻力，说明刺入正确。此时可连接注射器或连接输液吊瓶上的输液管接头向腹腔内注入药液。

向腹膜腔内注入药液应加温至 37~38℃，药液过凉，会引起胃肠痉挛产生腹痛。注入的药液应为等渗溶液且无刺激性。当膀胱积尿时，应轻轻压迫腹部，或直肠内按摩膀胱，强迫排尿，待膀胱排空后再进行腹腔注射。注射过程中应防止针头退出腹腔外，必要时用胶布粘贴固定针头，一次注药量为 200~1 500mL。注药完毕，拔下针头，局部消毒。

十、瓣胃注射法

病牛站立保定，在右侧第 9 肋间，肩关节水平线上下 2cm 处剪毛消毒，采用长 15cm（16~18 号）的针头，垂直刺入皮肤后，针头朝向左侧肘突（左前下方）方向刺入 8~10cm（刺入瓣胃内时常有沙沙声），以注射器注入 20~50mL 生理盐水后立即回抽，如见混有草屑等胃内容物，即可注入治疗药物。注射完迅速拔出针头，按照常规消毒法消毒。

十一、皱胃注射法

病牛站立保定，消毒注射位点，皱胃位于右侧第 12、13 肋骨后下缘，若右侧肋骨弓或最后 3 个肋间显著膨大，呈现叩击钢管清朗的铿锵音，也可选此处作为注射点。局部剪毛消毒，取长 15cm（16~18 号）的针头，朝向对侧肘突刺入 5~8cm，有坚实感即表明刺入皱胃，先注入生理盐水 50~100mL，立即抽回，其中混有胃内容物（pH 值 1~4），即可注入事先备好的治疗药物。注完后，常规消毒注射点。

十二、乳池给药法

乳池注射即将药物注入乳房的乳池中，用于预防或治疗乳房炎的一种方法，是奶牛场常用的注射方法。采用放奶针头（或称导乳针头），消毒备用。

其操作方法：将牛适当保定，用干净温水清洗、擦干乳房；挤净乳房内积存的奶汁，用酒精棉球擦拭消毒乳头以及乳头下端中央的乳头管开口，左手护住乳头下端，使乳头管口偏向操作者，右手持针，把针头缓缓插入乳头管内 23~35cm，把持乳头的左手同时捏住导乳针底座，右手将吸好药液的针管连接到针头底座上（通常可用一小段乳胶管连接）将药液缓缓推入乳池中。注完后抽出导乳针头，用手少捏一会乳头或轻柔乳头，如果是治疗性药物，则需一手捏住乳头下端，另一只手轻上托按摩乳房，促使药液在乳池内向上散开。操作时要注意保定好牛，以防被牛踢伤。注入药液的一般容量要求每个乳池50~100mL为宜。采用乳池注射法治疗乳房炎，注射前一定要把乳房内炎性乳汁挤净，在挤完奶后，立即进行乳池注射。每次挤完奶后，都要进行乳池灌注，以维持乳池内长时间具有有效治疗药物。

十三、灌肠法

灌肠法是为了治疗某些疾病，向肠内灌入大量的药液、营养物或温水，使药液或营养物很快吸收或促进宿粪排出，除去肠内分解产物与炎性渗出物的方法。

事先备好灌肠器、压力气筒、吊桶和灌肠溶液等。灌肠液常用微温水、微温肥皂水或3%~5%单宁酸溶液、0.1%高锰酸钾溶液、2%硼酸溶液等具有消毒、收敛作用的溶液，或葡萄糖溶液、淀粉浆等营养溶液。

灌肠分为浅部灌肠与深部灌肠两种。浅部灌肠仅用于排出直肠内积粪，而深部灌肠则用于肠便秘、直肠内给药或降温等。

（一）浅部灌肠

病牛柱栏内站立保定，并吊起尾巴。将灌肠液盛入漏斗或吊桶内，在灌肠器的橡胶管上涂以石蜡油或肥皂水，术者将灌肠器胶管的前端缓缓插入病牛肛门，再逐渐向直肠内推送，助手高举灌肠器漏斗端或吊桶，亦可固定于柱栏架上，使溶液徐徐流入直肠内，如流入不畅，可适当抽动橡胶管。注入一定液体后，牛便出现努责，让直肠内充满液体，再与粪便一起排出。如此反复进行多次，直到直肠内洗净为止。

（二）深部灌肠

深部灌肠是在浅部灌肠的基础上进行，但使用的灌肠器的皮管较长、硬度适当（不过硬）。橡皮管插入直肠后，连接灌肠器，伴随灌肠液体的进入，不断将橡皮管内送，如用唧筒代替高举或高挂的灌肠器，液体进入肠道的速度就更快。

在边灌边将橡皮管内送的同时，压入液体的速度应放慢，否则会因液体大量进入深部肠道，反射性刺激肠管收缩而把液体排出，或使部分肠管过度膨胀（特别在有炎症、坏死的肠段），造成肠破裂。

在灌肠过程中，随时用手指刺激肛门周围，使肛门紧缩，防止灌入的溶液流出。

灌肠完毕后，拉出胶管，解除保定。

十四、牛常用穿刺方法

通过穿刺，可以获得病牛体内某一特定器官或组织的病理材料，作必要的现场鉴别或实验室诊断，确诊疾病。而当急性胃肠臌气时，应当穿刺排气，可以缓解或解除病症。

（一）瘤胃穿刺术

当瘤胃严重臌气时，导致呼吸困难，作为紧急治疗的有效措施就是实施瘤胃穿刺术，排放气体，缓解症状，创造治疗时机。

穿刺部位在左肷部的髋结节和最后肋骨中点连线的中央。瘤胃臌气时，取其臌胀部位的顶点。穿刺时，病牛站立保定，术部剪毛消毒，将皮肤切一小口，术者以左手将局部皮肤稍向前移，右手持消毒的套管针迅速朝向对侧肘头方向刺入约 10cm 深，固定套管，抽出针芯，用纱布块堵住管口，施行间歇性放气，使瘤胃内的气体断续地、缓慢地排出。若套管堵塞，可插入针芯疏通或稍摆动套管。排完气后，插入针心，手按腹壁并紧贴胃壁，拔出套管针。术部涂以碘酒。

为防止臌气继续发展，造成重复穿刺，必要时套管不要拔出，继续固定，经留置一定时间后再拔出。若没有套管针，可用大号长针头或穿刺针代替，但一定要避免多次反复穿刺，必要时，可进行第二次穿刺，但不宜在原穿刺孔进行。排出气体后，为防止复发，可经套管向瘤胃内注入防腐消毒剂等。

（二）胸腔穿刺术

一般用于探测胸腔有无积液并采集胸腔积液进行病理鉴定，排出胸腔内的积液或注入药液以及冲洗治疗等。

病牛站立保定，针对病症要求选择穿刺部位。左侧穿刺部位为第七肋间胸外静脉上方，右侧穿刺部位为第六肋间胸外静脉上方，或肩关节水平线下方 2～3cm 处。术部剪毛、消毒，术者左手将术部皮肤稍向前移，右手持连接胶管与注射器的 16～18 号针头沿肋骨前缘垂直刺入约 4cm，然后连接注射器，抽取胸腔积液，术后严格消毒。

无积液排出时，应迅速将针头上的胶管回转、折叠压紧，使管腔闭合，防止发生气胸。

（三）腹腔穿刺术

腹腔穿刺术主要用于采集腹腔液鉴别诊断相关疾病，排出腹腔积液、腹腔注射药液以及进行腹腔冲洗治疗等。

实施腹腔穿刺术前，备好消毒套管针，若没有专用套管针，可选用 16 号针头代替。病牛站立保定，或后肢拴系保定。在脐与膝关节连线的中点（图1-5），剪毛消毒术位，术者蹲下，右手控制套管针的刺入深度，由下向上垂直刺入，左手固定套管，右手拔出套管针芯。采集积液送检。术后常规消毒。

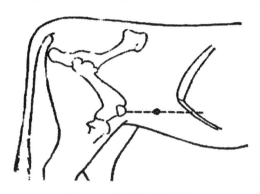

图1-5　牛腹腔穿刺部位

（四）膀胱穿刺术

膀胱穿刺一般是在尿道完全堵塞时，有膀胱破裂危险，而采取的临时性治疗措施，或用于公牛的导尿等。

病牛站立保定。按照直肠检查操作要领，首先充分排出直肠宿粪，清洗消毒术者手臂，然后将装有长胶管的14~16号针头握在手掌中，术者手呈锥形，缓缓进入直肠，在膀胱充满的最高处，将针头向前下方刺入，并固定好针头，使尿液通过针头沿事先装好的橡胶管流出（图1-6）。待尿液彻底流完后，再把针头拔出，同样握在掌中，带出直肠。

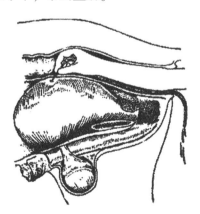

图1-6　牛膀胱穿刺

(五) 心包穿刺术

心包穿刺术主要用于采取心包液进行病理鉴定以及心包积脓时的排脓与清洗治疗。

术牛站立保定，并使病牛的左前肢向前伸出半步，充分暴露心区。在左侧第五肋间，肩端水平线下2cm处剪毛、消毒，一手将术部皮肤向前推移，一手持带胶管的16~18号长针头，沿第六肋骨前缘垂直刺入约4cm，连接注射器，边抽边进针，至抽出心包液为止。

操作过程要谨慎小心，避免针头晃动或刺入过深，伤及心脏。进针过程或注药的换药过程都要把胶管折叠、回转压紧，保持管腔闭合，防止形成气胸。

十五、子宫冲洗法

子宫冲洗主要用于治疗阴道炎和子宫内膜炎、子宫蓄脓、子宫积水等生殖道疾病。由于用大量消毒液冲洗子宫，会降低子宫上皮的抵抗力和防御机能，发生子宫严重弛缓，导致所谓"治疗性"不孕，故应尽量少用。

冲洗前，应按常规消毒子宫冲洗器具。在没有专用子宫冲洗器的条件下，一般可用马的导尿管或硬质橡皮管、塑料管代替子宫冲洗管，有条件的，可采用胚胎采集管代替。用大玻璃漏斗或搪瓷漏斗代替唧筒或挂桶，消毒备用。

冲洗时，洗净消毒牛的外阴部和术者的手、臂。通过直肠将导管小心地从阴道插入子宫颈内，或进入子宫体，抬高漏斗或挂桶，使药液通过导管徐徐流入子宫，待漏斗或挂桶内药液快完时，立即降低漏斗或挂桶位置，借助虹吸作用使子宫内液体自行流出。更换药液，重复进行2~3次，直至药液流出子宫时保持原来色泽状态不变为止。为使药液与黏膜充分接触以及冲洗液顺利排出，冲洗时，术者应一手伸入直肠，在直肠内轻轻按摩子宫，并掌握药液流入与排出情况，并务必排完冲洗药液。建议隔日1次，每次备药量10 000mL。冲洗次数不宜太多，以免导致"治疗性"不孕。

冲洗药液应根据炎症经过而选择，常用的有微温生理盐水、0.1%~0.5%高锰酸钾溶液、0.1%~0.2%雷佛奴尔溶液以及抗生素、磺胺类制剂等。

十六、导尿法

导尿主要用于尿道炎、膀胱炎治疗以及采取尿液检验等，即母牛膀胱过度充满而又不能排尿时施行导尿术。做尿液检查而一时未见排尿，可通过导尿术采集尿样。

病牛柱栏内站立保定，用0.1%高锰酸钾溶液清洗肛门、外阴部，酒精消毒。选择适宜型号的导尿管，放在0.1%高锰酸钾溶液或温水中浸泡5~15min，前端蘸液体石蜡。术者左手放于牛的臀部，右手持导尿管伸入阴道内15~20cm，在阴道前庭处下方用食指轻轻刺激或扩张尿道口，在拇指、中指的协助下，将导尿管引入尿道口，把导尿管前端头部插入尿道外口内；在两只手的配合下，继续将导尿管送入约10cm，可抵达膀胱。导尿管进入膀胱后，尿液会自然流出。排完尿液后，在导尿管后端连接冲洗器或100mL注射器，注入温的冲洗药液，反复冲洗，直至药液透明为止。常用的冲洗药液主要有生理盐水、2%硼酸溶液、0.1%~0.5%高锰酸钾溶液、0.1%~0.2%雷佛奴尔溶液、0.1%~0.2%石炭酸以及抗生素、磺胺类制剂等。

公牛导尿，可通过直肠穿刺进行。

十七、公牛去势

公牛去势即摘除睾丸或人为破坏公牛睾丸的正常机能，使其失去分泌和释放雄激素的功能或作用。公牛去势后，可使其性情变得温驯、乖巧、老实，便于日常管理，同时具有提高牛肉产品质量和风味的作用。但是，研究表明，雄激素与生长激素具有协同作用，因而不去势相对生长速度较快，因此，实践中可根据经营方式和产品目标确定是否去势以及去势时间（月龄）。建议，繁育牛群（即与母牛混群饲养的小公牛），以及幼牛育肥、生产特色牛肉小公牛应在6月龄左右去势，而生产优质牛肉的大型育肥场，公牛去势可避开快速生长期，推迟到18月龄左右去势。

公牛的睾丸位于阴囊之中，阴囊位于两后腿之间，阴囊的上部通常缩小为细而长的颈部。睾丸呈长椭圆形，纵轴垂直于阴囊内。附睾位于睾丸的后面。睾丸纵隔明显呈带状。

常用的去势方法分为有血去势和无血去势两种。有血去势应之前1周注射破伤风类毒素，或在术前1d注射破伤风抗毒素。去势时，对去势牛实施站立或横卧保定，术部消毒后，即可进行手术，一般不需要麻醉，必要时或为便于保定，术前可肌内注射静松灵2~3mL，也可进行局部皮下浸润麻醉或精索内麻醉。

（一）有血去势法

术者左手握住阴囊颈部，将睾丸拘阴囊底部，使阴囊壁紧张，按如下方法切开阴囊，摘除睾丸去势。

1. 纵切法

适用于成年公牛。阴囊的后面或前面沿阴囊缝际两侧，2cm处作平行缝际的纵切口，下达阴囊的底部，挤出睾丸，分别结扎精索后切除睾丸。

2. 横切法

适用于 6 月龄左右小公牛去势。在阴囊底部作垂直缝际的横切口，同时切开阴囊和总鞘膜，睾丸露出后，剪断阴囊韧带，挤睾丸，结扎精索，切除睾丸和附睾。

3. 横断法

俗称大揭盖，适用于小公牛。术者左手握住阴囊底部的皮肤，右手持刀或剪刀，切除阴囊底部皮肤 2～3cm，然后切开阴囊总鞘膜，挤出睾丸，分别结扎精索后切除。

4. 锉切法

多用于小公牛。切开阴囊及总鞘膜，露出睾丸，剪断阴囊韧带，用锉刀钳剪断精索，除去睾丸。

（二）无血去势法

无血去势法适用于不同月龄的公牛去势，方法简便，节省材料，手术安全，可避免术后并发症。采用无血去势钳在阴囊颈部的皮肤上挫断精索，使睾丸失去营养而萎缩，达到去势的目的。

公牛栏内站立保定，常规消毒手术部位。用无血去势钳隔着阴囊皮肤夹住精索部，用力合拢钳柄，听到类似筋腱被切断的音响，继续钳压 1min，再缓慢张开钳嘴，然后在钳夹的下方 2cm 处，再钳夹 1 次，采用同样的方法夹断另一侧精索。术部皮肤涂碘酒消毒。术后阴囊肿胀，可达正常体积的 2～3 倍，约 1 周后不治自愈，3 周后睾丸出现明显变形和萎缩。

也可用耳夹子式的两个木棍夹住阴囊颈部，使一侧睾丸的阴囊壁紧张，阴囊底朝上，用棒槌对准睾丸猛力捶打，将睾丸实质击碎，然后用手掌反复挤压，至呈粥状感，用同样的方法处理另一侧睾丸，也可达到去势的目的。处理后阴囊皮肤涂布碘酒消毒。这种方法去势后，阴囊极度肿大，需每天早晚牵引运动，一般经 1 个月左右肿胀消失，睾丸萎缩。

十八、牛洗胃术

（一）适应证

当病牛出现以下情况时，可以使用牛的洗胃术。

① 当牛过量食用富含碳水化合物的精料（如麦、薯、玉米等）使瘤胃 pH 值下降时。

② 多吃豆类（黄豆、豆饼）腐解使瘤胃发生泡沫性膨胀时。

③ 当牛过量服用盐类药物（硫酸钠、人工盐）滞留瘤胃致胃内容渗透压升高，引起机体脱水时。

④ 不论原发或继发的前胃迟缓后期，反刍停止，瘤胃内容物腐败发酵时。

⑤ 当瓣胃、皱胃、肠阻塞，饮水大多进入瘤胃时。

⑥ 有些引起中毒的物质滞留瘤胃必须排出时。

（二）洗胃操作要领

① 用保定栏保定、用平带绳兜腹、压、背，并前拦后堵，防止牛上跳、瘫卧、前窜后退。

② 应备 100kg 35℃左右的温水。

③ 用笼头式开口器开口，畜主扶牛角鼻绳。

④ 用大号胃导管或直径 2.5cm 左右的胶管（塑料管应用热水泡软），将洗净的导管甩去管腔积水，将导管循着上颌向咽部送进，导管送进 40~60cm 时，助手在牛两侧颈静脉沟同时摸，如有圆而硬的管状物可随导管进出而移动时，即证明导管已在食管中，可继续伸入直至瘤胃。

⑤ 证实导管已入胃后，将导管抽出 20~40cm，即有胃液流出，立即用 pH 试纸测定。而后即灌入温水 50kg，稀释胃内容物，便于虹吸。

⑥ 如抽出部分导管，胃水不能顺利排出，可将导管转半圈，使导管弯向下方，灌一盆水后再虹吸。

（三）几种特殊情况的处理

① 在洗胃中如病牛发生呕吐，要压低牛头防止呕吐物进入气管。如导管移动有阻碍，即将导管抽出，除掉导管外的草末后，将清洗净的导管再次送入胃中。

② 当抽出或送入导管时发生"咯咯声"，说明草沫在导管内将形成阻塞，可注水将草沫冲入瘤胃，或抽出导管排出管腔草末后再洗。

③ 如遇泡沫性臌胀时，抽出导管虹吸，管内都是泡沫，阻碍瘤胃水的排出，可灌入松节油 70mL、液体石蜡 250mL，再加点水冲净油类，抽出导管暂停 1~2h 后消沫消胀后再洗。

④ 反复灌水和虹吸排出、水已较清时即可停止，如水仍浑浊，而牛体弱不支，可将洗胃分 2~3 次进行。

⑤ 洗胃结束后，卸下开口器发现口舌黏膜有损伤时，即用高锰酸钾液冲洗。

⑥ 为增加牛对洗胃的耐受力，用 10%~25% 葡萄糖 500mL，10% 安钠咖 30mL 静脉注射。

十九、牛乳房送风疗法

乳房送风是临床上治疗奶牛产后瘫痪的常用治疗措施，其实质就是往乳房内注入洁净空气，是实践中治疗奶牛产后瘫痪简便而有效的方法。产后瘫痪又称生产瘫痪、乳热症、产褥热等，其标准治疗法是静脉注射钙剂。而乳房送风法与钙疗法简便易操作，效果也较好，特别是在钙疗法反应不佳或复发的病例应用乳房送风疗法效果较好，且治愈后复发率低。

（一）乳房送风的治疗原理

向乳房内打入空气之后，使乳房的内压升高乳房内的血管受到压迫，流向乳房的血液减少，泌乳受到抑制，流向乳房的血钙受到阻滞，全身血压升高，机体内血钙的含量得以积累增加，缓解了血钙浓度剧烈降低的病因，从而达到治疗病因的效果；另外，向乳房内打入空气，可以刺激乳腺的神经末梢，刺激传至大脑，提高其兴奋性，消除抑制状态，缓解奶牛四肢麻痹（瘫痪）的神经症状。

（二）乳房送风的操作

操作前先将送风器（图1-7）各部件消毒处理，并在送风器的金属筒内放入干燥的消毒棉花，以便过滤空气，防止感染。连续打气球可使用人用血压计上的打气球代替。空气过滤器可使用500mL容积的生理盐水瓶代替。可用制作乳房送风器的16、18、20号粗针头，把针尖磨平磨圆代替乳导管使用。如果没有玻璃管插头，可将乳胶管直接套在长针头座上。空气经半瓶纯净水过滤，可避免空气中杂质、灰尘以及微生物等被随风带入乳房。

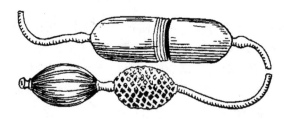

图1-7 乳房送风器

消毒乳头、乳头管口、挤净乳房内积存的乳汁，把乳房送风器的导乳管（或无尖粗针头）消毒后插入乳头管中，开始打气送风。先送压在下部的乳区，后送上部的乳区，4个乳区均应打满空气。打入空气的数量，以乳房的皮肤紧张、乳腺基部的边缘清楚并且变厚，达到乳房胀满、指弹鼓响音为标准。

当某个乳区发炎时，要先打健康乳区，后打发病乳区，以防感染。

每个乳区注满气体后，拔出乳导管时要轻轻捻揉乳头，促进乳头括约肌收缩，防止气体外溢。如乳头括约肌松弛并有空气溢出，可用宽纱布条或绷带结扎乳头，防止空气溢出。2h 后解开结扎的纱布条。

一次乳房送风治疗若效果不明显，可间隔 6~8h 后再行 1 次。绝大多数病例，打入空气之后，约半小时病牛能够自行站立。治疗越早，打入的空气量足，效果越好。一般打入空气 10min 后，病牛鼻镜开始湿润，15~30min 后病牛眼睁开，开始清醒，头颈部的姿势恢复自然状态，反射及感觉逐渐恢复，体表温度升高，驱之起立，开始有些肌肉颤抖，数小时后痊愈。

（三）注意事项

乳房送风仅用于产后瘫痪的病牛，产前瘫痪的病牛禁用。瘫痪的病牛有时伴有其他症状，可采用对症治疗，如瘤胃膨气，可进行穿刺放气等，但一般禁止通过口腔灌药，以防稍有不慎引起异物性肺炎。

二十、火鞍灸

火鞍灸，亦称"醋酒灸"，俗称"火烧战船"，中兽医灸法之一。用醋浸湿牛的腰背部被毛，盖上醋浸的粗布，在布上连续浇洒白酒，燃烧至出汗后在灸部覆盖麻袋保暖。多用于揭鞍风、寒伤腰胯、风寒湿痹等症。瘦弱病牛及孕牛慎用。

① 准备 3 条新的或消毒过的大毛巾，食醋 1 000mL，烧酒 1 000mL。

② 在牛的头上挽一结实笼套，将牛牵至宽敞平地，牛头左右有一个牵拉以限制牛的猛冲快跑，但不限制牛的自由行走或转圈。

③ 在百会穴上洒上温醋，用手以螺旋式向周围扩散，面积约 12cm²，然后盖上 3 层用醋浸过的毛巾，再以百会穴为中心滴上烧酒，任酒自行扩散，面积约 9cm²，然后点燃烧酒。用醋控制火燃的范围和强弱，火势扩大时用醋浇洒，将蔓延的火焰熄灭，火旺温度过高时，用醋向火旺处浇洒。如酒少火焰太弱，再适当浇酒。火势强度应掌握在牛有热痛并强行前行时为宜，时间约 40min，以全身出汗为度。

二十一、糖钙疗法

糖钙疗法适用于预防和治疗奶牛的酮尿病、骨质疏松症、前胃迟缓、产前产后瘫痪、胎衣不下等病。依照奶牛的体重状况，以 500kg 体重计算用法用量为：5%~10% 葡萄糖注射液 500~1 000mL，10% 葡萄糖酸钙注射液 400~500mL（5%~10% 葡萄糖注射液 500~1 000mL，5% 氯化钙 200~300mL），静脉注射，每天 1~2 次。

（一）临产前

奶牛出现食欲不振或废绝，心跳、体温正常时可用糖钙疗法。治疗后能起到：促进食欲；加强子宫阵缩、促进分娩；能预防产前产后瘫痪的发生，加速胎衣的脱落。

（二）产后

奶牛出现食欲不振或废绝，心跳、体温正常，有前胃迟缓症状时可用糖钙疗法。对已发生产后瘫痪的牛可起治疗作用，对未瘫痪的牛可以起到预防，并促进食欲与胎衣的脱落，促使子宫的恢复与恶露的排出。

（三）泌乳阶段的牛

日产奶量在 25kg 以上，心跳、体温正常，食欲降低或废绝，突然或持续产奶量下降，步行不稳时，可用糖钙疗法。这样既能促进食欲，又可以提高产奶量。

二十二、牛修蹄术

牛的修蹄疗法主要用于各种变形蹄的修整和治疗。

四柱栏或二柱栏内站立保定，对性情暴躁的牛，为了保证安全，可横卧保定并注射 846 合剂。术者站立于所修蹄的外侧，根据不同蹄形和病情，分别进行修蹄。

1. 长蹄

用蹄刀或截断刀将蹄支过长部分修去，并用修蹄刀，将蹄底面修理平整，再用锉将其边缘锉平，使呈圆形。

2. 宽蹄

将蹄刀或截断刀放于蹄背边缘，用木槌打击刀背，将过宽的角质部截除，再将蹄底面修理平整，用锉将边缘锉平。

3. 翻卷蹄

将翻卷侧蹄底内侧缘增厚部除去，用锯锯除过长的角质部，再将边缘锉平。

修蹄时，应先去掉过长的角质，再用镰形刀或蹄铲削蹄负面，从蹄踵部开始，削向蹄尖。蹄间面和蹄壁负缘可用镰形刀削修。对内外不同大小的蹄，应先削切较大的蹄。修整蹄形、矫正蹄角度时，则应从较小的蹄开始。修蹄时一般要多削蹄尖部，少削或不削蹄壁、蹄踵。蹄尖壁的长度一般为四横指，大蹄为四指半，小蹄为三指半。蹄负面切削要平坦，内外蹄大小一致，并保持蹄与系的方向一致。修蹄后，应将病牛置于干净、干燥的地面上单独饲喂。

二十三、普鲁卡因封闭疗法

封闭疗法是使用不同浓度和剂量的普鲁卡因溶液（有炎症时，尚可加入青霉素粉剂）注入一定部位的组织或血管内，以改变神经的反射兴奋性，促进中枢神经系统机能恢复正常，改善组织营养，促进炎症修复过程。它是一种辅助的疗法，在治疗过程中与其他疗法配合应用。

封闭疗法临床上常用的有病灶周围封闭法和静脉内注射封闭法。其中病灶周围封闭疗法主要适用于创伤、烧伤、蜂窝织炎、乳房炎，也适用于各种急性、亚急性炎症等的治疗；静脉内注射封闭法适用于肠痉挛、风湿症、各种创伤、挫伤、烧伤、乳房炎的治疗法。

普鲁卡因封闭疗法只是一种辅助性疗法，在治疗过程中应与其他疗法配合应用。

（一）病灶周围封闭法

病牛柱栏内站立保定，病灶及其周围剪毛，常规消毒。将 0.25%～0.5% 盐酸普鲁卡因溶液，分数点注入病灶周围健康组织内的皮下与肌肉深部或病灶基底部，使普鲁卡因药液包围整个病灶，药量以能达到浸润麻醉的程度即可，一般用 50～100mL，每天或隔天 1 次。

为了提高疗效，可于药液内加入 50 万～100 万 U 青霉素。本法常用于治疗创伤、溃疡、急性炎症等，乳房炎时可将药液注入乳房基部的周围。注意不可将针头穿过病灶，以免扩散感染。

（二）四肢环状封闭法

用于四肢和蹄的炎症及慢性溃疡等。将 0.25%～0.5% 盐酸普鲁卡因溶液，注射于四肢病灶上方 3～5cm 处的健康组织内，分别在前、后、内、外从皮下到骨膜进行环状分层注射药液。剪毛消毒后，对皮肤成 45°角或垂直刺入皮下，先注射适量药液，再横向推进针头，一面推一面注射药液，直达骨膜为止，拔出针头，再以同样方法环绕患肢注射数点，注入所需量的药液。用量应根据部位的粗细而定，每日或隔日 1 次。注射时针头不要损伤较大的神经和血管。

（三）静脉内封闭法

将普鲁卡因溶液注入静脉内，使药物作用于血管内壁感受器以达到封闭目的。方法与一般静脉注射法相同，但注入速度要缓慢。一般用等渗盐水或 5% 葡萄糖生理盐水配制的 0.1%～0.25% 普鲁卡因注射液，中等体型的牛每次用量100~200mL，每2日1次，连用3~4次。本法适用于蜂窝织炎、顽固性浮肿、久不愈合的创伤、风湿症、化脓性炎症、乳房炎及过敏性疾病等。

（四）尾骶封闭

病牛站立保定，举起尾部，刺入点在尾根与肛门形成三角区中央，相当于中兽医的后海穴或交巢穴处，其间有腰荐神经丛、阴部神经和直肠后神经。用长15~20cm的针头，垂直刺入皮下，将针头稍上翘并与荐椎呈平行方向刺入，先由正中边注边拔针，然后再分别向左、右各注入1次，使药液分布呈一扇形区。一般注入0.25%普鲁卡因溶液150~250mL。可用于治疗子宫脱、阴道脱和直肠脱，或上述各器官的急、慢性炎症及其脱垂的整复手术。

（五）穴位封闭法

在针灸穴位上进行封闭注射。临床上常用0.25%~0.5%盐酸普鲁卡因溶液注入抢风穴或巴山穴，分别治疗前肢或后肢疾病，每日1次，连用3~5次。具体操作是剪毛消毒后，用连接胶管的封闭针头于皮肤垂直刺入4~6cm深，回抽不见血液后，即可缓慢注入药液。要注意定准穴位，深度适当，防止针头折断。

二十四、牛剖腹产术

（一）术前准备

牛行剖腹产术前，要做好各项术前准备工作。主要包括以下几点。

1. 保定

准备一套常规外科手术器械，并对其进行浸泡消毒，选用0.1%的新洁尔灭溶液。肌内注射5mL静松灵，皮下注射5mL阿托品，肌内注射10mL止血敏。取一块经过消毒处理干净的帆布，垫于牛身体下方。保定牛，呈右侧卧，用草垫将牛颈部垫高，确保口鼻端呈下斜状态，使口鼻分泌液排出，分别牵拉牛的两个后肢与前肢，于两条木桩上固定，并压住牛头部，使用器具为木棒。

2. 确定切口位置

作一条直线，于牛左侧瘤胃肷窝三角区，沿中央向下至20cm处，以此沿肋骨向下方向作一条切口，长为35cm，终止于第10肋骨，在其下方7~9cm。

3. 消毒和麻醉

母牛外阴、尾根、肛门及产道露出胎儿的前肢用温肥皂水清洗，洗净后选用0.1%新洁尔灭溶液彻底清洗消毒。剃除预定切口位置毛发，消毒灭菌选用2%的碘酊棉球，从中心至四周，消毒灭菌2min后，用75%酒精棉球脱碘，于切口附近皮下注射利多卡因50mL，起到局部麻醉、浸润效果。最后用0.1%新洁尔灭溶液彻底消毒助手及手术人员手臂。若母牛难产时间和手术时间过长，要静脉注射肌苷 300mg、维生素 C 3g 和 5% 葡萄糖生理盐水 1 000mL，以维持母牛机体内水、电解质平衡。

（二）手术要点与注意事项

1. 手术要点

（1）构建手术通路　执笔式持刀方式，将皮下结缔组织与皮肤切开，腹横肌、腹内斜肌和腹外斜肌钝性分离，采用反挑式将腹膜切开，并剪开大网膜。确定子宫位置，在助手的协助下调整胎儿位置，尽最大限度使胎儿向子宫大弯偏移，确保胎儿头部与切口靠近，同时，调整子宫位置，外露子宫大弯部分的腹壁切口，在腹壁与子宫间布垫充足的消毒纱布，做两根牵引线于子宫浆膜肌层，在助手牵拉的帮助下，将子宫全层一次性切开，在胎儿体内，挤入脐带内的血液流，将脐带剪断，手术者将胎儿前肢抬起，助手辅助并轻拉胎儿，手术过程中，避免羊水反流入腹腔。

（2）处理胎儿　在产道，胎儿停留时间较长，刚从子宫拉出，胎儿的呼吸和心跳较弱，倒提胎儿，对胎儿鼻腔和口腔进行清理，清除其中的黏液，叩击胎儿胸部，肌内注射樟脑磺酸钠注射液 1g，之后擦干胎儿身体，并做好保温处理。

（3）完成胎衣剥离，缝合腹壁与子宫　对子宫内羊水进行清理，完成胎衣剥离。因胎衣剥离存在较大难度，可仅对子宫切口附近的胎衣进行剥离剪出，重清子宫术部，用温 0.9% 氯化钠溶液，取链霉素 200 万 U 及青霉素 400 万 U 撒入子宫内，以便于缝线吸收，之后迅速将子宫缝合，首层采用全层连续缝合方式，第二层实施伦伯特内翻缝合，以免因子宫快速收缩给缝合造成不良影响。复位清洗干净的子宫，大网膜采取连续缝合方式，对腹腔进行清洗，常规缝合腹壁。为避免周围组织和子宫壁粘连，肌内注射地塞米松 20mg。

2. 注意事项

因牛对静松灵的敏感性较强，故要对静松灵的使用量严格控制，应低于 0.3mg/kg 体重，以免注射过量造成牛死亡。因此，在整个手术过程中，要对牛的麻醉状态实施密切监测。一旦出现过度麻醉，要立即注射尼可刹米与肾上腺素。此外，在麻醉前，常规注射阿托品，进而避免气管内进入分泌的过多痰液造成牛死亡。提倡整个手术过程实施无菌操作，但在基层，受到手术条件的制约，应对手术场地实施彻底清扫，并铺垫经过消毒处理的硬塑料布或者帆布，还可以在水泥地面上直接铺垫消毒处理的帆布，以防止手术污染，促进术后创口愈合及术后受孕率的提升。临床中，牛剖腹产切口类型的共分为 4 种，分别是右侧腹壁垂直切开，左侧腹壁反斜杠切开，腹白线与左侧腹下左乳静脉间腹白线平行切开，腹白线与右侧腹下右乳静脉间腹白线平行切开。无论选用任何一种切口，均需要实行腹部触诊、直肠检查，根据胎儿分布情况，选择分布多的一侧为切口。进行剖腹产手术时，通常选用右侧卧倒，左侧腹壁反斜杠式切口方式，以防止肠管大量涌出，延长手术时间，避免手术污染。

（三）术后管理

术后管理对于维持母牛机体正常，防止感染起到十分重要的作用。术后，要给予抗菌消炎处理，以免腹腔和子宫等出现感染，0.9%氯化钠溶液 500mL 与注射液氨苄西林钠 10~20mg/kg 体重，持续静脉滴注，时间为 3d。给予补液补能，以免母牛产后出现瘫痪，用 5%葡萄糖溶液 1 000mL 与 10%氯化钾注射液 30mL，樟脑磺酸钠 20mL；10%葡萄糖溶液 500mL，10%葡萄糖酸钙注射液 250mL，每日静脉注射 1 次，持续使用 2~3d。

此外，还要做好产后护理工作，做好母牛保暖，饲喂食物以易消化食物为主，对伤口周围进行消毒，采用碘酊棉球，每日 3 次。术后 7d 禁止对子宫进行冲洗，以免造成子宫外源性感染，若 7d 后排出分泌物正常，则无须冲洗子宫。若出现异常，采用头孢类抗生素溶液对子宫进行冲洗。

第二章

牛病常用兽药与临床处方

第一节　牛病常用兽药

一、消毒防腐药

消毒防腐药是具有杀灭病原微生物或抑制其生长繁殖的一类药物，与抗生素和其他抗菌药不同，这类药物没有明显的抗菌谱和选择性，在临床应用达到有效浓度时，往往对机体组织产生损伤作用，一般不作为动物全身用药。消毒药是指能杀灭病原微生物的药物，主要用于饲养环境、房间、排泄物及器材等非生物表面的消毒。防腐药是指能抑制病原微生物生长繁殖的药物，主要用于抑制局部皮肤、黏膜和创伤等动物体表微生物感染。防腐药和消毒药无严格界限，前者在高浓度时能起杀菌作用，后者低浓度时只能抑菌。

各类消毒防腐药的作用机理各不相同，可归纳为以下3种。

① 使菌体蛋白变性、沉淀。大部分的消毒防腐药是通过这一机理起作用的，其作用不具选择性，可损害一切生命物质，故称为"一般原浆毒"。如酚类、醛类、醇类、重金属盐类等。

② 改变菌体细胞膜的通透性。如表面活性剂。

③ 干扰或损害细菌生命必需的酶系统。如氧化剂、卤素等。

消毒防腐剂的作用受病原微生物的种类、药物浓度和作用时间、环境温度和湿度、环境 pH 值、有机物以及水质等的影响，使用时应加以注意。

（一）酚类

苯酚（酚或石炭酸）

苯酚为原浆毒，使菌体蛋白凝固变性而呈现杀菌作用。0.1%～1%溶液有抑菌作用，1%～2%溶液有杀灭细菌和真菌作用，5%溶液可在 48h 内杀死炭疽芽孢，对病毒的作用较弱。碱性环境、脂类和皂类等能减弱其杀菌作用。

【作用与用途】消毒防腐药。用于用具、器械和环境等消毒。

【用法与用量】配成2%~5%溶液。

【注意事项】① 由于苯酚对动物和人有较强的毒性，不能用于创面和皮肤的消毒。

② 当苯酚浓度为0.5%~5%时，对皮肤产生局部麻醉作用；高于5%溶液则对组织产生强烈的刺激和腐蚀作用。动物意外吞服或皮肤、黏膜大面积接触苯酚会引起全身性中毒，表现为中枢神经先兴奋、后抑制以及心血管系统受抑制，严重时可因呼吸麻痹致死。有致癌作用。

复合酚

本品为原浆毒，使菌体蛋白凝固变性而呈现杀菌作用。0.1%~1%溶液有抑菌作用，1%~2%溶液有杀灭细菌和真菌作用，5%溶液可在48h内杀死炭疽芽孢，对病毒的作用较弱。碱性环境、脂类和皂类等能减弱其杀菌作用。由于苯酚对动物和人有较强的毒性，不能用于创面和皮肤的消毒。

【作用与用途】消毒防腐药。用于牛舍及器具等的消毒。

【用法与用量】喷洒：配成0.3%~1%的水溶液。浸涤：配成1.6%的水溶液。

【注意事项】① 本品对皮肤、黏膜有刺激性和腐蚀性，对动物和人有较强的毒性，不能用于创面和皮肤消毒。

② 禁与碱性药物或其他消毒剂混用。

甲酚皂溶液

甲酚为原浆毒消毒药，使菌体蛋白凝固变性而呈现杀菌作用。抗菌作用比苯酚强3~10倍，毒性大致相等，但消毒用量比苯酚低，故较苯酚安全。可杀灭一般繁殖型病原菌，对芽孢无效，对病毒作用较弱，是酚类中最常用的消毒药。

由于甲酚的水溶性较低，通常都用肥皂乳化配成50%甲酚皂溶液。甲酚皂溶液的杀菌性能与苯酚相似，其苯酚系数随成分与菌种不同而介于1.6~5。常用浓度可破坏肉毒梭菌毒素，能杀灭包括铜绿假单胞菌在内的细菌繁殖体，对结核杆菌和真菌有一定杀灭能力，能杀死亲脂性病毒，但对亲水性病毒无效。

【作用与用途】消毒防腐药。用于器械、畜禽舍、场地、排泄物消毒。

【用法与用量】喷洒或浸泡：配成5%~10%的水溶液。

【注意事项】① 甲酚特臭，不宜在肉联厂、乳牛厩舍、乳品加工车间和食品加工厂等应用，以免影响食品质量。

② 本品对皮肤有刺激性，注意保护使用者的皮肤。

氯甲酚溶液

氯甲酚对细菌繁殖体、真菌和结核杆菌均有较强的杀灭作用，但不能有效杀灭细菌芽孢。有机物可减弱其杀菌效能。pH 值较低时，杀菌效果较好。

【作用与用途】消毒防腐药。用于牛舍及环境消毒。

【用法与用量】喷洒消毒：1 :（33~100）倍稀释。

【注意事项】① 本品对皮肤及黏膜有腐蚀性。

② 现用现配，稀释后不宜久储。

(二) 醛类

甲醛溶液

甲醛能杀死细菌繁殖体、芽孢（如炭疽芽孢）、结核杆菌、病毒及真菌等。甲醛对皮肤和黏膜的刺激性很强，但不会损坏金属、皮毛、纺织物和橡胶等。甲醛的穿透力差，不易透入物品深部发挥作用。甲醛具滞留性，消毒结束后即应通风或用水冲洗，甲醛的刺激性气味不易散失，故消毒时空间仅需相对密闭。

常用福尔马林，含甲醛不少于 36%。

【作用与用途】主要用于畜舍熏蒸消毒，标本、尸体防腐。

【用法与用量】首先对空舍进行彻底清扫，高压水冲洗，晾干。按甲醛计。熏蒸消毒：每立方米空间 12.5~50mL 的剂量，加等量水一起加热蒸发。也可加入高锰酸钾（30g/m³）即可产生高热蒸发，熏蒸消毒 12~14h。然后开窗通风 24h。

【注意事项】① 对动物皮肤、黏膜有强刺激性。药液污染皮肤，应立即用肥皂和水清洗。

② 消毒后在物体表面形成一层具腐蚀作用的薄膜。

③ 甲醛气体有强致癌作用，尤其是肺癌。

④ 动物误服甲醛溶液，应迅速灌服稀氨水解毒。

复方甲醛溶液

为甲醛、乙二醛、戊二醛和苯扎氯铵与适宜辅料配制而成。

【作用与用途】用于畜禽舍及器具消毒。

【用法与用量】将所需消毒的物体表面彻底清洁，然后按下面方法使用：在常规情况下，1 :（200~400）倍稀释作畜禽舍的地板、墙壁及物品、运输工具等的消毒；在发生疫病时，1 :（100~200）倍稀释消毒。

【注意事项】① 对皮肤和黏膜有一定的刺激性，操作人员要作好防护措施。

② 温度低于5℃时，可适当提高使用浓度。

③ 不宜与肥皂、阴离子表面活性剂、碘化物、过氧化物合用。

戊二醛溶液

戊二醛为灭菌剂，具有广谱、高效和速效消毒作用。对革兰氏阳性和阴性细菌均有迅速的杀灭作用，对细菌繁殖体、芽孢、病毒、结核杆菌和真菌等均有很好的杀灭作用。水溶液 pH 值 7.5~7.8 时，杀菌作用最佳。

【作用与用途】消毒防腐药。用于畜禽舍及器具消毒。

【用法与用量】以戊二醛计。喷洒、浸泡消毒：配成2%溶液，消毒10~20min 或放置至干。喷洒使浸透：配成 0.78% 溶液，保持 5min 或放置至干。

【注意事项】① 避免与皮肤、黏膜接触，如接触后应立即用水清洗干净。

② 使用过程中不应接触金属器具。

复方戊二醛溶液

为戊二醛和苯扎氯铵配制而成。

【作用与用途】用于畜禽舍及器具的消毒。

【用法与用量】喷洒：1∶150 倍稀释，9mL／m²；涂刷：1∶150 倍稀释，无孔材料表面 100mL／m²，有孔材料表面 300mL／m²。

【注意事项】① 易燃，为避免被灼烧，避免接触皮肤和黏膜，避免吸入，使用时需谨慎，应配备防护衣、手套、护面和护眼用具等。

② 禁与阴离子表面活性剂及盐类消毒剂合用。

季铵盐戊二醛溶液

为苯扎溴铵、癸甲溴铵和戊二醛配制而成。配有无水碳酸钠。

【作用与用途】用于畜禽舍日常环境消毒。可杀灭病毒、细菌、芽孢。

【用法与用量】以本品计。临用前，将消毒液碱化，每100mL 消毒液加无水碳酸钠 2g，搅拌至无水碳酸钠完全溶解，再用自来水将碱化液稀释后喷雾或喷洒：200mL／m²，消毒 1h。日常消毒：1∶（250~500）倍稀释；杀灭病毒，1∶（100~200）倍稀释；杀灭芽孢，1∶（1~2）倍稀释。

【注意事项】① 使用前，彻底清理畜舍。

② 对具有碳钢或铝设备的畜禽舍进行消毒时，需在消毒1h 后及时清洗残留的消毒液。

③ 消毒液碱化后 3d 内用完。

④ 产品发生冻结时，用前进行解冻，并充分摇匀。

（三）季铵盐类

辛氨乙甘酸溶液

为双性离子表面活性剂。对化脓球菌、肠道杆菌等及真菌有良好的杀灭作用，对细菌芽孢无杀灭作用。对结核杆菌用1%溶液需作用12h。其杀菌作用不受血清、牛奶等有机物的影响，具有低毒、无残留的特点，有较好的渗透性。

【作用与用途】消毒防腐药。用于厩舍、环境、器械和手的消毒。

【用法与用量】以本品计。喷洒或浸洗：畜舍、场地、器械消毒：1：（100～200）倍稀释；手消毒：1：1 000倍稀释。

【注意事项】① 忌与其他消毒药合用。

② 不宜用于粪便、污秽物及污水的消毒。

苯扎溴铵溶液

苯扎溴铵为阳离子表面活性剂，对细菌如化脓杆菌、肠道菌等有较好的杀灭作用，对革兰氏阳性菌的杀灭能力比革兰氏阴性菌为强。对病毒的作用较弱，对亲脂性病毒如流感病毒有一定杀灭作用，对亲水性病毒无效；对结核杆菌与真菌的杀灭效果甚微；对细菌芽孢只能起到抑制作用。

【作用与用途】用于手术器械、皮肤和创面消毒。

【用法与用量】以苯扎溴铵计。创面消毒：配成0.01%溶液；皮肤、手术器械消毒：配成0.1%溶液。

【注意事项】① 禁与肥皂及其他阴离子活性剂、盐类消毒剂、碘化物和过氧化物等合用，术者用肥皂洗手后，务必用水冲净后再用本品。

② 不宜用于眼科器械和合成橡胶制品的消毒。

③ 配制手术器械消毒液时，需加0.5%亚硝酸钠以防生锈，其水溶液不得储存于聚乙烯制作的容器内，以避免与增塑剂起反应而使药液失效。

④ 不适用于粪便、污水和皮革等的消毒。

⑤ 可引起人的药物过敏。

癸甲溴铵溶液

癸甲溴铵溶液为阳离子表面活性剂，能吸附于细菌表面，改变菌体细胞膜的通透性，呈现杀菌作用。具有广谱、高效、无毒、抗硬水、抗有机物等特点，适用于环境、水体、器具等的消毒。

【作用与用途】用于牛舍、饲喂器具和饮水等消毒。

【用法与用量】以癸甲溴铵计。厩舍、器具消毒：配成0.015%～0.05%溶液；饮水消毒：配成0.0025%～0.005%溶液。

【注意事项】① 原液对皮肤和眼睛有轻微刺激，避免与眼睛、皮肤和衣服直接接触，如溅及眼部和皮肤立即以大量清水冲洗至少15min。

② 内服有毒性，一旦误服立即饮用大量清水或牛奶洗胃。

度米芬

度米芬为阳离子表面活性剂，可用作消毒剂、除臭剂和杀菌防腐剂。对革兰氏阳性和阴性菌均有杀灭作用，但对革兰氏阴性菌需较高浓度。对细菌芽孢、耐酸细菌和病毒效果不显著。有抗真菌作用。在中性或弱碱性溶液中效果更好，在酸性溶液中效果下降。

【作用与用途】用于创面、黏膜、皮肤和器械消毒。

【用法与用量】创面、黏膜消毒：0.02%~0.05%溶液；皮肤、器械消毒：0.05%~0.1%溶液。

【不良反应】可引起人接触性皮炎。

【注意事项】① 禁止与肥皂、盐类和其他合成洗涤剂、无机碱合用。避免使用铝制容器。

② 消毒金属器械需加0.5%亚硝酸钠防锈。

醋酸氯己定

醋酸氯己定为阳离子表面活性剂，对革兰氏阳性、阴性菌和真菌均有杀灭作用，但对结核杆菌、细菌芽孢及某些真菌仅有抑制作用。抗菌作用强于苯扎溴铵，其作用迅速且持久，毒性低，无局部刺激作用。与苯扎溴铵联用对大肠杆菌有协同作用。本品不易被有机物灭活，但易被硬水中的阴离子沉淀而失去活性。

【作用与用途】用于皮肤、黏膜、人手及器械消毒。

【用法与用量】皮肤消毒：配成0.5%醇溶液（用70%乙醇配制）；黏膜、创面消毒：配成0.05%溶液；手消毒：配成0.02%溶液；器械消毒：配成0.1%溶液。

【不良反应】按规定剂量配制使用，暂未见不良反应。

【注意事项】① 禁与汞、甲醛、碘酊、高锰酸钾等消毒剂配伍应用。

② 本品不能与肥皂、碱性物质和其他阳离子表面活性剂混合使用；金属器械消毒时加0.5%亚硝酸钠防锈。

③ 本品遇硬水可形成不溶性盐，遇软木（塞）可失去药物活性。

（四）碱类

氢氧化钠（苛性钠、火碱、烧碱）

为一种高效消毒剂。属原浆毒，能杀灭细菌、芽孢和病毒。2%~4%溶液可杀死病毒和细菌。30%溶液10min可杀死芽孢；4%溶液45min可杀死芽孢。

【作用与用途】消毒药和腐蚀药。用于厩舍、车辆等的消毒。也用于牛新生角的腐蚀。

【用法与用量】消毒：1%~2%热溶液。腐蚀新生角：50%溶液。

【注意事项】① 遇有机物可使其杀灭病原微生物的能力下降。

② 消毒畜舍前应将畜赶出圈舍。

③ 对组织有强腐蚀性，能损坏织物和铝制品等。

④ 消毒剂应注意防护，消毒后适时用清水冲洗。

碳酸钠

本品溶于水中可解离出 OH⁻ 起抗菌作用，但杀菌效力较弱，很少单独用于环境消毒。

【作用与用途】主要用于去污性消毒，如器械煮沸消毒；也可用于清洁皮肤、去除痂皮等。

【用法与用量】外用：清洁皮肤去除痂皮，配成0.5%~2%溶液；器械煮沸消毒：配成1%溶液。

（五）卤素类

含氯石灰（漂白粉）

遇水生成次氯酸并释放活性氯和新生态氧而呈现杀菌作用。杀菌作用强，但不持久。含氯石灰对细菌繁殖体、芽孢、病毒及真菌都有杀灭作用，并可破坏肉毒梭菌毒素。1%澄清液作用0.5~1min即可抑制炭疽杆菌、沙门氏菌和巴氏杆菌等多数繁殖型细菌的生长，1~5min可抑制葡萄球菌和链球菌的生长，对结核杆菌和鼻疽杆菌效果较差。30%含氯石灰混悬液作用7min后，炭疽芽孢即停止生长。实际消毒时，含氯石灰与被消毒物的接触至少需15~20min。含氯石灰的杀菌作用受有机物的影响。含氯石灰中所含的氯可与氨和硫化氢发生反应，故有除臭作用。

【作用与用途】用于饮水消毒和厩舍、场地、车辆、排泄物等的消毒。

【用法与用量】饮水消毒：每50L水加本品1g，30min后即可应用；牛舍、地面、排泄物等消毒：配成5%~20%混悬液。

【不良反应】含氯石灰使用时可释放出氯气，引起流泪、咳嗽，并可刺激皮肤和黏膜。严重时可引起急性氯气中毒，表现为躁动、呕吐、呼吸困难。

【注意事项】① 对皮肤和黏膜有刺激作用。

② 对金属有腐蚀作用，不能用于金属制品；可使有色棉织物褪色。

③ 现配现用，久储易失效，保存于阴凉干燥处。

次氯酸钠溶液

【作用与用途】用于畜舍、器具及环境的消毒。

【用法与用量】以本品计。畜舍、器具消毒：1：（50～100）倍稀释；常规消毒：1：1 000 倍稀释。

【注意事项】① 本品对金属有腐蚀性，对织物有漂白作用。

② 可损伤皮肤，置于儿童不能触及的地方。

③ 包装物用后集中销毁。

复合次氯酸钙粉

由次氯酸钙和丁二酸配合而成。遇水生成次氯酸，释放活性氯和新生态氧而呈现杀菌作用。

【作用与用途】用于空舍、周边环境喷雾消毒和牛饲养全过程的带畜喷雾消毒，饲养器具的浸泡消毒和物体表面的擦洗消毒。

【用法与用量】① 配制消毒母液：打开外包装后，现将 A 包内容物溶解到 10L 水中，待搅拌完全溶解后，再加入 B 包内容物，搅拌，至完全溶解。

② 喷雾：畜舍和环境消毒，1：（15～20）倍稀释，每 $1m^3$ 空间 150～200mL 作用 30min；带畜消毒：预防和发病时分别按 1：20 倍和 1：15 倍稀释，每立方米空间 50mL 作用 30min。

③ 浸泡、擦洗饲养器具：1：30 倍稀释，按实际需要量作用 20min。

④ 对特定病原体如大肠杆菌、金黄色葡萄球菌 1：140 倍稀释，巴氏杆菌 1：30 倍稀释，口蹄疫病毒 1：2 000 倍稀释。

【注意事项】① 配制消毒母液时，袋内的 A 包和 B 包必须按顺序一次性全部溶解，不得增减使用量。配制好的消毒液应在密封非金属容器中储存。

② 配制消毒液的水温不得超过 50℃和低于 25℃。

③ 若母液不能一次用完，应放于 10L 桶内，密闭，置凉暗处，可保存 60d。

④ 禁止内服。

复合亚氯酸钠

复合亚氯酸钠遇盐酸可生成二氧化氯而发挥杀菌作用。对细菌繁殖体、芽孢、病毒及真菌都有杀灭作用，并可破坏肉毒梭菌毒素。二氧化氯形成的多少与溶液的 pH 值有关，pH 值越低，二氧化氯形成越多，杀菌作用越强。

【作用与用途】消毒防腐药。用于畜舍，饲喂器具及饮水等消毒，并有除臭作用。

【用法与用量】取本品 1g，加水 10mL 溶解，加活化剂 1.5mL 活化后，加

水至 150mL 备用。牛舍、饲喂器具消毒：15 ~ 20 倍稀释。饮水消毒：200 ~
1 700 倍稀释。

【注意事项】① 避免与强还原剂及酸性物质接触。

② 现用现配。

③ 本品浓度为 0.01% 时，对铜、铝有轻度腐蚀。对碳钢有中度腐蚀。

二氯异氰脲酸钠粉 （优氯净）

含氯消毒剂。二氯异氰脲酸钠在水中分解为次氯酸和氰脲酸，次氯酸释放
出活性氯和初生态氧，对细菌原浆蛋白产生氯化和氧化反应而呈杀菌作用。

【作用与用途】消毒药。主要用于牛舍、畜栏、器具等消毒。

【用法与用量】以有效氯计。饲养场所、器具消毒：每升水，0.21 ~ 1g；
疫源地消毒：每升水 0.2g。

【注意事项】所需消毒溶液现用现配，对金属有轻微腐蚀，可使有色棉织
品褪色。

三氯异氰脲酸粉

含氯消毒剂。在水中可水解生成有强氧化性的次氯酸，后者又可以放出活
性氯和新生态氧，对细菌原浆蛋白产生氯化和氧化反应而呈现杀菌作用。

【作用与用途】主要用于牛栏舍、器具及饮水消毒。

【用法与用量】以有效氯计。喷洒、冲洗、浸泡：饲养场地的消毒，配成
0.16% 溶液；饲养用具，配成 0.04% 溶液；饮水消毒，每升水中 0.4mg，作
用 30min。

【注意事项】本品对皮肤、黏膜有强刺激作用和腐蚀，对织物、金属有漂
白和腐蚀作用，注意使用人员的防护，使用时不能用金属器皿。

（六）碘类

碘

碘能引起蛋白质变性而具有极强的杀菌力，能杀死细菌、芽孢、霉菌、病
毒和部分原虫。碘难溶于水，在水中不易水解形成次碘酸。在酸性条件下，游
离碘增多，杀菌作用较强；在碱性条件下则相反。

与含汞化合物相遇，产生碘化汞而呈现毒性作用。

【用法与用量】常用制剂有碘甘油、碘酊等。因商品化碘消毒剂较多，具
体用量见相关产品说明书。

【注意事项】① 偶尔可见过敏反应。

② 禁止与含汞化合物配伍。

③ 必须涂于干的皮肤上，如涂于湿皮肤上不仅杀菌效力降低，而且容易

引起发疱和皮炎。

④ 配制碘液时，若加入过量的碘化物，可使游离碘变为碘化物，反而导致碘失去杀菌作用。配制的碘溶液应存放在密闭的容器内。

⑤ 若存放时间过长，颜色变浅，应测定碘含量，并将碘浓度补足后再用。

⑥ 碘可着色，沾有碘液的天然纤维织物不易洗除。

⑦ 长时间浸泡金属器械会产生腐蚀性。

1. 碘酊

碘酊是常用最有效的皮肤消毒药。含碘 2%，碘化钾 1.5%，加水适量，以 50% 乙醇配制。

【作用与用途】用于手术前、注射前皮肤消毒和术野消毒。

【用法与用量】一般使用 2% 碘酊，外用；涂擦消毒。

【注意事项】同碘。

2. 碘甘油

碘甘油刺激性较小。含碘 1%，碘化钾 1%，加甘油适量配制而成。

【作用与用途】用于黏膜表面消毒，治疗口腔、舌、齿龈、阴道等黏膜炎症与溃疡。

【用法与用量】涂擦皮肤。

【注意事项】同碘。

3. 碘附

碘附由碘、碘化钾、硫酸、磷酸等配制而成。

【作用与用途】消毒剂。用于牛舍、饲喂器具、手术部位和手术器械消毒。

【用法与用量】以本品计。喷洒、冲洗、浸泡：手术部位和手术器械消毒，用水 1 :（3~6）倍稀释；牛舍、饲喂器具消毒，用水 1 :（100~200）倍稀释。

【注意事项】同碘。

4. 聚维酮碘溶液

通过释放游离碘，破坏菌体新陈代谢，对细菌、病毒和真菌均有良好的杀灭作用。

【作用与用途】用于手术部位、皮肤和黏膜的消毒。

【用法与用量】以聚维酮碘计。皮肤消毒及治疗皮肤病：配成 5% 溶液；黏膜及创面冲洗：配成 0.33% 溶液。

【注意事项】① 当溶液变为白色或淡黄色时失去消毒活性。

② 勿用金属容器盛装。

③ 勿与强碱类物质及重金属混用。

（七）氧化剂类

过氧乙酸溶液

为强氧化剂，遇有机物放出新生态氧通过氧化作用杀灭病原微生物。

【作用与用途】用于牛舍、用具（食槽、水槽）、场地的喷雾消毒及猪舍内空气消毒，也可用于饲养人员手臂消毒。

【用法与用量】以本品计。喷雾消毒：厩舍 1 :（200～400）倍稀释；浸泡消毒：器具 1 : 500 倍稀释；熏蒸消毒：5～15mL/m³ 空间；饮水消毒：每 10L 水加本品 1mL。

【注意事项】① 使用前将 A、B 液混合反应 10h 后生成过氧乙酸消毒液。

② 本品腐蚀性强，操作时戴上防护手套，避免药液灼伤皮肤，稀释时避免使用金属器具。

③ 当室温低于 15℃时，A 液会结冰，用温水浴融化溶解后即可使用。

④ 配好的溶液应置玻璃瓶内或硬质塑料瓶内低温、避光、密闭保存。

⑤ 稀释液易分解，宜现用现配。

（八）酸类

醋酸

又名乙酸。对细菌、真菌、芽孢和病毒均有较强的杀灭作用。一般来说，对细菌繁殖体最强，其他依次为真菌、病毒、结核杆菌及芽孢。

【作用与用途】用于空气消毒等。

【用法与用量】空气消毒：稀醋酸（36%～37%）溶液加热蒸发，每 100m³ 空间 20～40mL（加 5～10 倍水稀释）。

【注意事项】避免与眼睛接触，若与高浓度醋酸接触，立即用清水冲洗。

二、抗生素

临床常用的抗生素包括 β–内酰胺类、氨基糖苷类、大环内酯类、林可霉素类、多肽类、喹诺酮类、磺胺类、抗结核药、抗真菌药及其他抗生素。

青霉素钠（钾）

青霉素属杀菌性抗生素，能抑制细菌细胞壁黏肽的合成，对生长繁殖期细菌敏感，对非生长繁殖期的细菌不起杀菌作用。临床上应避免将青霉素与抑制细胞生长繁殖的"快效抑菌剂"（如氟苯尼考、四环素类、红霉素等）合用。主要敏感菌有葡萄球菌、链球菌、棒状杆菌、破伤风梭菌、放线菌、炭疽杆菌、螺旋体等。对分枝杆菌、支原体、衣原体、立克次体、诺卡菌、真菌和病毒均不敏感。

青霉素与氨基糖苷类呈现协同作用；大环内酯类、四环素类和酰胺醇类等快效抑菌剂对青霉素的杀菌活性有干扰作用，不宜合用；重金属离子（尤其是铜、锌、汞）、醇类、酸、碘、氧化剂、还原剂、羟基化合物，呈酸性的葡萄糖注射液或盐酸四环素注射液等可破坏青霉素的活性，禁止配伍；胺类与青霉素可形成不溶性盐，可以延缓青霉素的吸收，如普鲁卡因青霉素；青霉素钠水溶液与一些药物溶液（如盐酸氯丙嗪、盐酸林可霉素、酒石酸去甲肾上腺素、盐酸土霉素、盐酸四环素、B族维生素及维生素C）不宜混合，否则可产生混浊、絮状物或沉淀。

1. 注射用青霉素钠

本品为青霉素钠的无菌粉末。

【作用与用途】β-内酰胺类抗生素。主要用于革兰氏阳性菌感染，亦用于放线菌及钩端螺旋体等的感染。

【用法与用量】以青霉素计。肌内注射，一次量，每千克体重，牛1万~2万U。2~3次/d，连用2~3d。临用前，加灭菌注射用水适量使溶解。

【不良反应】① 主要的不良反应是过敏反应，但发生率较低。局部反应表现为注射部位水肿、疼痛，全身反应为荨麻疹、皮疹，严重者可引起休克或死亡。

② 有时，青霉素可诱导胃肠道的二重感染。

【注意事项】① 青霉素钠易溶于水，水溶液不稳定，很易水解，水解率随温度升高而加速，因此注射液应在临用前配制。必需保存时，应置冰箱中（2~8℃），可保存7d，在室温只能保存24h。

② 应了解与其他药物的相互作用和配伍禁忌，以免影响青霉素的药效。

③ 大剂量注射可能出现高钠血症。对肾功能减退或心功能不全患畜会产生不良后果。

④ 治疗破伤风时宜与破伤风抗毒素合用。

2. 注射用青霉素钾

【作用与用途】【用法与用量】【不良反应】【注意事项】同注射用青霉素钠。

氨苄西林钠

氨苄西林钠具有广谱抗菌作用，对青霉素酶敏感，故对耐青霉素的金黄色葡萄球菌无效。对革兰氏阴性菌（如大肠杆菌、变形杆菌、沙门氏菌、嗜血杆菌、布鲁氏菌和巴氏杆菌等）有较强的作用，对铜绿假单胞菌不敏感。

氨苄西林钠与下列药物有配伍禁忌：琥乙红霉素、乳糖酸红霉素、盐酸土霉素、盐酸四环素、盐酸金霉素硫酸卡那霉素、硫酸庆大霉素、硫酸链霉素、盐酸林可霉素、硫酸多黏菌素 B、氯化钙、葡萄糖酸钙、B 族维生素、维生素 C 等。本品与氨基糖苷类合用，可提高后者在菌体内的浓度，呈现协同作用。大环内酯类、四环素类和酰胺醇类等快效抑菌剂对本品的作用有干扰作用，不宜合用。

注射用氨苄西林钠

【作用与用途】β-内酰胺类抗生素。用于对氨苄西林敏感菌感染。

【用法与用量】以氨苄西林计。肌内、静脉注射：一次量，每千克体重，家畜 10~20mg。2~3 次/d，连用 2~3d。

【不良反应】本类药物可出现与剂量无关的过敏反应，表现为皮疹、发热、嗜酸性细胞增多、白细胞和血小板减少、贫血、淋巴结病或全身性过敏反应。

【注意事项】对青霉素酶敏感，不宜用于耐青霉素的金黄色葡萄球菌感染。

阿莫西林

阿莫西林具有广谱抗菌作用。抗菌谱及抗菌活性与氨苄西林基本相同，对大多数革兰氏阳性菌的抗菌活性稍弱于青霉素，对青霉素酶敏感，故对革兰氏阴性菌（如大肠埃希菌、变形杆菌、沙门氏菌、嗜血杆菌、布鲁氏菌和巴氏杆菌等）有较强的作用。对铜绿假单胞菌不敏感。适用于敏感菌所致的呼吸系统、泌尿系统、皮肤及软组织等全身感染。

本品与氨基糖苷类合用，可提高后者在菌体内的浓度，呈现协同作用。大环内酯类、四环素类和酰胺醇类等快效抑菌剂对本品的杀菌作用有干扰作用，不宜合用。

注射用阿莫西林钠

【作用与用途】β-内酰胺类抗生素。用于治疗对阿莫西林敏感的革兰氏阳性菌和革兰氏阴性菌感染。

【用法与用量】以阿莫西林计。静脉或肌内注射：一次量，每千克体重，牛 5~10mg（即 100kg 体重用 1~2 支）。每日 1 次，连用 2~3d。

【不良反应】偶见过敏反应，注射部位有刺激性。

【注意事项】① 对青霉素耐药的细菌感染不宜使用。

② 现配现用。

苯唑西林钠

苯唑西林钠抗菌谱比青霉素窄，但不易被青霉素酶水解，对耐青霉素的产酶金黄色葡萄球菌有效，对不产酶菌株和其他对青霉素敏感的革兰氏阳性菌的杀菌作用不如青霉素。肠球菌对本品耐药。

苯唑西林钠与氨苄西林或庆大霉素联合用药可相互增强对肠球菌的抗菌活性。大环内酯类、四环素类和酰胺醇类等快效抑菌剂对苯唑西林钠的杀菌活性有干扰作用，不宜合用。重金属离子（尤其是铜、锌、汞）、醇类、酸、碘、氧化剂、还原剂、羟基化合物，呈酸性的葡萄糖注射液或盐酸四环素注射液等可破坏苯唑西林钠的活性，禁止配伍。

注射用苯唑西林钠

【作用与用途】β-内酰胺类抗生素。主要用于耐青霉素金黄色葡萄球菌感染，如败血症、肺炎、乳腺炎、烧伤创面感染等。

【用法与用量】肌内注射：一次量，每千克体重，牛 10～15mg。2～3 次/d，连用 2~3d。

【不良反应】主要的不良反应是过敏反应，但发生率较低。局部反应表现为注射部位水肿、疼痛，全身反应为荨麻疹、皮疹，严重者可引起休克或死亡。

【注意事项】① 苯唑西林钠易溶于水，水溶液不稳定，很易水解，水解率随温度升高而加速，因此注射液应在临用前配制；必需保存时，应置冰箱中（2~8℃），可保存 7d，在室温只能保存 24h。

② 大剂量注射可能出现高钠血症。

苄星青霉素

苄星青霉素属杀菌性抗生素，抗菌活性强，其抗菌作用机理主要是抑制细菌细胞壁黏肽的合成。临床上应避免与抑制细菌生长繁殖的快效抑菌剂（如氟苯尼考、四环素类、红霉素等）合用。主要敏感菌有葡萄球菌、链球菌、棒状杆菌、破伤风梭菌、放线菌、炭疽杆菌、螺旋体等。对分枝杆菌、支原体、衣原体、立克次体、诺卡菌、真菌和病毒均不敏感。对急性重度感染不宜单独使用，须注射青霉素钠（钾）显效后，再用本品维持药效。

本品与氨基糖苷类合用，可提高后者在菌体内的浓度，故呈现协同作用。大环内酯类、四环素类和酰胺醇类等快效抑菌剂对苄星青霉素的杀菌活性有干扰作用，不宜合用。重金属离子（尤其是铜、锌、汞）、醇类、酸、碘、氧化剂、还原剂、羟基化合物，呈酸性的葡萄糖注射液或盐酸四环素注射液等可破坏其活性，属配伍禁忌。本品与一些药物溶液（如盐酸氯丙嗪、盐酸林可霉素、酒石酸去甲肾上腺素、盐酸土霉素、盐酸四环素、B族维生素及维生素C）不宜混合，否则可产生混浊、絮状物或沉淀。

注射用苄星青霉素

【作用与用途】β-内酰胺类抗生素。为长效青霉素，用于革兰氏阳性细菌感染。

【用法与用量】肌内注射。一次量，每千克体重，牛2万~3万U，必要时3~4d，重复1次。

【不良反应】主要的不良反应是过敏反应，但发生率较低。局部反应表现为注射部位水肿、疼痛，全身反应为荨麻疹、皮疹，严重者可引起休克或死亡。

【注意事项】① 本品血药浓度较低，急性感染时应与青霉素钠合用。

② 注射液应在临用前配制。

③ 应注意与其他药物的相互作用和配伍禁忌，以免影响其药效。

头孢氨苄

头孢氨苄属杀菌性抗生素。抗菌谱广，对革兰氏阳性菌活性较强，但肠球菌除外。对部分革兰氏阴性菌（如大肠埃希菌、奇异变形杆菌、克雷伯氏菌、沙门氏菌和志贺氏菌等）有抗菌作用。

头孢氨苄注射液

【作用与用途】β-内酰胺类抗生素。主要用于治疗由敏感菌引起的感染。

【用法与用量】以头孢氨苄计。肌内注射。家畜，一次量，每千克体重10mg（即家畜每千克体重使用本品0.1mL），1次/d。

【不良反应】① 有潜在的肾毒性。

② 有胃肠道反应，表现为厌食、呕吐和腹泻。

【注意事项】① 本品应振摇均匀后使用。

② 对头孢菌素、青霉素过敏动物慎用。

头孢噻呋（钠）

头孢噻呋具有广谱杀菌作用，对革兰氏阳性菌、革兰氏阴性菌（包括β-内酰胺酶菌）均有效。敏感菌主要有多杀性巴氏杆菌、溶血性巴氏杆菌、胸膜性肺炎放线杆菌、沙门氏菌、大肠杆菌、链球菌、葡萄球菌等。本品抗菌活性比氨苄西林强，对链球菌的活性比喹诺酮类强。

与青霉素、氨基糖苷类药物合用有协同作用。

1. 头孢噻呋钠注射液

【作用与用途】β-内酰胺类抗生素。主要用于治疗牛细菌性呼吸道病。

【用法与用量】以头孢噻呋计。肌内注射：一次量，每千克体重，牛 1.1~1.2mg；1次/d，连用3d。

【不良反应】① 可能引起胃肠道菌群紊乱或二重感染。

② 有一定的肾毒性。

③ 可能出现局部一过性疼痛。

【注意事项】① 现配现用。

② 对肾功能不全动物应调整剂量。

③ 对β-内酰胺类抗生素高敏的人应避免接触本品，避免儿童接触。

2. 注射用头孢噻呋钠

【作用与用途】【用法与用量】【不良反应】【注意事项】同注射用头孢噻呋。

硫酸头孢喹肟

硫酸头孢喹肟是动物专用第四代头孢菌素类抗生素。通过抑制细胞壁的合成达到杀菌效果，具有广谱抗菌活性，对β-内酰胺酶稳定。硫酸头孢喹肟对常见的革兰氏阳性菌和革兰氏阴性菌敏感，包括大肠埃希菌、枸橼酸杆菌、克雷伯氏菌、巴氏杆菌、变形杆菌、沙门氏菌、黏质沙雷菌、牛嗜血杆菌、化脓放线菌、芽孢杆菌属的细菌、棒状杆菌、金黄色葡萄球菌、链球菌、类杆菌、梭状芽孢杆菌、梭杆菌属的细菌、普雷沃菌、放线杆菌等。

1. 注射用硫酸头孢喹肟

【作用与用途】硫酸头孢喹肟是头孢菌素类抗生素，通过抑制细胞壁的合成达到杀菌效果，具有广谱抗菌活性，对青霉素与β-内酰胺酶稳定。体外抑菌试验表明，头孢喹肟对常见的革兰氏阴性菌敏感，包括大肠埃希氏菌、枸橼酸杆菌、克雷伯氏菌、巴氏杆菌、变形杆菌、沙门氏菌、黏质沙雷菌、牛嗜血杆菌、化脓放线菌、芽孢杆菌属的细菌、棒状杆菌、金黄色葡萄球菌、链球菌、类杆菌、梭状芽孢杆菌、梭杆菌属的细菌、普雷沃菌、放线杆菌。

主要用于由敏感菌引起的犊牛肺炎、乳房炎及奶牛产后感染等。

【用法与用量】以头孢喹肟计。牛肌内注射：一次量，每千克体重，1mg。1次/d，连用3~5d。

【不良反应】按规定的用法用量使用尚未见不良反应。

【注意事项】① 对β-内酰胺类抗生素过敏的动物禁用。

② 对青霉素和头孢类抗生素过敏者勿接触本品。

③ 现用现配，用前充分摇匀。

④ 本品在溶解时会产生气泡，操作时要注意。

2. 硫酸头孢喹肟注射液

【用法与用量】以硫酸头孢喹肟计。肌内注射：一次量，牛 1mg/kg 体重。1 次/d，连用 3~5d。

【作用与用途】【不良反应】【注意事项】同注射用硫酸头孢喹肟。

链霉素

链霉素通过干扰细菌蛋白质合成过程，致使合成异常的蛋白质、阻碍已合成的蛋白质释放，还可使细菌细胞膜通透性增加，导致一些重要生理物质的外漏，终引起细菌死亡。

链霉素对结核杆菌和多种革兰氏阴性杆菌，如大肠杆菌、沙门氏菌、布鲁氏菌、巴氏杆菌、志贺氏痢疾杆菌、鼻疽杆菌等有抗菌作用。对金黄色葡萄球菌等多数革兰氏阳性球菌的作用差。链球菌、铜绿假单胞菌和对本品固有耐药。

与其他具有肾毒性、耳毒性和神经毒性的药物，如两性霉素、其他氨基糖苷类药物、多黏菌素 B 等联合应用时慎重。与作用于髓袢的药（呋塞米）或渗透性药（甘露醇）合用，可使氨基糖苷类药物的耳毒性和肾毒性增强。与全身麻醉药或神经肌肉阻断剂联合应用，可加强神经肌肉传导阻滞。与青霉素类或头孢菌素类合用对铜绿假单胞菌和肠球菌有协同作用，对其他细菌可能有相加作用。

1. 注射用硫酸双氢链霉素

【作用与用途】氨基糖苷类抗生素。用于革兰氏阴性菌和结核杆菌的感染。

【用法与用量】以双氢链霉素计。肌内注射：一次量，家畜 10mg/kg 体重。2 次/d。

【不良反应】① 耳毒性比较强，最常引起前庭损害，这种损害可随连续给药的药物积累而加重，并呈剂量依赖性。

② 剂量过大，易导致神经肌肉阻断。

③ 长期应用可引起肾脏损害。

【注意事项】① 与其他氨基糖苷类有交叉过敏现象。

② 患畜出现脱水（可致血药浓度增高）或肾功能损害时慎用。

③ 用本品治疗泌尿道感染时，猪可同时内服碳酸氢钠使尿液呈碱性，以增强药效。

2. 硫酸双氢链霉素注射液

【作用与用途】【用法与用量】【不良反应】【注意事项】同注射用硫酸双氢链霉素。

卡那霉素

卡那霉素属氨基糖苷类抗菌药，抗菌谱与链霉素相似，但作用稍强。对大多数革兰氏阴性杆菌（如大肠杆菌、变形杆菌、沙门氏菌和多杀性巴氏杆菌等）有强大抗菌作用，对金黄色葡萄球菌和结核杆菌也较敏感。铜绿假单胞菌、革兰氏阳性菌（金黄色葡萄球菌除外）、立克次氏体、厌氧菌和真菌等对本品耐药。与链霉素相似，敏感菌对卡那霉素易产生耐药。与新霉素存在交叉耐药性，与链霉素存在单向交叉耐药性。大肠杆菌及其他革兰氏阴性菌常出现获得性耐药。

与青霉素类或头孢菌素类合用有协同作用。在碱性环境中抗菌作用增强，与碱性药物（如碳酸氢钠、氨茶碱等）合用可增强抗菌效力，但毒性也相应增强。当 pH 值超过 8.4 时，抗菌作用反而减弱。Ca^{2+}、Mg^{2+}、NH_4^+、K^+、Na^+ 等阳离子可抑制本类药物的抗菌活性。与头孢菌素、右旋糖酐、强效利尿药（如呋塞米等）、红霉素等合用，可增强本类药物的耳毒性。骨骼肌松弛药（如氯化琥珀胆碱等）或具有此种作用的药物可加强本类药物的神经肌肉阻滞作用。

1. 硫酸卡那霉素注射液

【作用与用途】用于敏感的革兰氏阴性菌所致的感染，如细菌性心内膜炎，呼吸道、肠道、泌尿道感染和败血症、乳腺炎等，亦用于猪气喘病及猪萎缩性鼻炎。

【用法与用量】以卡那霉素计。肌内注射：一次量，家畜 10~15mg/kg 体重。2 次/d，连用 3~5d。

【不良反应】① 卡那霉素与链霉素一样有耳毒性、肾毒性，而且其耳毒性比链霉素、庆大霉素更强。

② 剂量过大，常有神经肌肉阻断作用。

【注意事项】① 卡那霉素与其他氨基糖苷类有交叉过敏现象，对氨基糖苷类过敏的猪禁用。

② 当家畜出现脱水（可致血药浓度增高）或肾功能损害时慎用。

③ Ca^{2+}、Mg^{2+}、NH_4^+、K^+、Na^+ 等阳离子可抑制本类药物的抗菌活性。

④ 与头孢菌素、右旋糖酐、强效利尿药（如呋塞米等）、红霉素等合用，可增强本类药物的耳毒性。

2. 注射用硫酸卡那霉素

【作用与用途】【不良反应】【注意事项】同硫酸卡那霉素注射液。

【用法与用量】肌内注射：一次量，家畜 10~15mg/kg 体重。2 次/d，连用 2~3d。

庆大霉素

庆大霉素属氨基糖苷类抗菌药，对多种革兰氏阴性菌（如大肠杆菌、克雷伯氏菌、变形杆菌、铜绿假单胞菌、巴氏杆菌、沙门氏菌等）和金黄色葡萄球菌（包括产 β-内酰胺酶菌株）均有抗菌作用。多数链球菌（化脓链球菌、肺炎球菌、粪链球菌等）、厌氧菌（类杆菌属或梭状芽孢杆菌属）、结核杆菌、立克次体和真菌对本品耐药。

庆大霉素与 β-内酰胺类抗生素合用，通常对多种革兰氏阴性菌，包括铜绿假单胞菌等有协同作用。对革兰氏阳性菌（如马红球菌、李斯特菌等）也有协同作用。与四环素、红霉素等合用可能出现拮抗作用。与头孢菌素合用可能使肾毒性增强。与青霉素类或头孢菌素类合用有协同作用。本类药物在碱性环境中抗菌作用增强，与碱性药物（如碳酸氢钠、氨茶碱等）合用可增强抗菌效力，但毒性也相应增强。当 pH 值超过 8.4 时，抗菌作用反而减弱。与头孢菌素、右旋糖酐、强效利尿药（如呋塞米等）、红霉素等合用，可增强本类药物的耳毒性。骨骼肌松弛药（如氯化琥珀胆碱等）或具有此种作用的药物可加强本类药物的神经肌肉阻滞作用。

硫酸庆大霉素注射液

【作用与用途】用于治疗敏感的革兰氏阴性和阳性菌感染，如败血症、泌尿生殖道感染、呼吸道感染、胃肠道感染、腹膜炎、胆道感染、乳腺炎及皮肤和软组织感染以及传染性鼻炎等。

【用法与用量】以庆大霉素计。肌内注射，一次量，每千克体重，家畜 24mg。2 次/d，连用 2~3d。

【不良反应】① 耳毒性。常引起耳前庭功能损害，这种损害可随连续给药的药物积累而加重，呈剂量依赖性。

② 可导致可逆性肾毒性，这与其在肾皮质部蓄积有关。

③ 偶见过敏反应。

④ 大剂量可引起神经肌肉传导阻断。

【注意事项】① 庆大霉素可与 β-内酰胺类抗生素联合治疗严重感染，但在体外混合存在配伍禁忌。

② 本品与青霉素联合，对链球菌具有协同作用。

③ 有呼吸抑制作用，不宜静脉推注。

④ 与四环素、红霉素等合用可能出现拮抗作用。

⑤ 与头孢菌素、右旋糖酐、强效利尿药（如呋塞米等）、红霉素等合用，可增强本类药物的耳毒性。

土霉素

土霉素属四环素类广谱抗生素，对葡萄球菌、溶血性链球菌、炭疽杆菌、破伤风梭菌和梭状芽孢杆菌等革兰氏阳性菌作用较强，但不如 β-内酰胺类。对大肠埃希菌、沙门氏菌、布鲁氏菌和巴氏杆菌等革兰氏阴性菌较敏感，但不如氨基糖苷类和酰胺醇类抗生素。本品对立克次氏体、衣原体、支原体、螺旋体、放线菌和某些原虫也有抑制作用。

与泰乐菌素等大环内酯类合用呈协同作用。与黏菌素合用，由于增强细菌对本类药物的吸收而呈协同作用。本类药物均能与二、三价阳离子等形成复合物，因而当它们与钙、镁、铝等抗酸药、含铁的药物或牛奶等食物同服时会减少其吸收，造成血药浓度降低。与碳酸氢钠同服可使土霉素胃内溶解度降低，吸收率下降，肾小管重吸收减少，排泄加快。与利尿药合用，可使血尿素氮升高。

1. 土霉素片

【作用与用途】四环素类抗生素。用于某些敏感的革兰氏阳性和阴性细菌、支原体等感染。

【用法与用量】以土霉素计。内服，一次量，每千克体重，犊牛 10～25mg。2～3 次/d，连用 3～5d。

【不良反应】① 局部刺激作用。特别是空腹给药对消化道有一定刺激性。

② 肠道菌群紊乱。

③ 影响牙齿和骨骼发育。

④ 肝、肾损害。偶尔可见致死性的肾中毒。

【注意事项】① 肝、肾功能严重不良的猪禁用本品。

② 怀孕、哺乳期禁用。

③ 长期服用可诱发二重感染。

④ 避免与乳制品和含钙量较高的饲料同服。

2. 注射用盐酸土霉素

【作用与用途】同土霉素片。

【用法与用量】静脉注射：一次量，家畜 5～10mg/kg 体重。2 次/d，连用 2～3d。

【不良反应】① 局部刺激作用。本类药物的盐酸盐水溶液有较强的刺激性，静脉注射可引起静脉炎和血栓。静脉注射宜用稀溶液，缓慢滴注，以减轻局部反应。

② 肝、肾损害。对肝、肾细胞有毒效应，可引起多种动物的剂量依赖性肾脏机能改变。

③ 可引起氮质血症，而且可因类固醇类药物的存在而加剧，还可引起代谢性酸中毒及电解质失衡。

【注意事项】① 肝、肾功能严重不良的猪禁用。

② 静脉注射宜缓注，不宜肌内注射。

四环素

四环素为广谱抗生素，对葡萄球菌、溶血性链球菌、炭疽杆菌、破伤风梭菌和梭状芽孢杆菌等革兰氏阳性菌作用较强。对大肠杆菌、沙门氏菌、布鲁氏菌和巴氏杆菌等革兰氏阴性菌较敏感。本品对立克次氏体、衣原体、支原体、螺旋体、放线菌和某些原虫也有抑制作用。

与泰乐菌素等大环内酯类合用呈协同作用。与黏菌素合用，由于增强细菌对本类药物的吸收而呈协同作用。与利尿药合用可使血尿素氮升高。

注射用盐酸四环素

【作用与用途】四环素类抗生素。主要用于革兰氏阳性菌、阴性菌和支原体感染。

【用法与用量】静脉注射：一次量，家畜 5~10mg/kg 体重。2 次/d，连用 2~3d。

【不良反应】① 本品的水溶液有较强的刺激性，静脉注射可引起静脉炎和血栓。

② 肠道菌群紊乱，长期应用可出现维生素缺乏症，重者造成二重感染。大剂量静脉注射对马肠道菌有广谱抑制作用，可引起耐药沙门氏菌或不明病原菌的继发感染，导致严重甚至致死性的腹泻。

③ 影响牙齿和骨骼发育。四环素进入机体后与钙结合，随钙沉积于牙齿和骨骼中。

④ 肝、肾损害。过量四环素可致严重的肝损害和剂量依赖性肾脏机能改变。

⑤ 心血管效应。牛静脉注射四环素速度过快，可出现急性心衰竭。

【注意事项】① 易透过胎盘和进入乳汁，因此妊娠牛、哺乳牛禁用，泌乳奶牛禁用。

② 肝、肾功能严重不良的患畜忌用本品。

盐酸多西环素

盐酸多西环素属四环素类广谱抗生素，具有广谱抑菌作用，敏感菌包括肺炎球菌、链球菌、部分葡萄球菌、炭疽杆菌、破伤风梭菌、棒状杆菌等革兰氏阳性菌，以及大肠杆菌、巴氏杆菌、沙门氏菌、布鲁氏菌和嗜血杆菌、克雷伯氏菌和鼻疽杆菌等革兰氏阴性菌。对立克次氏体、支原体、螺旋体等也有一定程度的抑制作用。

与碳酸氢钠同服，可升高胃内 pH 值，使本品的吸收减少及活性降低。本品能与二、三价阳离子等形成复合物，因而当它们与钙、镁、铝等抗酸药、含铁的药物或牛奶等食物同服时会减少其吸收，造成血药浓度降低。与强利尿药（如呋塞米等）同用可使肾功能损害加重。可干扰青霉素类对细菌繁殖期的杀菌作用，宜避免同用。

1. 盐酸多西环素片

【作用与用途】四环素类抗生素。用于革兰氏阳性菌、阴性菌和支原体等的感染。

【用法与用量】以多西环素计。内服：一次量，犊牛 3～5mg/kg 体重。1 次/d，连用 3~5d。

【不良反应】① 本品内服后可引起呕吐。

② 肠道菌群紊乱。长期应用可出现维生素缺乏症，重者造成二重感染。

③ 过量应用会导致胃肠功能紊乱，如厌食、呕吐或腹泻等。

【注意事项】① 泌乳期奶牛禁用。

② 成年牛不宜内服。

③ 肝、肾功能严重不良的患畜禁用本品。

④ 避免与乳制品和含钙量较高的饲料同服。

2. 盐酸多西环素注射液

【作用与用途】【注意事项】同盐酸多西环素片。

【用法与用量】以多西环素计。肌内注射：5~10mg/kg 体重。1 次/d。

【不良反应】① 肌内注射可引起注射部位疼痛、炎症和坏死。

② 多西环素具有一定的肝肾毒性，过量可致严重的肝损伤，致死性肾中毒偶见。

红霉素

红霉素属于大环内酯类抗菌药，对革兰氏阳性菌的作用与青霉素相似，但其抗菌谱较青霉素广，敏感的革兰氏阳性菌有金黄色葡萄球菌（包括耐青霉素金黄色葡萄球菌）、肺炎球菌、链球菌、炭疽杆菌、李斯特菌、腐败梭菌、气肿疽梭菌等。敏感的革兰氏阴性菌有流感嗜血杆菌、脑膜炎双球菌、布鲁氏菌、巴氏杆菌等。此外，红霉素对弯曲杆菌、支原体、衣原体、立克次氏体及钩端螺旋体也有良好作用。

红霉素与其他大环内酯类、林可胺类和氯霉素因作用靶点相同，不宜同时使用。与β-内酰胺类合用表现为拮抗作用。红霉素有抑制细胞色素氧化酶系统的作用，与某些药物合用时可能抑制其代谢。

注射用乳糖酸红霉素

【作用与用途】用于治疗耐青霉素葡萄球菌及其他敏感菌引起的感染性疾病，如肺炎、子宫炎、乳腺炎、败血症，也可用于其他革兰氏阳性菌及治疗支原体感染。

【用法与用量】以乳糖酸红霉素计。静脉注射：一次量，牛 3~5mg/kg 体重。2 次/d，连用 2~3d。

临用前，先用灭菌注射用水溶解（不可用氯化钠注射液），然后用 5% 葡萄糖注射液稀释，浓度不超过 0.1%。

【不良反应】无明显不良反应。

【注意事项】① 本品局部刺激性较强，不宜作肌内注射。静脉注射的浓度过高或速度过快时，易发生局部疼痛和血栓性静脉炎，故静注速度应缓慢。

② 在 pH 值过低的溶液中很快失效，注射溶液的 pH 值应维持在 5.5以上。

泰乐菌素

泰乐菌素属大环内酯类抗菌药，对支原体作用较强，对革兰氏阳性菌和部分阴性菌有效。敏感菌有金黄葡萄球菌、化脓链球菌、链球菌、化脓棒状杆菌等。对支原体属特别有效，是大环内酯类中对支原体作用强的药物之一。

药物相互作用。与大环内酯类、林可胺类因作用靶点相同，不宜同时使用。与β-内酰胺类合用表现为拮抗作用。有抑制细胞色素氧化酶系统的作用，与某些药物合用时可能抑制其代谢。

注射用酒石酸泰乐菌素

【作用与用途】用于治疗支原体及敏感革兰氏阳性菌引起的感染。

【用法与用量】以酒石酸泰乐菌素计。皮下或肌内注射：一次量，牛8mg/kg 体重。

【不良反应】① 泰乐菌素可引起人接触性皮炎。

② 可能具有肝毒性，表现为胆汁瘀积，也可引起呕吐和腹泻，尤其是高

剂量给药时。

③ 具有刺激性，肌内注射可引起剧烈的疼痛，静脉注射后可引起血栓性静脉炎及静脉周围炎。

【注意事项】有局部刺激性。

替米考星

替米考星属动物专用半合成大环内酯类抗生素。对支原体作用较强，抗菌作用与泰乐菌素相似，敏感的革兰氏阳性菌有金黄色葡萄球菌（包括耐青霉素金黄色葡萄球菌）、肺炎球菌、链球菌、炭疽杆菌、猪丹毒杆菌、李斯特菌、腐败梭菌、气肿疽梭菌等。敏感的革兰氏阴性菌有嗜血杆菌、脑膜炎双球菌、巴氏杆菌等。对胸膜肺炎放线杆菌、巴氏杆菌及畜禽支原体的活性比泰乐菌素强。95%的溶血性巴氏杆菌菌株对本品敏感。

与其他大环内酯类、林可胺类的作用靶点相同，不宜同时使用。与β-内酰胺类合用表现为拮抗作用。

30%替米考星注射液

【作用与用途】大环内酯类抗生素。用于治疗胸膜肺炎放线杆菌、巴氏杆菌及支原体感染。

【用法与用量】皮下注射，牛 0.033mL/kg 体重。仅注射 1 次。

【不良反应】① 本品对动物毒性作用主要是心血管系统，可引起心动过速和收缩力减弱。

② 牛皮下注射 50mg/kg 体重可引起心肌毒性，150mg/kg 体重可致死。

【注意事项】产乳供人食用的牛，泌乳期禁用；肉牛犊禁用。皮下注射可出现局部反应，如水肿，避免与眼接触。

氟苯尼考

氟苯尼考属于抑菌剂，对多种革兰氏阳性菌、革兰氏阴性菌有较强的抗菌活性。溶血性巴氏杆菌、多杀性巴氏杆菌对氟苯尼考高度敏感。体外氟苯尼考对许多微生物的抗菌活性与甲砜霉素相似或更强，一些因乙酰化作用对酰胺醇类耐药的细菌（如大肠杆菌、克雷伯氏肺炎杆菌等）仍可能对氟苯尼考敏感。主要用于敏感菌所致的细菌性疾病。

大环内酯类和林可胺类与本品的作用靶点相同，均是与细菌核糖体 50S 亚基结合，合用时可产生相互拮抗作用。可能会拮抗青霉素类或氨基糖苷类药物的杀菌活性，但尚未在动物体内得到证明。

氟苯尼考注射液

【作用与用途】酰胺醇类抗生素。用于巴氏杆菌和大肠杆菌所致的细菌性疾病。

【用法与用量】以氟苯尼考计。肌内注射或静脉滴注，一次量，牛 15～30mg/kg 体重。1 次/d，连用 3 次。

【不良反应】① 本品高于推荐剂量使用时有一定的免疫抑制作用。

② 有胚胎毒性，妊娠期及哺乳期家畜慎用。

【注意事项】① 疫苗接种期或免疫功能严重缺损的猪禁用。

② 肾功能不全者需适当减量或延长给药间隔时间。

三、化学合成抗菌药

磺胺嘧啶

磺胺嘧啶属广谱抗菌药，通过与对氨基苯甲酸竞争二氢叶酸合成酶，从而阻碍敏感菌叶酸的合成而发挥抑菌作用。对大多数革兰氏阳性菌和部分革兰氏阴性菌有效，对球虫、弓形虫等也有效，但对螺旋体、立克次氏体、结核杆菌等无作用。对磺胺嘧啶较敏感的病原菌有：链球菌、肺炎球菌、沙门氏菌、化脓棒状杆菌、大肠杆菌等；一般敏感的有：葡萄球菌、变形杆菌、巴氏杆菌、产气荚膜杆菌、肺炎杆菌、炭疽杆菌、铜绿假单胞菌等。

磺胺嘧啶在使用过程中，因剂量和疗程不足等原因，使细菌易产生耐药性，尤以葡萄球菌最易产生，大肠杆菌、链球菌等次之。细菌对磺胺嘧啶产生耐药性后，对其他的磺胺类药也可产生不同程度的交叉耐药性，但与其他抗菌药之间无交叉耐药现象。

磺胺嘧啶与苄胺嘧啶类（如 TMP）合用，可产生协同作用。某些含对氨基苯甲酰基的药物（如普鲁卡因、丁卡因等）在体内可生成对氨基苯甲酸（PABA），酵母片中含有细菌代谢所需要的 PABA，可降低本药作用，因此不宜合用。与噻嗪类或速尿等利尿剂同用，可加重肾毒性。

1. 磺胺嘧啶片

【作用与用途】主要用于治疗敏感菌引起的消化道、呼吸道感染及乳腺炎、子宫内膜炎等疾病。

【用法与用量】以磺胺嘧啶计。内服：一次量，家畜首次 140～200mg/kg 体重，维持量减半。2 次/d，连用 3～5d。

【不良反应】磺胺嘧啶或其代谢物可在尿液中产生沉淀，在高剂量和长期给药时更易产生结晶，引起结晶尿、血尿或肾小管堵塞。

【注意事项】① 本品遇酸类可析出结晶，故不宜用5%葡萄糖液稀释。

② 长期或大剂量应用易引起结晶尿，应同时给予等量的碳酸氢钠，并给

牛大量饮水。

③ 若出现过敏反应或其他严重不良反应时，立即停药，并给予对症治疗。

④ 可引起肠道菌群失调，长期用药可引起 B 族维生素和维生素 K 的合成和吸收减少，宜补充相应的维生素。

2. 磺胺嘧啶钠注射液

【作用与用途】同磺胺嘧啶片。

【用法与用量】以磺胺嘧啶计。静脉注射：一次量，家畜 0.05~0.1g/kg 体重，1~2 次/d，连用 2~3d。

【不良反应】① 磺胺嘧啶或其代谢物可在尿液中产生沉淀，在高剂量和长期给药时更易产生结晶，引起结晶尿、血尿或肾小管堵塞。

② 急性中毒多发生于静脉注射时，速度过快或剂量过大。主要表现为神经兴奋、共济失调、肌无力、呕吐、昏迷、厌食和腹泻等。

【注意事项】① 本品遇酸类可析出结晶，故不宜用 5% 葡萄糖液稀释。

② 长期或大剂量应用易引起结晶尿，应同时给予等量的碳酸氢钠，并给予大量饮水。

③ 若出现过敏反应或其他严重不良反应时，立即停药，并给予对症治疗。

④ 不可与四环素、卡那霉素、林可霉素等配伍应用。

3. 复方磺胺嘧啶钠注射液

【作用与用途】磺胺类抗菌药。用于敏感菌及弓形虫感染。

【用法与用量】以磺胺嘧啶计。肌内注射：一次量，家畜 20~30mg/kg 体重，1~2 次/d，连用 2~3d。

【不良反应】急性反应如过敏反应，慢性反应表现为粒细胞减少、血小板减少、肝脏损害、肾脏损害及中枢神经毒性反应。易在尿中沉积，长期或大剂量应用易引起结晶尿。

【注意事项】① 本品遇酸类可析出结晶，故不宜用 5% 葡萄糖液稀释。

② 长期或大剂量应用，应同时应用碳酸氢钠，并给予患牛大量饮水。

③ 若出现过敏反应或其他严重不良反应时，立即停药，并给予对症治疗。

磺胺对甲氧嘧啶

磺胺对甲氧嘧啶对革兰氏阳性菌（如化脓性链球菌、沙门氏菌和肺炎杆菌等）均有良好的抗菌作用。磺胺药的作用可被对氨基苯甲酸及其衍生物（普鲁卡因、丁卡因）所拮抗。此外，脓液以及组织分解产物也可提供细菌生长的必需物质，与磺胺药产生拮抗作用。本品抗菌作用较磺胺嘧啶稍弱，但对球虫和弓形虫有良好的抑制作用。

磺胺嘧啶与二氨基嘧啶类（抗菌增效剂）合用，可产生协同作用。某些含对氨基苯甲酰基的药物（如普鲁卡因、丁卡因等）在体内可生成PABA，酵母片中含有细菌代谢所需要的PABA，可降低本药作用，因此不宜合用。与噻嗪类或速尿等利尿剂同用，可加重肾毒性。

1. 磺胺对甲氧嘧啶片

【作用与用途】磺胺类抗菌药。主用于敏感菌感染引起的尿道感染、生殖、呼吸系统及皮肤感染等，也可用于球虫病。

【用法与用量】以磺胺对甲氧嘧啶计。内服：一次量，首次量家畜50~100mg/kg体重，维持量减半。1~2次/d，连用3~5d。

【不良反应】磺胺对甲氧嘧啶或其代谢物可在尿液中产生沉淀，在高剂量和长期给药时更易产生结晶，引起结晶尿、血尿或肾小管堵塞。

【注意事项】① 易在泌尿道中析出结晶，应大量饮水。大剂量、长期应用时宜同时给予等量的碳酸氢钠。

② 肾功能受损时，排泄缓慢，应慎用。

③ 可引起肠道菌群失调，长期用药可引起维生素B和维生素K的合成和吸收减少，宜补充相应的维生素。

④ 注意交叉过敏反应。在猪出现过敏反应时，立即停药并给予对症治疗。

2. 复方磺胺对甲氧嘧啶片

【作用与用途】磺胺类抗菌药。能双重阻断细菌叶酸代谢，增强抗菌效力。主要用于敏感菌引起的泌尿道、呼吸道及皮肤软组织等感染。

【用法与用量】以磺胺对甲氧嘧啶计。内服：一次量，家畜20~25mg/kg体重。2~3次/d，连用3~5d。

【不良反应】急性反应如过敏反应，慢性反应表现为粒细胞减少、血小板减少、肝脏损害、肾脏损害及毒性反应。

【注意事项】① 本品遇酸类可析出结晶，故不宜用5%葡萄糖液稀释。

② 长期或大剂量应用易引起结晶尿，应同时应用碳酸氢钠，并给予大量饮水。

③ 若出现过敏反应或其他严重不良反应时，立即停药，并给予对症治疗。

④ 肾功能受损害，排泄缓慢，应慎用。

⑤ 可引起肠道菌群失调，长期用药可引起维生素B和维生素K的合成和吸收减少，宜补充相应的维生素。

3. 复方磺胺对甲氧嘧啶钠注射液

【作用与用途】【不良反应】【注意事项】【休药期】同复方磺胺对甲氧嘧

啶片。

【用法与用量】以磺胺对甲氧嘧啶钠计。肌内注射：一次量，家畜 15~
20mg/kg 体重。1~2 次/d，连用 2~3d。

磺胺间甲氧嘧啶

磺胺间甲氧嘧啶属于广谱抗菌药物，是体内外抗菌活性最强的磺胺药，对
大多数革兰氏阳性菌和阴性菌都有较强抑制作用，细菌对此药产生耐药性较
慢。对革兰氏阳性菌和阴性菌（如化脓性链球菌、沙门氏菌和肺炎杆菌
等）均有良好的抗菌作用。磺胺药的作用可被 PABA 及其衍生物（普鲁卡因、
丁卡因）所拮抗，此外脓液以及组织分解产物也可提供细菌生长的必需物质，
与磺胺药产生拮抗作用。

磺胺间甲氧嘧啶与二氨基嘧啶类（抗菌增效剂）合用，可产生协同作用。
某些含对氨基苯甲酰基的药物（如普鲁卡因、丁卡因等）在体内可生成
PABA，酵母片中含有细菌代谢所需要的 PABA，可降低本药作用，因此不宜
合用。与噻嗪类或速尿等利尿剂同用，可加重肾毒性。

1. 磺胺间甲氧嘧啶片

【作用与用途】磺胺类抗菌药。主要用于敏感菌所引起的呼吸道、消化
道、泌尿道感染及球虫病等。

【用法与用量】以磺胺间甲氧嘧啶计。内服：一次量，家畜首次量 50~
100mg/kg 体重，维持量减半。2 次/d，连用 3~5d。

【不良反应】磺胺或其代谢物可在尿液中产生沉淀，在高剂量和长期给药
时更易产生结晶，引起结晶尿、血尿或肾小管堵塞。

【注意事项】① 肾功能受损害，排泄缓慢，应慎用。

② 长期或大剂量应用易引起结晶尿，应同时应用等量的碳酸氢钠，并给
予大量饮水。

③ 可引起肠道菌群失调，长期用药可引起 B 族维生素和维生素 K 的合成
和吸收减少，宜补充相应的维生素。

④ 若出现过敏反应或其他严重不良反应时，立即停药，并给予对症治疗。

2. 磺胺间甲氧嘧啶粉

【作用与用途】同磺胺间甲氧嘧啶片。

【用法与用量】以磺胺间甲氧嘧啶计。内服：一次量，家畜首次量 50~
100mg/kg 体重，维持量减半。2 次/d，连用 3~5d。

【不良反应】长期使用可损害肾脏和神经系统，影响增重，并可能发生磺
胺药中毒。

【注意事项】① 连续用药不宜超过 1 周。

② 长期使用应同时服用碳酸氢钠，以碱化尿液。

③ 本品忌与酸性药物（如维生素 C、氯化钙、青霉素等）配伍。

④ 磺胺药可引起肠道菌群失调，B 族维生素和维生素 K 的合成和吸收减少，此时宜补充相应的维生素。

⑤ 长期使用，可影响叶酸的代谢和利用，应注意添加叶酸制剂。

3. 磺胺间甲氧嘧啶钠注射液

【作用与用途】【休药期】同磺胺间甲氧嘧啶片。

【用法与用量】以磺胺间甲氧嘧啶钠计。静脉注射：一次量，家畜 50mg/kg 体重。1~2 次/d，连用 2~3d。

【不良反应】① 磺胺或其代谢物可在尿液中产生沉淀，在高剂量和长期给药时更易产生结晶，引起结晶尿、血尿或肾小管堵塞。

② 磺胺注射液为强碱性溶液，对组织有强刺激性。

【注意事项】① 本品遇酸类可析出结晶，故不宜用 5% 葡萄糖液稀释。

② 长期或大剂量应用易引起结晶尿，应同时应用碳酸氢钠，并大量饮水。

③ 若出现过敏反应或其他严重不良反应时，立即停药，并给予对症治疗。

4. 复方磺胺间甲氧嘧啶注射液

【作用与用途】【不良反应】【注意事项】同磺胺间甲氧嘧啶注射液。

【用法与用量】以磺胺间甲氧嘧啶计。肌内注射：家畜 20mg/kg 体重。1 次/d，连用 3d。

5. 复方磺胺间甲氧嘧啶预混剂

【作用与用途】同磺胺间甲氧嘧啶注射液。

【用法与用量】以磺胺间甲氧嘧啶计。

【不良反应】长期或大量使用可损害肾脏和神经系统，影响增重，并可能发生磺胺类药物中毒。

【注意事项】① 连续用药不应超过 1 周。

② 长期使用应同时服用碳酸氢钠，以碱化尿液。

6. 复方磺胺间甲氧嘧啶钠注射液

【作用与用途】【不良反应】同磺胺间甲氧嘧啶钠注射液。

【用法与用量】以磺胺间甲氧嘧啶钠计。肌内注射：一次量，家畜 20~30mg/kg 体重。1~2 次/d，连用 2~3d。

【注意事项】① 本品不宜与乌洛托品合用。

② 肝肾功能差的病畜慎用。

③ 肌内注射有局部刺激性。

④ 妊娠及哺乳牛慎用。

7. 复方磺胺间甲氧嘧啶钠粉

【作用与用途】【不良反应】【注意事项】同复方磺胺间甲氧嘧啶预混剂。

【用法与用量】以磺胺间甲氧嘧啶钠计。内服：一次量，家畜 20~25mg/kg 体重。2 次/d，连用 3~5d。

磺胺二甲嘧啶

磺胺二甲嘧啶对革兰氏阳性菌和阴性菌（如化脓性链球菌、沙门氏菌和肺炎杆菌等）均有良好的抗菌作用。磺胺药的作用可被 PABA 及其衍生物（普鲁卡因、丁卡因）所拮抗。此外脓液以及组织分解产物也可提供细菌生长的必需物质，与磺胺药产生拮抗作用。本品抗菌作用较磺胺嘧啶稍弱，但对球虫和弓形虫有良好的抑制作用。

磺胺二甲嘧啶与苄胺嘧啶类（抗菌增效剂）合用，可产生协同作用。某些含对氨基苯甲酰基的药物（如普鲁卡因、丁卡因等）在体内可生成 PABA，酵母片中含有细菌代谢所需要的 PABA，可降低本药作用，因此不宜合用。与噻嗪类或速尿等利尿剂同用，可加重肾毒性。

1. 磺胺二甲嘧啶片

【作用与用途】磺胺类抗菌药。用于敏感菌感染，也可用于球虫和弓形虫感染。

【用法与用量】以磺胺二甲嘧啶计。内服：一次量，家畜首次量 140~200mg/kg 体重，维持量减半。1~2 次/d，连用 3~5d。

【不良反应】① 磺胺或其代谢物可在尿液中产生沉淀，在高剂量和长期给药时更易产生结晶，引起结晶尿、血尿或肾小管堵塞。

② 磺胺注射液为强碱性溶液，肌内注射对组织有强刺激性。

【注意事项】① 易在尿道中析出结晶，应给予大量饮水。大剂量、长期应用时宜同时给予等量的碳酸氢钠。

② 肾功能受损时，排泄缓慢，应慎用。

③ 可引起肠道菌群失调，长期用药可引起 B 族维生素和维生素 K 的合成和吸收减少，宜补充相应的维生素。

④ 出现过敏反应或其他严重不良反应时，立即停药，并给予对症治疗。

2. 磺胺二甲嘧啶钠注射液

【作用与用途】同磺胺二甲嘧啶片。

【用法与用量】以磺胺二甲嘧啶钠计。静脉注射：一次量，家畜 50~

100mg/kg 体重。1~2 次/d，连用 3~5d。

【不良反应】① 磺胺或其代谢物可在尿液中产生沉淀，在高剂量和长期给药时更易产生结晶，引起结晶尿、血尿或肾小管堵塞。

② 磺胺注射液为强碱性溶液，对组织有强刺激性。

【注意事项】① 易在尿道中析出结晶，应给予大量饮水。大剂量、长期应用时宜同时给予等量的碳酸氢钠。

② 肾功能受损时，排泄缓慢，应慎用。

③ 本品遇酸类可析出结晶，故不宜用 5% 葡萄糖液稀释。

④ 出现过敏反应或其他严重不良反应时，立即停药，并给予对症治疗。

3. 复方磺胺二甲嘧啶钠注射液

【作用与用途】磺胺类抗菌药。主要用于治疗敏感菌感染，如巴氏杆菌病、乳腺炎、子宫内膜炎、呼吸道及消化道感染。

【用法与用量】以磺胺二甲嘧啶钠计。肌内注射：家畜 30mg/kg 体重。1 次/2d。

【不良反应】长期或大量使用可损害肾脏和神经系统，影响增重，并可能发生磺胺药中毒。

【注意事项】连续用药不宜超过 1 周。

磺胺噻唑

磺胺噻唑属广谱抑菌剂，通过与对氨基苯甲酸竞争二氢叶酸合成酶，从而阻碍敏感菌叶酸的合成而发挥抑菌作用。对大多数革兰氏阳性菌和部分革兰氏阴性菌有效。对磺胺噻唑较敏感的病原菌有：链球菌、肺炎球菌、沙门氏菌、化脓棒状杆菌、大肠杆菌等；一般敏感的有：葡萄球菌、变形杆菌、巴氏杆菌、产气荚膜梭菌、肺炎杆菌、炭疽杆菌、铜绿假单胞菌等。

磺胺噻唑与苄氨嘧啶类（如 TMP）合用，可产生协同作用。对氨苯甲酸及其衍生物（如普鲁卡因、丁卡因等）在体内可生成 PABA，酵母片中含有细菌代谢所需要的 PABA，可降低本药作用，因此不宜合用。与噻嗪类或速尿等利尿剂同用，可加重肾毒性。

1. 磺胺噻唑片

【作用与用途】磺胺类抗菌药。用于敏感菌感染。

【用法与用量】以磺胺噻唑计。内服：一次量，家畜首次量 140~200mg/kg 体重，维持量减半。2~3 次/d，连用 3~5d。

【不良反应】① 泌尿系统损伤，出现结晶尿、血尿和蛋白尿等。

② 抑制胃肠道菌群，导致消化系统障碍等。

③ 破坏造血机能，出现溶血性贫血、凝血时间延长和毛细血管渗血。

【注意事项】磺胺噻唑及其代谢产物乙酰磺胺噻唑的水溶性比原药低，排泄时容易在肾小管析出结晶，尤其是在酸性尿液中。因此，应与适量碳酸氢钠同服。

2. 磺胺噻唑钠注射液

【作用与用途】【休药期】同磺胺噻唑片。

【用法与用量】以磺胺噻唑钠计。静脉注射：一次量，家畜 50~100mg/kg 体重。2 次/d，连用 2~3d。

【不良反应】表现为急性和慢性中毒两类。

① 急性中毒：多发生于静脉注射其钠盐时，速度过快或剂量过大。主要表现为神经兴奋、共济失调、肌无力、呕吐、昏迷、厌食和腹泻等。牛还可见到视觉障碍、散瞳。

② 慢性中毒：主要由于剂量偏大、用药时间过长而引起。主要症状为：泌尿系统损伤，出现结晶尿、血尿和蛋白尿等；抑制胃肠道菌群，导致消化系统障碍等；造血机能破坏，出现溶血性贫血、凝血时间延长和毛细血管渗血。

【注意事项】① 本品遇酸类可析出结晶，故不宜用5%葡萄糖液稀释。

② 长期或大剂量应用易引起结晶尿，应同时应用碳酸氢钠，并大量饮水。

③ 若出现过敏反应或其他严重不良反应时，立即停药，并给予对症治疗。

恩诺沙星

恩诺沙星属氟喹诺酮类动物专用的广谱杀菌药。对大肠杆菌、沙门氏菌、克雷伯氏菌、布鲁氏菌、巴氏杆菌、胸膜肺炎放线杆菌、变形杆菌、黏质沙雷氏菌、化脓性棒状杆菌、败血波特氏菌、金黄色葡萄球菌、支原体、衣原体等均有良好作用，对铜绿假单胞菌和链球菌的作用较弱，对厌氧菌作用微弱。对敏感菌有明显的抗菌后效应。

本品与氨基糖苷类或广谱青霉素合用，有协同作用。Ca^{2+}、Mg^{2+}、Fe^{3+} 和 Al^{3+} 等重金属离子可与本品发生螯合，影响吸收。与茶碱、咖啡因合用时，可使血浆蛋白结合率降低，血中茶碱、咖啡因的浓度异常升高，甚至出现茶碱中毒症状。本品有抑制肝药酶作用，可使主要在肝脏中代谢的药物清除率降低，血药浓度升高。

恩诺沙星注射液

【作用与用途】氟喹诺酮类抗菌药。用于细菌性疾病和支原体感染。

【用法与用量】以恩诺沙星计。肌内注射：一次量，牛 2.5mg/kg 体重。1~2 次/d，连用 2~3d。

【不良反应】① 消化系统的反应有食欲不振、腹泻等。

② 皮肤反应有红斑、瘙痒、荨麻疹及光敏反应等。

【注意事项】① 对中枢系统有潜在的兴奋作用，诱导癫痫发作。

② 肾功能不良家畜慎用，可偶发结晶尿。

③ 本品耐药菌株呈增多趋势，不应在亚治疗剂量下长期使用。

四、抗寄生虫药

（一）驱线虫药

阿苯达唑

阿苯达唑具有广谱驱虫作用。线虫对其敏感，对绦虫、吸虫也有较强作用（但需较大剂量），对血吸虫无效。作用机理主要是与线虫的微管蛋白结合发挥作用。阿苯达唑对线虫微管蛋白的亲和力显著高于哺乳动物的微管蛋白，因此对哺乳动物的毒性很小。本品不但对成虫作用强，对未成熟虫体和幼虫也有较强作用，还有杀虫卵作用。

阿苯达唑与吡喹酮合用可提高前者的血药浓度。

1. 阿苯达唑片

【作用与用途】抗蠕虫药。用于线虫病、绦虫病和吸虫病。

【用法与用量】以阿苯达唑计。内服：一次量，牛 10~15mg/kg 体重。

【注意事项】本品不用于产奶牛，也不用于妊娠前期 45d 的牛。

2. 阿苯达唑粉

【作用与用途】【用法与用量】【不良反应】【注意事项】同阿苯达唑片。

3. 阿苯达唑混悬液

【作用与用途】【用法与用量】【不良反应】【注意事项】同阿苯达唑片。

4. 阿苯达唑颗粒

【作用与用途】【用法与用量】【不良反应】【注意事项】同阿苯达唑片。

芬苯达唑

芬苯达唑为苯并咪唑类抗蠕虫药，抗虫谱不如阿苯达唑广，作用略强。对牛的血矛线虫、奥斯特线虫、毛圆线虫、仰口线虫、细颈线虫、古柏线虫、食道口线虫、胎生网尾线虫成虫及幼虫均有药效。

1. 芬苯达唑片

【作用与用途】抗蠕虫药。用于线虫病和绦虫病。

【用法与用量】以芬苯达唑计。内服：一次量，牛 5~7.5mg/kg 体重。

【不良反应】在推荐剂量下使用，一般不会产生不良反应。用于怀孕动物认为是安全的。由于死亡的寄生虫释放抗原，可继发产生过敏性反应，特别是在高剂量时。

【注意事项】本品不应用于产奶牛，也不用于妊娠前期45d的牛。

2. 芬苯达唑粉

【作用与用途】【用法与用量】【不良反应】【注意事项】同芬苯达唑片。

3. 芬苯达唑颗粒

【作用与用途】【用法与用量】【不良反应】【注意事项】同芬苯达唑片。

阿维菌素

阿维菌素属于抗线虫药。对吸虫和绦虫无效。此外，阿维菌素作为杀虫剂，对水产和农业昆虫、螨虫以及火蚁等具有广谱活性。

与乙胺嗪同时使用，可能产生严重的或致死性脑病。

1. 阿维菌素片

【作用与用途】大环内酯类抗寄生虫药。用于治疗线虫病、螨病和寄生性昆虫病。

【用法与用量】以阿维菌素计。内服：一次量，牛 0.2mg/kg 体重（即本品 1 片可用 25kg 体重）。

【不良反应】按规定的用法与用量使用尚未见不良反应。

【注意事项】① 泌乳期禁用。

② 阿维菌素的毒性较强，慎用。

③ 本品性质不太稳定，特别对光线敏感，可迅速氧化灭活，应注意储存和使用条件。

2. 阿维菌素胶囊

【作用与用途】【用法与用量】【不良反应】【注意事项】同阿维菌素片。

3. 阿维菌素粉

【作用与用途】【用法与用量】【不良反应】【注意事项】同阿维菌素片。

4. 阿维菌素透皮溶液

【作用与用途】【不良反应】【注意事项】同阿维菌素片。

【用法与用量】以阿维菌素计。浇注或涂擦：一次量，牛 0.5mg/kg 体重，由肩部向后沿背中线浇注。

【注意事项】用于治疗牛皮蝇蚴病时，如杀死的幼虫在头部，将会引起严重的不良反应。

5. 阿维菌素注射液

【作用与用途】同阿维菌素片。

【用法与用量】以阿维菌素 B_1 计。皮下注射：0.3mg/kg 体重。

【不良反应】注射部位有不适或暂时性水肿。

【注意事项】① 泌乳期禁用。

② 仅限于皮下注射，因为肌内、静脉注射易引起中毒反应。每个皮下注射点，不宜超过 10mL。

③ 含甘油缩甲醛和丙二醇的阿维菌素注射剂，仅适用于猪，不用于牛。

④ 阿维菌素对虾、鱼及水生生物有剧毒，残存药物的包装切勿污染水源。

左旋咪唑

本品属咪唑并噻唑类抗线虫药，对牛的大多数线虫具有活性。其驱虫作用机理是兴奋敏感蠕虫的副交感和交感神经节，总体表现为烟碱样作用；高浓度时，左旋咪唑通过阻断延胡索酸还原和琥珀酸氧化作用，干扰线虫糖代谢，最终对蠕虫起麻痹作用，排出活虫体。

除具有驱虫活性外，还能明显提高免疫反应。目前尚不明确其免疫促进作用机理，可恢复外周 T 淋巴细胞的细胞介导免疫功能，兴奋单核细胞的吞噬作用，对免疫功能受损动物作用更明显。

具有烟碱作用的药物，如噻嘧啶、甲噻嘧啶、乙胺嗪，胆碱酯酶抑制药（如有机磷、新斯的明）可增加左旋咪唑的毒性，不宜联用。左旋咪唑可增强布鲁氏菌疫苗等的免疫反应和效果。

1. 盐酸左旋咪唑片

【作用与用途】抗蠕虫药。用于牛胃肠道线虫、肺线虫等的治疗。也可用于免疫功能低下动物的辅助治疗和提高疫苗的免疫效果。

【用法与用量】以左旋咪唑计。内服：一次量，牛 7.5mg/kg 体重。

【不良反应】牛用本品可出现副交感神经兴奋症状，口鼻出现泡沫或流涎，兴奋或颤抖，舔唇和摇头等不良反应。症状一般在 2h 内减退。注射部位发生肿胀，通常在 7~14d 内减轻。

【注意事项】① 泌乳期禁用。

② 在动物极度衰弱或有明显的肝肾损伤时，牛因免疫、去角、阉割等发生应激时，应慎用或推迟使用。

③ 本品中毒时可用阿托品解毒和其他对症治疗。

2. 盐酸左旋咪唑粉

【作用与用途】【用法与用量】【不良反应】【注意事项】同盐酸左旋咪唑片。

3. 盐酸左旋咪唑注射液

【作用与用途】【不良反应】同盐酸左旋咪唑片。

【用法与用量】以左旋咪唑计。皮下、肌内注射：一次量，牛 7.5mg/kg 体重。

【注意】① 禁用于静脉注射。

② 泌乳期禁用。

（二） 抗绦虫药

吡喹酮

吡喹酮具有广谱抗血吸虫和抗绦虫作用。对各种绦虫的成虫具有极高的活性，对幼虫也具有良好的活性；对血吸虫有很好的驱杀作用。吡喹酮对绦虫的准确作用机理尚未确定，可能是其与虫体包膜的磷脂相互作用，结果导致钠、钾与钙离子流出。在体外低浓度的吡喹酮似可损伤绦虫的吸盘功能并兴奋虫体的蠕动，较高浓度药物则可增强绦虫链体（节片链）的收缩（在极高浓度时为不可逆收缩）。此外，吡喹酮可引起绦虫包膜特殊部位形成灶性空泡，继而使虫体裂解。

与阿苯达唑、地塞米松合用时，可降低吡喹酮的血药浓度。

1. 吡喹酮片

【作用与用途】主要用于治疗动物血吸虫病，也用于绦虫病和囊尾蚴病。如牛的细颈囊尾蚴和日本分体血吸虫。

【用法与用量】以吡喹酮计。内服：一次量，牛 10~35mg/kg 体重。

2. 吡喹酮粉

【作用与用途】【用法与用量】【不良反应】【注意事项】同吡喹酮片。

（三） 杀虫药

双甲脒

双甲脒为广谱杀虫药，对各种螨、蜱、蝇、虱等均有效，主要为接触毒，兼有胃毒和内吸毒作用。双甲脒的杀虫作用在某种程度上与其抑制单氨氧化酶有关，而后者是参与蜱、螨等虫体神经系统胺类神经递质的代谢酶。因双甲脒的作用，吸血节肢昆虫过度兴奋，以致不能吸附动物体表而掉落。本品产生杀虫作用较慢，一般在用药后24h才能使虱、蜱等解体，48h 可使螨从患部皮肤自行脱落。一次用药可维持药效6~8周，保护牛不再受外寄生虫的侵袭。此外，对大蜂螨和小蜂螨也有较强的杀虫作用。

双甲脒溶液

【作用与用途】杀虫药。主要用于杀螨；亦可用于杀灭蜱、虱等体外寄生虫。

【用法与用量】药浴、喷洒或涂擦。配成0.025%~0.05%的溶液。

【不良反应】① 本品毒性较低。

② 对皮肤和黏膜有一定刺激性。

【注意事项】① 对鱼有剧毒，禁用。勿将药液污染鱼塘、河流。

② 本品对皮肤有刺激性，使用时防止药液沾污皮肤和眼睛。

辛硫磷

有机磷类杀虫药。辛硫磷通过一直冲体内胆碱酯酶的活性而破坏正常的神经传导，引起虫体麻痹，直至死亡；辛硫磷对宿主胆碱酯酶活性也有抑制作用，使宿主肠胃蠕动增强，加速虫体排出体外。

辛硫磷浇泼溶液

【作用与用途】有机磷酸酯类杀虫药。用于驱杀螨、虱、蜱等体外寄生虫。

【用法与用量】以辛硫磷计。外用：牛30mg/kg体重。沿牛脊背从两耳根浇洒到尾根（耳部感染严重者，可在每侧耳内另外浇洒0.076g）。

【注意事项】① 禁与强氧化剂、碱性药物合用。

② 禁止与其他有机磷化合物和胆碱酯酶抑制剂合用。

③ 避免与操作人员的皮肤和黏膜接触。

④ 妥善存放保管，避免儿童和动物接触。使用后的废弃物应妥善处理，避免污染河流、池塘及下水道。

氰戊菊酯

氰戊菊酯属于拟除虫菊酯类杀虫药。对昆虫以触杀为主，兼有胃毒和驱避作用。氰戊菊酯对猪的多种体外寄生虫和吸血昆虫（如螨、虱、蚤、蜱、蚊、蝇和虻等）均有良好的杀灭效果。有害昆虫接触后，药物迅速进入虫体的神经系统，表现为强烈兴奋、抖动，很快转为全身麻痹、瘫痪，最后击倒而死亡。应用氰戊菊酯喷洒牛的体表，螨、虱、蚤等于用药后10min出现中毒，4~12h后全部死亡。

氰戊菊酯溶液

【作用与用途】杀虫药。用于驱杀体外寄生虫，如蜱、虱、蚤等。

【用法与用量】喷雾。5%氰戊菊酯加水以1 :（250~500）倍稀释。

【不良反应】按规定的用法与用量使用尚未见不良反应。

【注意事项】① 配制溶液时，水温以12℃为宜，如水温超过25℃会降低药效，水温超过50℃时则失效。

② 避免使用碱性水，并忌与碱性药物合用、以防药液分解失效。

③ 本品对蜜蜂、鱼虾、家蚕毒性较强，使用时不要污染河流、池塘、桑园、养蜂场所。

马拉硫磷

马拉硫磷属于有机磷杀虫药，主要以触杀、胃毒和熏蒸杀灭虫害，无内吸杀虫作用。具有广谱、低毒、使用安全等特点。对蚊、蝇、虱、蜱、螨和臭虫等都有杀灭作用。

与其他有机磷化合物以及胆碱酯酶抑制剂有协同作用，同时应用毒性增强。

精制马拉硫磷溶液

【作用与用途】杀虫药。用于杀灭体外寄生虫。

【用法与用量】药浴或喷雾。1：（233~350）倍稀释（以马拉硫磷计算0.2%~0.3%）的水溶液。

【注意事项】本品不能与碱性物质或氧化物接触。

敌百虫

敌百虫属于广谱杀虫药，不仅对消化道线虫有效，而且对某些吸虫（如姜片吸虫、血吸虫等）有一定的疗效。

与其他有机磷杀虫剂、胆碱酯酶抑制剂和肌松药合用时，可增强对宿主的毒性。碱性物质能使敌百虫迅速分解成毒性更大的敌敌畏，因此忌用碱性水质配制药液，并禁与碱性药物合用。

精制敌百虫片

【作用与用途】驱杀和杀虫药，驱杀家畜胃肠道线虫、牛皮蝇蛆、螨、蚤、虱等。

【用法与用量】以敌百虫计。内服：一次量，牛 20~40mg/kg 体重。外用：每片兑水 30mL 配成 1% 溶液。

【不良反应】敌百虫安全范围窄，治疗剂量可使牛出现轻度副交感神经兴奋反应，过量使用可出现中毒症状，主要表现为流涎、腹痛、缩瞳、呼吸困难、骨骼肌痉挛、昏迷甚至死亡。

【注意事项】① 禁与碱性药物合用。

② 中毒时，用阿托品与解磷定等解救。

五、解热镇痛抗炎药

对乙酰氨基酚

对乙酰氨基酚具有解热、镇痛与抗炎作用。解热作用类似阿司匹林，但镇痛和抗炎作用较弱。其抑制丘脑前列腺素合成与释放的作用较强，抑制外周前列腺素合成与释放的作用较弱。对血小板及凝血机制无影响。主要作为中小动物的解热镇痛药。

对乙酰氨基酚片

【作用与用途】解热镇痛药。用于发热、肌肉痛、关节痛和风湿症等。

【用法与用量】以对乙酰氨基酚计。内服：一次量，牛 10~20g。

【不良反应】偶见厌食、呕吐、缺氧、发绀，红细胞溶解、黄疸和肝脏损害等症。

【注意事项】大剂量可引起肝、肾损害，在给药后 12h 内使用乙酰半胱氨酸或蛋氨酸可以预防肝损害。肝、肾功能不全的患畜及幼畜慎用。

安乃近

安乃近内服吸收迅速，作用较快，药效维持 3~4h。解热作用较快，药效维持 3~4h。解热作用较显著，镇痛作用亦较强，并有一定的消炎和抗风湿作用。对胃肠蠕动无明显影响。

不能与氯丙嗪合用，以免体温剧降。不能与巴比妥类及保泰松合用，因相互作用会影响肝微粒体酶活性。

1. 安乃近片

【作用与用途】用于动物肌肉痛、疝痛、风湿症及发热性疾病等。

【用法与用量】以安乃近计。内服：一次量，牛 4~12g。

【不良反应】长期应用可引起粒细胞减少。

【注意事项】可抑制凝血酶原的合成，加重出血倾向。

2. 安乃近注射液

【作用与用途】【不良反应】【注意事项】同安乃近片。

【用法与用量】以安乃近计。肌内注射：一次量，牛 3~10g。

【注意事项】不宜于穴位注射，尤其不宜于关节部位注射。有可能引起肌肉萎缩和关节机能障碍。

阿司匹林

阿司匹林解热、镇痛效果较好，抗炎、抗风湿作用强。可抑制抗体产生及抗原抗体结合反应，阻止炎性渗出，抗风湿的疗效确实。较大剂量时还可抑制肾小管对尿酸的重吸收，增加尿酸排泄。

其他水杨酸类解热镇痛药、双香豆素类抗凝血药、巴比妥类等与阿司匹林合用时，作用增强，甚至毒性增加。糖皮质激素能刺激胃酸分泌、降低胃及十二指肠黏膜对胃酸的抵抗力，与阿司匹林合用可使胃肠出血加剧。与碱性药物（如碳酸氢钠）合用，将加速阿司匹林的排泄，使疗效降低。但在治疗痛风时，同服等量的碳酸氢钠，可以防止尿酸在肾小管内沉积。

阿司匹林片

【作用与用途】解热镇痛药。用于发热性疾患、肌肉痛、关节痛。

【用法与用量】以阿司匹林计。内服：一次量，牛 15~30g。

【不良反应】① 本品能抑制凝血酶原合成，连续长期应用可引发出血倾向。

② 对胃肠道有刺激作用，剂量大时易导致食欲不振、恶心、呕吐乃至消化道出血，长期使用可引发胃肠溃疡。

【注意事项】① 奶牛泌乳期禁用。

② 老龄动物、体弱或体温过高患畜，解热时宜用小剂量，以免大量出汗而引起虚脱。

③ 胃炎、胃溃疡患畜慎用，与碳酸钙同服，可减少对胃的刺激。不宜空腹投药。发生出血倾向时，可用维生素 K 治疗。

④ 解热时，动物应多饮水，以利于排汗和降温，否则会因出汗过多而造成水和电解质平衡失调或虚脱。

⑤ 动物发生中毒时，可采取洗胃、导泻、内服碳酸氢钠及静脉注射 5%葡萄糖和 0.9%氯化钠等解救。

氨基比林

氨基比林是一种环氧化酶抑制剂，通过抑制环氧化酶的活性，从而抑制前列腺素前体物——花生四烯酸转变为前列腺素这一过程，使前列腺素合成减少，进而产生解热、镇痛、抗炎和抗风湿作用。

复方氨基比林注射液

【作用与用途】解热镇痛药，主要用于牛等动物的解热和抗风湿，也可用于马和骡的疝痛，但镇痛效果较差。用于发热性疾病、关节炎、肌肉痛和风湿症等。

【用法与用量】以氨基比林计。肌内、皮下注射：一次量，牛 20~50mL。

【不良反应】剂量过大或长期应用，可引起高铁血红蛋白血症、缺氧、发绀、粒细胞减少症等。

【注意事项】连续长期使用可引起粒性白细胞减少症，应定期检查血象。

水杨酸钠

水杨酸钠为解热镇痛抗炎药。其镇痛作用较阿司匹林、非那西汀、氨基比林弱。临床上主要用作抗风湿药。对于风湿性关节炎，用药数小时后关节疼痛显著减轻，肿胀消退，风湿热消退。另外，本品还有促进尿酸排泄的作用，可用于痛风。

水杨酸钠可使血液中凝血酶原的活性降低，故不可与抗凝血药合用。与碳酸氢钠同时内服可减少本品吸收，加速本品排泄。

水杨酸钠注射液

【作用与用途】解热镇痛药。用于风湿症等。

【用法与用量】以水杨酸钠计。静脉注射：一次量，牛 100～200mL。

【不良反应】① 长期大剂量应用，可引起耳聋、肾炎等。

② 因抑制凝血酶原合成而产生出血倾向。

【注意事项】① 注射液仅供静注，不能漏出血管外。

② 有出血倾向、肾炎及酸中毒的患畜忌用。

六、促进组织代谢药

（一）维生素类

维生素 A

维生素 A 具有促进生长、维持上皮组织如皮肤、结膜、角膜等正常机能的作用，并参与视紫红质的合成，增强视网膜感光力。另外，还参与体内许多氧化过程，尤其是不饱和脂肪酸的氧化。

氢氧化铝可使小肠上段胆酸减少，影响维生素 A 的吸收。矿物油、新霉素能干扰维生素 A 和维生素 D 的吸收。维生素 E 可促进维生素 A 吸收，但服用大量维生素 E 时可耗尽体内储存的维生素 A。大剂量的维生素 A 可以对抗糖皮质激素的抗炎作用。与噻嗪类利尿剂同时使用，可致高钙血症。

维生素 AD 油

【作用与用途】维生素类药。用于维生素 A、维生素 D 缺乏症；局部应用能促进创伤、溃疡愈合。

【用法与用量】以维生素 A 计。内服：一次量，牛 20～60mL。

【不良反应】按规定的用法与用量使用尚未见不良反应。

【注意事项】① 用时应注意补充钙剂。

② 维生素 A 易因补充过量而中毒，中毒时应立即停用本品和钙剂。

维生素 B_1

本品在体内与焦磷酸结合成二磷酸硫胺（辅羧酶），参与体内糖代谢中丙酮酸、α-酮戊二酸的氧化脱羧反应，为糖类代谢所必需。维生素 B_1 对维持神经组织、心脏及消化系统的正常机能起着重要作用。缺乏时，血中丙酮酸、乳酸增高，并影响机体能量供应；幼年家畜则出现多发性神经炎、心肌功能障碍、消化不良、生长受阻等。

维生素 B_1 在碱性溶液中易分解，与碱性药物（如碳酸氢钠、枸橼酸钠等）配伍时，易变质。吡啶硫胺素、氨丙啉可拮抗维生素 B_1 的作用。本品可增强神经肌肉阻断剂的作用。

维生素 B_1 片

【作用与用途】维生素类药。主要用于维生素 B_1 缺乏症，如多发性神经炎；也用于胃肠弛缓等。

【用法与用量】以维生素 B_1 计。内服：一次量，牛 100～500mg。

【不良反应】按规定剂量使用，暂未见不良反应。

【注意事项】① 吡啶硫胺素、氨丙啉与维生素 B_1 有拮抗作用，饲料中此类物质添加过多会引起维生素 B_1 缺乏。

② 与其他 B 族维生素或维生素 C 合用，可对代谢发挥综合疗效。

维生素 B_2

维生素 B_2 是体内黄素酶类辅基的组成部分。黄素酶在生物氧化还原中发挥递氢作用，参与体内碳水化合物、氨基酸和脂肪的代谢，并对中枢神经系统的营养、毛细血管功能具有重要影响。

本品能使氨苄西林、黏菌素、链霉素、红霉素和四环素等的抗菌活性下降。

1. 维生素 B_2 片

【作用与用途】维生素类药。用于维生素 B_2 缺乏症，如口炎、皮炎、结膜炎等。

【用法与用量】以维生素 B_2 计。内服：一次量，牛 100～150mg。

【不良反应】按规定剂量使用，暂未见不良反应。

【注意事项】动物使用本品后，尿液呈黄色。

2. 维生素 B_2 注射液

【作用与用途】【不良反应】【注意事项】同维生素 B_2 片。

【用法与用量】以维生素 B_2 计。皮下、肌内注射：一次量，牛 100～150mg。

维生素 B$_6$

维生素 B$_6$ 是吡哆醇、吡哆醛、吡哆胺的总称，它们在动物体内有着相似的生物学作用。维生素 B$_6$ 在体内经酶作用生成具有生理活性的磷酸吡哆醛和磷酸吡哆醇，是氨基转移酶、脱羧酶及消旋酶的辅酶，参与体内氨基酸、蛋白质、脂肪和糖的代谢。此外，维生素 B$_6$ 还在亚油酸转变为花生四烯酸等过程中发挥重要作用。

与维生素 B$_{12}$ 合用，可促进维生素 B$_{12}$ 的吸收。

维生素 B$_6$ 注射液

【作用与用途】水溶性维生素。用于皮炎和周围神经炎等。

【用法与用量】以维生素 B$_6$ 计。皮下、肌内或静脉注射：一次量，牛 3~10g。

【不良反应】按规定的用法用量使用尚未见不良反应。

维生素 B$_{12}$

维生素 B$_{12}$ 为合成核苷酸的重要辅酶成分，它参与体内甲基转移及叶酸代谢，促进 5-甲基四氢叶酸转变为四氢叶酸。缺乏时，可致叶酸缺乏，并由此导致 DNA 合成障碍，影响红细胞的发育与成熟。本品还促使甲基丙二酸转变为琥珀酸，参与三羧酸循环。此作用关系到神经髓鞘脂类的合成及维持有鞘神经纤维功能的完整。维生素 B$_{12}$ 缺乏症的神经损害可能与此有关。

维生素 B$_{12}$ 注射液

【作用与用途】维生素类药。主要用于以下情况。

① 急性代谢失调、产后瘫痪又称产乳热，是母畜在分娩期突然发生以肌肉松弛、昏迷和低血钙为主要特征的代谢病。

② 分娩应激：乳腺炎、子宫内膜炎和无乳症等代谢病为主的分娩综合征。

③ 胎衣不下、低血钙性瘫痪和产乳热。

④ 一般代谢失调：如管理不妥、营养不平衡所引起的母牛食欲缺乏、泌乳减少。

⑤ 酮病：酮病是高产泌乳奶牛常发的一种营养代谢性疾病，可导致酮血症、酮尿症、酮乳症和低血糖症。

⑥ 皱胃炎或真胃扭转术后恢复。

⑦ 发情间隔时间过长或产后不发情（本品可使产后牛快速发情，以利再次配种）。

⑧ 增强健康动物的抵抗力、促进幼畜生长。

【用法与用量】以维生素 B_{12} 计。肌内注射：一次量，牛 20~40mL，犊牛 5~10mL。一般病例注射 1 次即可。

为了预防围产期的疾病，分娩前 2 周和分娩当日以及分娩后 2 周各注射本品 1 次。

【不良反应】肌内注射偶可引起皮疹、瘙痒、腹泻以及过敏性哮喘。

【注意事项】在防治巨幼红细胞贫血症时，本品与叶酸配合应用可取得更好的效果。本品不得作静脉注射。

维生素 C

维生素 C 在体内和脱氢维生素 C 形成可逆的氧化还原系统，此系统在生物氧化还原反应和细胞呼吸中起重要作用。维生素 C 参与氨基酸代谢及神经递质、胶原蛋白和组织细胞间质的合成，可降低毛细血管通透性，具有促进铁在肠内吸收，增强机体对感染的抵抗力，以及增强肝脏解毒能力等作用。

与水杨酸类和巴比妥合用能增加维生素 C 的排泄。与维生素 K_3、维生素 B_2、碱性药物和铁离子等溶液配伍，可降低药效，不宜配伍。可破坏饲料中的维生素 B_{12}，并与饲料中的铜、锌离子发生络合，阻断其吸收。

维生素 C 注射液

【作用与用途】维生素类药。用于维生素 C 缺乏症，也用于各种传染性疾病和高热、外伤或烧伤，还用于贫血、有出血倾向、高铁血红蛋白血症和过敏性皮炎等的辅助治疗。

【用法与用量】以维生素 C 计。肌内、静脉注射：一次量，牛 2~4g。

【不良反应】给予高剂量时，尿酸盐、草酸盐或胱氨酸结晶形成的风险增加。

【注意事项】① 与碱性药物（碳酸氢钠等）、铁离子、维生素 B_2、维生素 K_3 等溶液配伍，可影响药效，不宜配伍。

② 与水杨酸类和巴比妥合用能增加维生素 C 的排泄。

③ 大剂量应用时可酸化尿液，使某些有机碱类药物排泄增加。并减弱氨基糖苷类药物的抗菌作用。

④ 可破坏饲料中的维生素 B_{12}，并与饲料中的铜、锌离子发生络合，阻断其吸收。

⑤ 因在瘤胃内易被破坏，反刍动物不宜使用维生素 C 片内服。

维生素 D_2

维生素 D_2 属于调节组织代谢药。维生素 D_2 对钙、磷代谢及幼龄牛骨骼生长有重要影响，主要生理功能是促进钙和磷在小肠内正常吸收。维生素 D_2 的代谢活性物质能调节肾小管对钙的重吸收，维持循环血液中钙的水平，并促进骨骼的正常发育。

长期大量服用液状石蜡、新霉素可减少维生素 D 的吸收。苯巴比妥等药酶诱导剂能加速维生素 D 的代谢。

维生素 D_2 胶性钙注射液

【作用与用途】维生素类药。适用于各种因维生素 D 缺乏所引起的钙质代谢障碍，如软骨病与佝偻病等不适于口服给药者。

【用法与用量】以维生素 D_2 计。临用前摇匀。皮下、肌内注射：一次量，牛 5～20mL。

【不良反应】① 过多的维生素 D 会直接影响钙和磷的代谢，减少骨的钙化作用，在软组织出现异位钙化，以及导致心律失常和神经功能紊乱等症状。

② 维生素 D 过多还会间接干扰其他脂溶性维生素（如维生素 A、维生素 E 和维生素 K）的代谢。

【注意事项】① 维生素 D 过多会减少骨的钙化作用，软组织出现异位钙化，且易出现心律失常和神经功能紊乱等症状。

② 用维生素 D 时应注意补充钙剂，中毒时应立即停用本品和钙剂。

维生素 D_3

维生素 D_3 是维生素 D 的主要形式之一，对钙、磷代谢及幼龄猪骨骼生长有重要影响，其主要功能是促进钙、磷在小肠内正常吸收。其代谢活性物质能调节肾小管对钙的重吸收、维持循环血液中钙的水平，并促进骨骼的正常发育。

长期大量服用液体石蜡、新霉素可减少维生素 D 的吸收。苯巴比妥等药酶诱导剂能加速维生素 D 的代谢。

维生素 D_3 注射液

【作用与用途】维生素类药。用于防治维生素 D 缺乏所致的疾病，如佝偻病、骨软症等。

【用法与用量】以维生素 D_3 计。肌内注射：一次量，家畜 1 500～3 000U/kg 体重。

【不良反应】① 过多的维生素 D 会直接影响钙和磷的代谢，减少骨的钙化作用，在软组织出现异位钙化，以及导致心律失常和神经功能紊乱等症状。

② 维生素 D 过多还会间接干扰其他脂溶性维生素（如维生素 A、维生素 E 和维生素 K）的代谢。

【注意事项】应用时要注意补充钙制剂，中毒时应立即停用本品和钙制剂。

维生素 E

维生素 E 可阻止体内不饱和脂肪酸及其他易氧化物的氧化，保护细胞膜的完整性，维持其正常功能。维生素 E 与猪的繁殖机能也密切相关，具有促进性腺发育、促成受孕和防止流产等作用。另外，维生素 E 还能提高牛对疾病的抵抗力，增强抗应激能力。

维生素 E 和硒同用具有协同作用。大剂量的维生素 E 可延迟抗缺铁性贫血药物的治疗效应。本品与维生素 A 同服可防止后者的氧化，增强维生素 A 的作用。液状石蜡、新霉素能减少本品的吸收。

1. 维生素 E 注射液

【作用与用途】维生素类药。用于治疗维生素 E 缺乏所致的疾病，如不孕症、白肌病等。

【用法与用量】以维生素 E 计。皮下、肌内注射：一次量，犊牛 0.5 ~ 1.5g，已发病牛可用大剂量维生素 E，750 ~ 1 000mg/d，肌内注射或混饲。

【注意事项】① 维生素 E 和硒同用具有协同作用。

② 偶尔可引起死亡、流产或早产等过敏反应，可立即注射肾上腺素或抗组胺药物治疗。

③ 大剂量维生素 E 可延迟抗缺铁性贫血药物的治疗效应。

④ 液状石蜡、新霉素能减少本品的吸收。

⑤ 注射体积超过 5mL 时应分点注射。

2. 亚硒酸钠维生素 E 注射液

【作用与用途】维生素与硒补充药。用于幼畜白肌病。

【用法与用量】以维生素 E 计。肌内注射：一次量，犊牛 5~8mL。

【不良反应】硒毒性较大，单次内服过多，将引起精神抑制、共济失调、呼吸困难、频尿、发绀、瞳孔扩大、臌胀和死亡，病理损伤包括水肿、充血和坏死，可涉及许多系统。

【注意事项】① 皮下或肌内注射有局部刺激性。

② 硒毒性较大，超量肌内注射易致动物中毒，中毒时表现为呕吐、呼吸抑制、虚弱、中枢抑制、昏迷等症状，严重可致死亡。

3. 亚硒酸钠维生素 E 预混剂

【作用与用途】【不良反应】同亚硒酸钠维生素 E 注射液。

【用法与用量】以维生素 E 计。混饲：一次量，家畜 500~1 000g/t 饲料。

（二）钙磷与微量元素类

葡萄糖酸钙

生长期牛对钙、磷需求比成年动物大，泌乳期牛对钙、磷的需求又比处于生长期的牛高。当钙摄取不足时，会出现急性或慢性钙缺乏症。慢性症状主要表现为骨软症、佝偻病。骨骼因钙化不全可导致软骨异常增生、退化，骨骼畸形，关节僵硬和增大，运动失调，神经肌肉功能紊乱，体重下降等。急性钙缺乏症主要与神经肌肉、心血管功能异常有关。

葡萄糖酸钙注射液

【作用与用途】钙补充药。用于低血钙症及过敏性疾病，亦可用于解除镁离子引起的中枢抑制。临床上广泛用于母畜产前、产后补钙，防治软脚症及产后瘫痪等。

【用法与用量】以葡萄糖酸钙计。静脉注射：一次量，牛 20～60g（400～1 200mL）。

【不良反应】心脏或肾脏疾病的牛，可能产生高钙血症。

【注意事项】应用强心苷期间禁用本品。注射宜缓慢。有刺激性，不宜皮下或肌内注射。注射液不可漏出血管外，否则导致疼痛及组织坏死。

氯化钙

钙在动物体内具有广泛的生理和药理作用：促进骨骼和牙齿正常发育，维持骨骼正常的结构和功能；维持神经纤维和肌肉的正常兴奋性，参与神经递质的正常释放；对抗镁离子的中枢抑制及神经肌肉兴奋传导阻滞作用；降低毛细血管膜的通透性；促进凝血等。

用洋地黄治疗的牛接受静脉注射钙易发生心律不齐。噻嗪类利尿药与大剂量钙联合使用可能会引起高钙血症。静脉注射氯化钙可中和高镁血症或注射镁盐引起的毒性。注射钙剂可对抗非去极化型神经肌肉阻断剂的作用。维生素 A 摄入过量可促进骨钙的丢失，引起高钙血症。钙剂与大剂量的维生素 D 同时应用可引起钙吸收增加，并诱发高血钙症。

氯化钙注射液

【作用与用途】钙补充剂。用于低血钙症以及毛细血管通透性增加所致的疾病。

【用法与用量】以氯化钙计。静脉注射：一次量，牛 5～15g。

【不良反应】① 钙剂治疗可能诱发高血钙症，尤其在心、肾功能不良的牛。

② 静脉注射钙剂速度过快可引起低血压、心律失常和心跳停止。

【注意事项】① 应用强心苷期间禁用本品。

② 注射宜缓慢。

③ 有刺激性，不宜皮下或肌内注射。5%氯化钙溶液不可直接静脉注射，注射前应以 10~20 倍葡萄糖注射液稀释。

④ 注射液不可漏出血管外，否则导致疼痛及组织坏死。若发生漏出，受影响的局部可注射生理盐水、糖皮质激素和 1%普鲁卡因。

第二节　牛病常用中药方剂

一、解表方

1. 麻黄汤（《伤寒论》）

【组成】麻黄 45g，桂枝 45g，杏仁 60g，炙甘草 20g。

【功效主治】发汗散寒，宣肺平喘。治疗外感风寒表实证，证见发热，恶寒，无汗，咳喘，舌苔薄白，脉象浮紧。

【用量与用法】牛 150~300g。为末，开水冲调，候温灌服，或水煎灌服。

2. 桂枝汤（《伤寒论》）

【组成】桂枝 45g，白芍 45g，炙甘草 45g，生姜 60g，大枣 60g。

【功效主治】解肌发表，调和营卫，主治外感风寒表虚证，证见发热，怕风，出汗，鼻流清涕，舌苔薄白，脉象浮缓。

【用量与用法】牛 150~300g。前三味为末，姜枣煮水冲调，候温灌服。

3. 银翘散（《温病条辨》）

【组成】连翘 30g，金银花 30g，薄荷 15g，荆芥穗 25g，淡豆豉 25g，牛蒡子 25g，桔梗 25g，淡竹叶 30g，芦根 60g，生甘草 10g。

【功效主治】疏散风热，清热解毒。主治风热感冒，温病初起。证见发热无汗或微汗，口渴咽痛，咳嗽，舌苔薄白或薄黄，脉象浮数。

【用量与用法】牛 250~350g。为末，开水冲调，候温灌服，或水煎灌服。

二、清热方

1. 白虎汤（《伤寒论》）

【组成】知母 45g，石膏 250g，炙甘草 15g，粳米 45g。

【功效主治】清热生津。主治气分热证，证见高热，大出汗，口干舌红，喜饮冷水，苔黄燥，脉象洪大有力。

2. 黄连解毒汤（《外台秘要》）

【组成】黄连45g，黄芩30g，黄柏30g，栀子45g。

【功效主治】泻火解毒，主治三焦热盛疮疡肿毒，证见高热烦躁、发狂，脓毒败血症等。

3. 白头翁散（《伤寒论》）

【组成】白头翁60g，黄连30g，黄柏45g，秦皮60g。

【功效主治】清热解毒，凉血止痢。主治家畜下痢脓血、里急后重，雏鸡白痢、禽霍乱、鸡大肠杆菌病等。

4. 茵陈蒿汤（《伤寒论》）

【组成】茵陈蒿250g，栀子60g，大黄45g。

【功效主治】清热、利湿、退黄。主治湿热黄疸，证见可视黏膜黄染、鲜明如橘色，小便量少色黄，脉象滑数。

5. 洗心散

【组成】黄连40g，生地黄40g，菊花30g，当归30g，木通25g，栀子25g，甘草15g。

【功效主治】心经积热，目眦赤涩痛泪。

此外，还有郁金散、清营汤、龙胆泻肝汤、香薷散、犀角地黄汤、青蒿鳖甲汤等。

三、泻下方

1. 大承气汤（《伤寒论》）

【组成】大黄60g，厚朴45g，枳实60g，芒硝250g。

【功效主治】攻下泻热、破结通肠。主治结症、便秘。

【用量与用法】牛400～600g。为末，开水冲调，候温灌服，或水煎灌服（芒硝后下）。

2. 当归苁蓉汤（《中兽医治疗学》）

【组成】当归（麻油炒）120～250g，肉苁蓉90～120g，番泻叶30～60g，瞿麦15g，神曲60g，木香10～15g，厚朴20～30g，枳壳30～60g，香附（醋制）30～60g，通草10～15g。

【功效主治】润燥滑肠，理气通便。主治老、弱、孕畜便秘、结症。

【用量与用法】牛400～500g。为末，开水冲调，稍煎，加麻油250mL，候温灌服，或煎汤候温，加麻油灌服。

3. 大戟散（《元亨疗马集》）

【组成】京大戟 25g，滑石 60g，甘遂 25g，牵牛子 45g，黄芪 45g，芒硝 100g，大黄 60g，巴豆霜 5g，猪脂 150g。

【功效主治】逐水，泻下。主治牛水草肚胀、宿草不转。

四、消导方

1. 二陈汤（《和剂局方》）

【组成】半夏 45g，陈皮 45g，茯苓 30g，炙甘草 15g。

【功效主治】燥湿化痰，理气和中。主治湿痰咳嗽，证见咳声重浊，痰多而色白，口津滑利，舌苔白润，脉滑。

【用量与用法】牛 150~250g。为末，开水冲调，候温灌服，或水煎灌服。

2. 麻杏石甘汤（《伤寒论》）

【组成】麻黄 30g，石膏（捣碎）250g，杏仁 45g，炙甘草 45g。

【功效主治】辛凉泻热，宣肺平喘。主治肺热咳喘。

【用量与用法】牛 150~300g。先煎石膏，再入其他药共煎，去渣，候温灌服。

3. 清肺散（《元亨疗马集》）

【组成】板蓝根 90g，葶苈子 60g，浙贝母 30g，桔梗 30g，甘草 25g。

【功效主治】清肺化痰，止咳平喘。主治肺热咳喘、咽喉肿痛。

【用量与用法】牛 200~300g。为末，开水冲调，加蜂蜜 120g，候温灌服，或水煎灌服。

五、理中方

1. 理中汤（《伤寒论》）

【组成】党参 60g，干姜 60g，白术 60g，炙甘草 30g。

【功效主治】温中散寒，补气健脾。主治脾胃虚寒，证见食少体瘦，泄泻腹痛，完谷不化。

【用量与用法】牛 200~350g。为末，开水冲调，候温灌服，或水煎灌服。

2. 茴香散（《元亨疗马集》）

【组成】茴香 30g，槟榔 10g，肉桂 20g，白术 25g，巴戟天 25g，当归 30g，牵牛子 10g，藁本 25g，白附子 25g，川楝子 25g，肉豆蔻 15g，荜澄茄 20g，木通 20g。

【功效主治】温肾散寒，去湿止痛。主治风寒湿邪引起的腰胯疼痛。

3. 四逆汤（《伤寒论》）

【组成】制附子 45g，干姜 45g，炙甘草 30g。

【功效主治】回阳救逆。主治少阴病和亡阳证。证见四肢厥冷，神疲力乏，呕吐不渴，腹痛泄泻，舌淡苔白，脉象沉微。

六、渗湿利水方

1. 八正散（《和剂局方》）

【组成】木通 30g，车前子 30g，萹蓄 30g，大黄 30g，灯芯草 10g，瞿麦 30g，栀子 30g，滑石 30g，炙甘草 30g。

【功效主治】清热泻火，利水通淋。主治湿热下注引起的石淋、热淋，证见尿频、尿痛或闭而不通，或小便赤浊、淋漓不畅，口干舌红，脉象滑数。

2. 五苓散（《伤寒论》）

【组成】猪苓 45g，茯苓 45g，泽泻 75g，白术 45g，桂枝 30g。

【功效主治】利水渗湿，温阳化气，和胃止呕。主治外有表证、内有水湿的痰饮、水肿和泄泻等证。

3. 平胃散（《和剂局方》）

【组成】苍术 80g，厚朴（姜汁炒）50g，陈皮 50g，炒甘草 30g。

【功效主治】燥湿健脾，理气开胃。主治湿邪困脾，证见食少肚胀，粪便稀软，舌苔白厚而腻。

4. 独活寄生汤（《备急千金要方》）

【组成】独活 45g，桑寄生 90g，秦艽 45g，防风 45g，细辛 15g，当归 60g，白芍 45g，川芎 30g，熟地黄 75g，杜仲 45g，牛膝 45g，党参 60g，茯苓 60g，肉桂 10g，甘草 30g。

【功效主治】益肝肾，补气血，祛风湿。主治痹症日久、肝肾两亏、气血不足，证见腰胯疼痛，四肢屈伸不利，起卧困难，口色淡白，脉象细弱。

5. 藿香正气散（《和剂局方》）

【组成】藿香 60g，紫苏叶 45g，茯苓 30g，白芷 30g，大腹皮 30g，陈皮 30g，桔梗 25g，白术 30g，姜汁制厚朴 30g，半夏 20g，甘草 15g。研末，生姜、大枣煎水冲调灌服。

【功效主治】解表化湿，理气和中。外感风寒，内伤湿滞。症见发热恶寒，肚腹胀满，泄泻，舌苔白腻，或见呕吐。

【临诊应用】本方适用于内伤湿滞，复感风寒，而以湿滞脾胃为主之证。

凡夏季感冒、流行性感冒、胃肠型流感、胃肠不和、急性胃肠炎,证属外感风寒,内伤湿滞者均可用。

七、理气方

橘皮散(《元亨疗马集》)

【组成】青皮 25g,陈皮 30g,厚朴 30g,桂心 15g,细辛 5g,茴香 30g,当归 25g,白芷 15g,槟榔 15g。

【功效主治】理气和血,暖肠止痛。主治伤水起卧,证见腹痛起卧,肠鸣如雷,口色青白,脉象沉迟等。

【用量与用法】牛 200~400g。共为末,开水冲,候温加葱白 3 支、炒盐 10g、醋 120mL,同调灌服。

八、止血方

1. 桃红四物汤(《医宗金鉴》)

【组成】当归 45g,桃仁 45g,红花 30g,赤芍 45g,川芎 20g,生地 60g。

【功效主治】活血散瘀,补血止痛。主治血瘀所致四肢疼痛,血虚有瘀,产后血瘀腹痛及瘀血所致的不孕症等。

2. 生化汤(《傅青主女科》)

【组成】当归 120g,川芎 45g,桃仁 45g,炮姜 10g,炙甘草 10g。

【功效主治】活血散瘀,温经止痛。主治产后血瘀、恶露不行,肚腹疼痛。

【用量与用法】牛 150~250g。为末,开水冲调,候温,加白酒 250mL,灌服,或水煎灌服。

九、涩肠止泻方

乌梅散(《蕃牧纂验方》)

【组成】乌梅(去核)15g,干柿 25g,黄连 6g,诃子 6g,郁金 6g。

【功效主治】清热利湿,敛肠止泻。主治犊牛腹泻。

十、助阳方

1. 四君子汤(《和剂局方》)

【组成】党参 60g,炒白术 60g,茯苓 60g,炙甘草 30g。

【功效主治】益气健脾。主治脾胃气虚,证见倦怠多卧,食少体虚,大便稀薄，舌苔淡白，脉象细弱。

2. 四物汤（《和剂局方》）

【组成】熟地黄 50g，当归（酒浸）50g，白芍药 50g，川芎 30g。

【功效主治】补血调血。主治血虚、血瘀，证见口色淡白，脉细弱无力。

3. 六味地黄汤（《小儿药证直诀》）

【组成】熟地黄 80g，制山茱萸 40g，山药 40g，牡丹皮 30g，茯苓 30g，泽泻 30g。

【功效主治】滋阴补肾。主治肝肾阴虚、虚火上炎所致的潮热盗汗，腰胯无力、舌燥喉痛，滑精早泄，粪干尿少，脉象细弱无力。

4. 补中益气汤（《脾胃论》）

【组成】炙黄芪 90g，白术 50g，陈皮 30g，升麻 30g，当归 50g，党参 50g，柴胡 30g，炙甘草 45g。

【功效主治】补中益气，升阳举陷。主治脾胃气虚及中气下陷，证见精神倦怠，草料减少，发热自汗，大便稀薄，舌淡绵软，或见久泻久痢，子宫、直肠和阴道脱垂。

十一、平肝明目方

1. 决明散（《元亨疗马集》）

【组成】石决明 30g，决明子 30g，栀子 20g，大黄 25g，黄芪 30g，黄连 20g，郁金 25g，黄芩 30g，没药 20g，白药子 20g，黄药子 20g。

【功效主治】清肝明目，退翳消瘀。主治肝经积热、云翳遮睛。

2. 牵正散（《杨氏家藏方》）

【组成】白附子 20g，白僵蚕 20g，全蝎 20g。

【功效主治】祛风化痰。主治歪嘴风。

十二、安神开窍方

1. 朱砂散（《元亨疗马集》）

【组成】党参 45g，茯神 45g，黄连 15g，朱砂（水飞）10g。

【功效主治】重镇安神，扶正祛邪。主治心热风邪，证见全身出汗，肉颤头摇，气促喘粗，左右乱跌，口色赤红，脉象洪数。

【用量与用法】牛 100～150g。为末，胆汁适量，开水冲调，候温灌服。

2. 通关散（《丹溪心法附余》）

【组成】细辛、皂角各等份。

【功效主治】通关开窍。主治高热神昏、痰迷心窍，证见猝然昏倒，牙关紧闭，口吐涎沫。

【用量与用法】为极细末，和匀，鹅翎管或细塑管吹鼻取嚏。

十三、外用方

1. 青黛散（《元亨疗马集》）

【组成】青黛、黄连、黄柏、薄荷、桔梗、儿茶各 30g。

【功效主治】清热解毒，消肿止痛。主治口舌生疮、咽喉肿痛。

【用量与用法】将药装入纱布袋内，水中浸湿，两端各系一条绳带，药袋噙于口中，将绳带于耳后打结固定。

2. 桃花散（《医宗金鉴》）

【组成】陈石灰 480g，大黄 90g。先将大黄置于锅内，加水 300mL，煮沸 5~10min 后加陈石灰搅拌，炒干，筛成细粉即得。

【功效主治】收敛，止血。主治外伤出血。

【用量与用法】外用适量，撒布创面。

3. 冰硼散

【组成】冰片 50g，硼砂（煅）500g，朱砂 60g，玄明粉 500g。

【功效主治】清热解毒，消肿止痛。用于热毒蕴结所致的咽喉疼痛，牙龈肿痛，口舌生疮。

【用法与用量】同青黛散。

第三节　临床处方与病历

一、处方原则

兽医处方是达到治疗的目的，而采取的两种或两种以上不同药物、不同类别药物、不同功能药物同时或先后应用，主要是为了增加药物的疗效或减轻药物的毒副作用，但有时也可能会产生相反的结果。因此，兽医临床合理配伍下的处方，应以提高疗效和（或）降低动物对药物的不良反应为基本原则。处方中各个药物之间的相互作用审视，应包括对"影响药动学的相互作用""影响药效学的相互作用""影响药物稳定性的相互作用"等审查。

另外，处方中使用的药物的品类、品种越多，将会使得药物间相互作用降效的发生概率显著增加，影响药物疗效或毒性的因素增加。所以，在给患病动物用药时，应小心严谨，尽量减少用药的种类，避免因药物相互作用而引起的不良反应事件的发生。

（一）影响药动学的相互作用

1. 吸收

如维生素 C 有助于铁剂中 Fe^{2+} 的吸收；四环素与 Fe^{2+}、Ca^{2+} 等重金属离子的药物同时服用时，可因络合反应而影响各自的吸收，应避免同服。

2. 分布

如解热镇痛药卡巴匹林钙与口服抗凝药共同使用时，可能会因为竞争血浆蛋白的结合，使得游离型的抗凝药增加，导致凝血过度，而发生出血风险。

3. 转化

多种药物同时使用时，肝药酶诱导剂加速药物在肝脏中的转化，使得药效降低。肝药酶抑制剂则相反，能使得药效增强，甚至发生中毒。

4. 排泄

如弱碱性药物苯巴比妥过量时，碳酸氢钠碱化尿液可促进磺胺药的溶解，从而加快药物的排除以解毒；避免因磺胺药遇酸性尿液析出、沉积在输尿管内，造成输尿管堵塞和肾肿事故的发生。

（二）影响药效学的相互作用

主要表现为协同（例如，青霉素类药物或头孢类药物与氨基糖苷类药物合用）、相加或拮抗作用（青霉素类药物或头孢类药物与林可霉素类药物合用）。

药物相互作用很重要的一个方面——配伍禁忌。药物在体外直接配伍使用时，所发生的物理性或化学性的相互作用，成为理化配伍禁忌。

（三）抗菌药物联合用药原则

1. 单一药物可有效治疗的感染不需联合用药，仅在下列指征情况时才联合用药

① 病原菌尚未查明的严重感染，包括免疫缺陷者的严重感染。

② 单一抗菌药物不能控制的严重感染，或需氧菌及厌氧菌混合感染，两种及两种以上复合病原菌感染，以及多重耐药菌或泛耐药菌感染。

③ 需长疗程治疗，但病原菌易对某些抗菌药物产生耐药性的感染。比如，某些侵袭性真菌病；或病原菌含有不同生长特点的菌群，需要应用不同抗菌机

制的药物联合使用才有效。

④ 毒性较大的抗菌药物，联合用药时，剂量可适当减少，但须有临床资料证明其同样有效。

2. 联合用药时，宜选用具有协同或相加作用的药物进行联合

例如，把青霉素类、头孢菌素类或其他 β-内酰胺类药品与氨基糖苷类药品联合。

（四）中兽药的联合用药原则

1. 中兽药联合内服使用

主要是指证疾病复杂时，一种中兽药不能满足所有证候时，可以联合应用多种中兽药。当多种中兽药联合应用时，应遵循药效互补原则及增效减毒原则。功能相同或基本相同的中兽药，原则上不宜叠加使用。药性峻烈的或含毒性成分的药物，应避免重复使用。合并用药时，注意中兽药的各药味、各成分间的配伍禁忌。一些病证，可采用中兽药的饮水内服与拌料内服用药，这种多途径双内服使用为"独创应用"。

2. 中药注射剂联合原则

当两种以上中药注射剂联合使用时，应遵循主治功效互补及增效减毒原则，符合中医传统配伍理论的要求，无配伍禁忌。兽医治疗临床联合用药须谨慎，如确需联合使用时，应谨慎考虑中药注射剂的间隔时间以及药物相互作用等问题。若需同时使用两种或两种以上中药注射剂，严禁混合配伍，应分开使用。除有特殊说明，中药注射剂不宜两个或两个以上品种同时共用一给药通道。

3. 中兽药与西药的联合使用

针对具体疾病制订用药方案时，要充分考虑中西药物的主辅地位后，再确定给药剂量、给药时间、给药途径。中兽药与西药如无明确禁忌，可以联合应用，给药途径相同的，应分开使用。应避免副作用相似的中西药联合使用，也应避免有不良相互作用的中西药联合使用。

特别要强调的是：中西药注射剂联合使用时，还应遵循以下原则。

（1）联合使用须谨慎　如果中西药注射剂确需联合用药，应根据中西医诊断和各自的用药原则选药，充分考虑药物之间的相互作用，尽可能减少联用药物的种数和剂量，根据临床情况及时调整用药。

（2）中西注射剂联用　尽可能选择不同的给药途径（如肌内注射、静脉注射、喷雾给药等）若必须同一途径用药时，应将中西药分开使用，慎重考虑两种注射剂的使用间隔时间以及药物相互作用，严禁混合配伍一起

注射。

二、处方格式与应用规范

(一) 基本要求

① 本规范所称兽医处方,是指执业兽医师在动物诊疗活动中开具的,作为动物用药凭证的文书。

② 执业兽医师根据动物诊疗活动的需要,按照兽药批准的使用范围,遵循安全、有效、经济的原则开具兽医处方。

③ 执业兽医师在备案单位签名留样或者专用签章、电子签名备案后,方可开具处方。兽医处方经执业兽医师签名、盖章或者电子签名后有效。

④ 执业兽医师利用计算机开具、传递兽医处方时,应当同时打印出纸质处方,其格式与手写处方一致。

⑤ 有条件的动物诊疗机构可以使用电子签名进行电子处方的身份认证。可靠的电子签名与手写签名或者盖章具有同等的法律效力。

电子兽医处方上没有可靠的电子签名的,打印后需要经执业兽医师签名或者盖章方可有效。

可靠的电子签名是指符合《中华人民共和国电子签名法》规定的电子签名。

⑥ 兽医处方限于当次诊疗结果用药,开具当日有效。特殊情况下需延长处方有效期的,由开具兽医处方的执业兽医师注明有效期限,但有效期最长不得超过三天。

⑦ 除兽用麻醉药品、精神药品、毒性药品和放射性药品等特殊药品外,动物诊疗机构和执业兽医师不得限制动物主人或者饲养单位持处方到兽药经营企业购药。

(二) 处方笺格式

兽医处方笺规格和样式 (图 2-1) 由农业农村部规定,从事动物诊疗活动的单位应当按照规定的规格和样式印制兽医处方笺或者设计电子处方笺。兽医处方笺规格如下。

① 兽医处方笺一式三联,可以使用同一种颜色纸张,也可以使用 3 种不同颜色纸张。

② 兽医处方笺分为两种规格,小规格为长 210mm、宽 148mm;大规格为长 296mm,宽 210mm。小规格为横版,大规格为竖版。

兽医处方笺样式1（个体动物）

×××××××处方笺

动物主人/饲养单位＿＿＿＿＿＿＿＿＿＿＿＿＿＿＿ 病历号＿＿＿＿＿＿＿＿

动物种类＿＿＿＿＿＿＿ 动物性别＿＿＿＿＿＿＿ 动物毛色＿＿＿＿＿＿＿

体重＿＿＿＿＿＿ 年（日）龄＿＿＿＿＿＿＿ 开具日期＿＿＿＿＿＿＿

诊断：　　　　　　　　　Rp：

执业兽医师＿＿＿＿＿＿＿　　　发药人＿＿＿＿＿＿＿＿

第一联　从事动物诊疗活动的单位留存

注："×××××××处方笺"中，"×××××××"为从事动物诊疗活动的单位名称。

兽医处方笺样式2（群体动物）

×××××××处方笺

动物主人/饲养单位＿＿＿＿＿＿＿＿＿＿＿＿＿＿ 病历号＿＿＿＿＿＿＿＿

动物种类＿＿＿＿＿＿＿ 患病动物数量＿＿＿＿＿＿ 同群动物数量＿＿＿＿＿

年（日）龄＿＿＿＿＿＿＿ 开具日期＿＿＿＿＿＿＿＿

诊断：　　　　　　　　　Rp：

执业兽医师＿＿＿＿＿＿＿　　　发药人＿＿＿＿＿＿＿

第一联　从事动物诊疗活动的单位留存

注："×××××××处方笺"中，"×××××××"为从事动物诊疗活动的单位名称。

图2-1　兽医处方笺样式

（三）处方笺内容

兽医处方笺内容包括前记、正文、后记3部分，要符合以下标准。

1. 前记

对个体动物进行诊疗的，至少包括动物主人姓名或者饲养单位名称、病历号、开具日期和动物的种类、毛色、性别、体重、年（日）龄。对群体动物进行诊疗的，至少包括动物主人姓名或者饲养单位名称、病历号、开具日期和动物的种类、患病动物数量、同群动物数量、年（日）龄。

2. 正文

包括初步诊断情况和 Rp（拉丁文 Recipe "请取" 的缩写）。Rp 应当分列兽药名称、规格、数量、用法、用量等内容；对于食品动物还应当注明休药期。

3. 后记

至少包括执业兽医师签名或者盖章、发药人签名或者盖章。

（四）处方书写要求

兽医处方书写应当符合下列要求。

① 动物基本信息、临床诊断情况应当填写清晰、完整，并与病历记载一致。

② 字迹清楚，原则上不得涂改；如需修改，应当在修改处签名或者盖章，并注明修改日期。

③ 兽药名称应当以兽药的商品名或者国家标准载明的名称为准。兽药名称简写或者缩写应当符合国内通用写法，不得自行编制兽药缩写名或者使用代号。

④ 书写兽药规格、数量、用法、用量及休药期要准确规范。

⑤ 兽医处方中包含兽用化学药品、生物制品、中成药的，每种兽药应当另起一行。中药自拟方应当单独开具。

⑥ 兽用麻醉药品应当单独开具处方，每张处方用量不能超过一日量。兽用精神药品、毒性药品应当单独开具处方。

⑦ 兽药剂量与数量用阿拉伯数字书写。剂量应当使用法定计量单位：质量以千克（kg）、克（g）、毫克（mg）、微克（μg）为单位；容量以升（L）、毫升（mL）为单位；有效量单位以国际单位（IU）、单位（U）为单位。

⑧ 片剂、丸剂、胶囊剂以及单剂量包装的散剂、颗粒剂分别以片、丸、粒、袋为单位；多剂量包装的散剂、颗粒剂以 g 或 kg 为单位；单剂量包装的溶液剂以支、瓶为单位，多剂量包装的溶液剂以 mL 或 L 为单位；软膏及乳膏剂以支、盒为单位；单剂量包装的注射剂以支、瓶为单位，多剂量包装的注射剂以 mL 或 L、g 或 kg 为单位，应当注明含量；兽用中药自拟方应当以剂为

单位。

⑨ 开具纸质处方后的空白处应当画一斜线，以示处方完毕。电子处方最后一行应当标注"以下为空白"。

（五）处方保存

① 兽医处方开具后，第一联由从事动物诊疗活动的单位留存，第二联由药房或者兽药经营企业留存，第三联由动物主人或者饲养单位留存。

② 兽医处方由处方开具、兽药核发单位妥善保存三年以上，兽用麻醉药品、精神药品、毒性药品处方保存五年以上。保存期满后，经所在单位主要负责人批准，登记备案，方可销毁。

三、病例登记与管理

（一）门（急）诊病历

① 门（急）诊病历内容包括基本信息、病历记录、处方、检查报告单、影像学检查资料、病理资料、知情同意书等。动物诊疗机构可以根据诊疗活动需要增加相关内容。

② 对个体动物进行诊疗的，基本信息包括动物主人姓名或者饲养单位名称、联系方式、病历号和动物种类、性别、体重、毛色、年（日）龄等内容。对群体动物进行诊疗的，基本信息包括动物主人姓名或者饲养单位名称、联系方式、病历号和动物种类、患病动物数量、同群动物数量、年（日）龄等内容。

③ 病历记录包括就诊时间、主诉、现病史、既往史、检查结果、诊断及治疗意见、医嘱等。门（急）诊病历记录应当由接诊执业兽医师在动物就诊时完成并签名（盖章）确认。

④ 检查报告单包括基本信息、检查项目、检查结果、报告时间等内容。检查报告单应当由报告人员签名（盖章）确认。

⑤ 影像学检查资料包括通过 X 线、超声、CT、磁共振等检查形成的医学影像。

⑥ 病理资料包括病理学检查图片或者病理切片等资料。

⑦ 门（急）诊病历应当在患病动物就诊结束后 24h 内归档保存。

（二）住院病历

① 住院病历内容包括基本信息、入院记录、病程记录、检查报告单、影像学检查资料、病理资料、知情同意书等。动物诊疗机构可以根据诊疗活动需要增加相关内容。

② 入院记录包括入院时间、主诉、现病史、既往史、检查结果、入院诊断等内容。动物入院后，执业兽医师通过问诊、检查等方式获得有关资料，经归纳分析形成入院记录并签名（盖章）确认。

③ 入院记录完成后，由执业兽医师对动物病情和诊疗过程进行连续性病程记录并签名（盖章）确认。病程记录包括患病动物住院期间每日的病情变化情况、重要的检查结果、诊断意见，所采取的诊疗措施及效果、医嘱以及出院情况等内容。

④ 住院病历应当在患病动物出院后三日内归档保存。

⑤ 住院病历中基本信息、检查报告单、影像学检查资料、病理资料等内容要求与门（急）诊病历一致。

（三）电子病历

① 电子病历包括门（急）诊病历和住院病历。电子病历内容应当符合纸质门（急）诊病历和住院病历的要求。

② 动物诊疗机构使用电子病历系统应当具备以下条件：

a. 有数据存储、身份认证等信息安全保障机制；

b. 有相关管理制度和操作规程；

c. 符合其他有关法律、法规、规章规定。

③ 电子病历系统应当能够完整准确保存病历内容以及操作时间、操作人员等信息，具备电子病历创建、修改、归档等操作的追溯功能，保证历次操作痕迹、操作时间和操作人员信息可查询、可追溯。

④ 电子病历系统应当对操作人员进行身份识别，为操作人员提供专有的身份标识和识别手段，并设置相应权限。操作人员对本人身份标识的使用负责。

⑤ 动物诊疗机构可以使用电子签名进行电子病历系统身份认证，可靠的电子签名与手写签名或者盖章具有同等法律效力。

⑥ 动物诊疗机构因存档等需要可以将电子病历打印后与纸质病历资料合并保存，也可以对纸质病历资料进行数字化采集后纳入电子病历系统管理，原件另行妥善保存。

⑦ 需要打印电子病历时，动物诊疗机构应当统一打印的纸张、字体、字号、排版格式等。

（四）病历填写

① 病历填写应当客观真实、及时准确、完整规范。

② 病历填写应当使用中文，规范使用医学术语，通用的外文缩写和无正

式中文译名的症状、体征、疾病名称等可以使用外文。

③ 病历中的日期和时间应当使用阿拉伯数字书写，采用 24 小时制记录。

④ 医嘱应当由接诊执业兽医师书写，内容应当准确、清楚，并注明下达时间。

⑤ 纸质病历填写出现错误时，应当在修改处签名或者盖章，并注明修改日期。

⑥ 病历归档后原则上不得修改，特殊情况下确需修改的，应当经动物诊疗机构负责人批准，并保留修改痕迹。

⑦ 病历样式可参考附件形式，动物诊疗机构也可根据本机构实际情况设计病历样式。

（五）病历管理

① 动物诊疗机构应当设置病历管理部门或者指定专人负责病历管理工作，建立健全病历管理制度。设置病历目录表，确定本机构病历资料排列顺序，做好病历分类归档。定期检查病历填写、保存等情况。

② 动物诊疗机构应当使用载明机构名称的规范病历，为就诊动物建立病历号。已建立电子病历的动物诊疗机构，可以将病历号与动物主人或者饲养单位信息相关联，使用病历号、动物主人信息或者饲养单位信息均能对病历进行检索。

③ 动物诊疗机构可以为动物主人或者饲养单位提供病历资料打印或者复制服务。打印或者复制的病历资料经动物主人或者饲养单位和动物诊疗机构双方确认无误后，加盖动物诊疗机构印章。

④ 除为患病动物提供诊疗服务的人员，以及经农业农村部门或者动物诊疗机构授权的单位或者人员外，其他任何单位或者个人不得擅自查阅病历。

其他单位或者个人因科研、教学等活动，确需查阅病历的，应当经动物诊疗机构负责人批准并办理相应手续后方可查阅。

⑤ 病历保存时间不得少于三年。保存期满后，经动物诊疗机构负责人批准并做好登记记录，方可销毁。

门（急）诊病历样式、住院病历样式分别见图 2-2、图 2-3。

门（急）诊病历样式

	×××××××门（急）诊病历（个体动物） 普通□　急诊□
基本信息	动物主人/饲养单位 ＿＿＿＿　病历号＿＿＿＿ 联系方式 ＿＿＿＿　动物种类 ＿＿＿　动物性别＿＿ 体重＿＿　毛色＿＿　年（日）龄＿＿
门诊记录	就诊时间： 　（在此填写主诉、现病史、既往史、检查结果、 　诊断及治疗意见、医嘱等内容）
	执业兽医师 ＿＿＿＿＿＿

注1："×××××××门（急）诊病历"中，"×××××××"
为从事动物诊疗活动的单位名称。
　2：处方、检查报告、影像学检查资料、病理资料、
知情同意书等需要附页。

	×××××××门（急）诊病历（群体动物） 普通□　急诊□
基本信息	动物主人/饲养单位 ＿＿＿＿＿　病历号＿＿＿＿ 联系方式 ＿＿＿＿　动物种类 ＿＿＿＿ 患病动物数量＿＿　同群动物数量＿＿年（日）龄＿＿
门诊记录	就诊时间： 　（在此填写主诉、现病史、既往史、检查结果、 　诊断及治疗意见、医嘱等内容）
	执业兽医师 ＿＿＿＿＿＿

注1："×××××××门（急）诊病历"中，"×××××××"
为从事动物诊疗活动的单位名称。
　2：处方、检查报告、影像学检查资料、病理资料、
知情同意书等需要附页。

图2-2　门（急）诊病历样式

住院病历样式

	×××××××住院病历 入院记录（个体动物）
基本信息	动物主人/饲养单位 ＿＿＿＿＿　病历号＿＿＿＿ 联系方式 ＿＿＿＿　动物种类 ＿＿＿　动物性别＿＿ 体重＿＿　毛色＿＿　年（日）龄＿＿
入院记录	入院时间： 　（在此填写主诉、现病史、既往史、检查结果、 　入院诊断等内容）
	执业兽医师 ＿＿＿＿＿＿

注1："×××××××住院病历"中，"×××××××"为
从事动物诊疗活动的单位名称。
　2：病程记录、检查报告、影像学检查资料、病理资
料、知情同意书等需要附页。病程记录样式见后页。

	×××××××住院病历 入院记录（群体动物）
基本信息	动物主人/饲养单位 ＿＿＿＿＿　病历号＿＿＿＿ 联系方式 ＿＿＿＿　动物种类 ＿＿＿＿ 患病动物数量＿＿　同群动物数量＿＿年（日）龄＿＿
入院记录	入院时间： 　（在此填写主诉、现病史、既往史、检查结果、入 　院诊断等内容）
	执业兽医师 ＿＿＿＿＿＿

注1："×××××××住院病历"中，"×××××××"为从事
动物诊疗活动的单位名称。
　2：病程记录、检查报告、影像学检查资料、病理资料、
知情同意书等需要附页。病程记录样式见后页。

×××××××住院病历 病程记录（个体动物）	
基本信息	动物主人/饲养单位_____ 病历号_____ 联系方式_____ 动物种类___ 动物性别___ 体重___ 毛色___ 年（日）龄___
记录时间	
记录内容	（在此记录患病动物住院期间每日的病情变化情况、重要的检查结果、诊断意见、所采取的诊疗措施及效果、医嘱以及出院情况等内容，出院情况可单独记录。）
执业兽医师_____	

注："×××××××住院病历"中，"×××××××"为从事动物诊疗活动的单位名称。

×××××××住院病历 病程记录（群体动物）	
基本信息	动物主人/饲养单位_____ 病历号_____ 联系方式_____ 动物种类___ 患病动物数量___ 同群动物数量___ 年（日）龄___
记录时间	
记录内容	（在此记录患病动物住院期间每日的病情变化情况、重要的检查结果、诊断意见、所采取的诊疗措施及效果、医嘱以及出院情况等内容，出院情况可单独记录。）
执业兽医师_____	

注："×××××××住院病历"中，"×××××××"为从事动物诊疗活动的单位名称。

图 2-3　住院病历样式

第三章

基层兽医常见牛内科病诊治

一、口炎

口炎是口腔黏膜的炎症，中兽医称"口疮""舌疮"，包括各种舌炎、腭炎、齿龈炎，按其性质有卡他性口炎、水疱性口炎、溃疡性口炎等多种类型。临床上以采食、咀嚼障碍、流涎、口腔黏膜红肿及口温增高为特征。

（一）诊断要点

1. 发病原因

有原发性和继发性。

（1）原发性口炎　① 卡他性。机械性损伤（多见于粗硬性饲料）、化学和物理因素的影响，误食刺激性或腐蚀性较强的药物（石灰水等），长期饲喂霉烂变质的饲料。

② 水疱性。一般长期饲喂霉烂饲料或继发卡他性口炎。

③ 溃疡性。主要是口腔不洁和两种口炎的继发。

（2）继发性口炎　常继发于咽炎、喉炎、急性胃肠卡他等内科病、维生素缺乏症、中毒病及某些传染病（如口蹄疫、恶性卡他、坏死杆菌病、钩端螺旋体病、泰勒虫病、牛黏膜病、牛恶性卡他热等疾病）。

中兽医认为，暑热炎天，劳役过度，心经积热，而心连舌，舌为心之苗，故心热上攻于舌，致使舌体肿胀，继而溃烂成疮；或饮食不调，口渴失饮，役后未得休息，乘热而喂草料，邪热积于脾胃，上攻唇、舌，而发口疮。

2. 临床症状

口腔黏膜红、肿、热、痛，敏感性增高，采食小心，咀嚼缓慢，食欲减退，或略经咀嚼又成团吐出，常有大量唾液流出，呼出气体有腥臭或恶臭味儿，局部淋巴结肿大，拒绝检查口腔。

卡他性口炎病牛口腔黏膜充血、水肿，大量浓稠黏液分泌；水疱性口炎病牛在口腔黏膜上出现大小不等、内含透明或黄色液体的水疱，破溃后形成糜烂；溃疡性口炎病牛可在口腔黏膜及齿龈上有糜烂、坏死和溃疡，齿龈易出血，口流灰色恶臭液体，若并发败血症或其他疾病，则预后不良，但少见。霉菌性口炎，在口腔黏膜上形成柔软、灰白色、稍隆起的斑点，口角流出浓稠的唾液。

（二）防治措施

1. 治疗

本病的治疗原则是：除去病因、清洗口腔、消炎、收敛、改善饲养管理、给予清洁饮水和柔软而富有营养的饲料。消除对口腔黏膜产生刺激的各种因素，机械、理化因素及生理因素（不整的牙齿），积极治疗继发性口炎的原发病。给予清洁饮水和质地柔软富有营养的青绿饲料。

可用 2%～3% 硼酸溶液。冲洗口腔，2～4 次/d。口腔有恶臭时用 0.1% 高锰酸钾溶液冲洗；不断流涎时，用 1%～2% 明矾或鞣酸溶液冲洗口腔。

对溃疡性口炎或真菌性口炎，病部可用硝酸银棒（5% 硝酸银）腐蚀，然后用生理盐水充分冲洗，再用碘甘油（碘酊与甘油 1∶9）（或龙胆紫、2% 硫酸铜、2% 硼酸钠甘油或 10% 磺胺甘油混悬液）涂布患部；溃疡面好转后，继续用 0.1% 高锰酸钾溶液冲洗口腔。

可同时肌内注射维生素 B_6 30mL，10% 维生素 C 注射液 30mL。用冰硼散吹撒患部。

2. 预防

加强饲草监管，确保饲喂草料的洁净、卫生，严禁饲喂腐败变质的草料或饲喂有刺激性的草料，合理调整饲料，确保营养全面；加强化学物质和药物的监管，防止牛偷食。

日常注意保持牛舍清洁卫生，做好牛只病齿修复工作；同时加强疫病检疫，特别是一些传染性口炎，一经发现立即隔离治疗。此外，针对当地疾病流行情况，定期注射相关口蹄疫疫苗预防疾病发生。

二、食道阻塞

食道阻塞是由于牛吞食了萝卜、甜菜、地瓜、马铃薯、南瓜块或豆饼、花生饼等块根块茎类粗大饲料，或因牛咽下机能紊乱，使食团阻塞在食道而致其不通的一种疾病，临床上以吞咽障碍、大量流涎和瘤胃臌胀等为基本特征。

（一）诊断要点

1. 发病原因

按阻塞程度可分为完全性阻塞和不完全性阻塞。按病因可分为原发性和继发性。原发性是直接因阻塞物阻塞食道，继发性是指因食管麻痹、痉挛、狭窄或相关疾病所致。临床上以原发性食道阻塞最常见。

2. 临床症状

食道阻塞前一般无明显异常，常突然出现在采食过程中。病牛一边正常采食，突然中止，饮食废绝，骚动不安，伸头展颈，甩头或左右摇摆，空口磨牙，甩头，口腔、鼻腔大量流涎，阵发短咳，不时做出吞咽状。因食物阻塞部位及阻塞程度不同，可分为不完全性阻塞和完全性阻塞。

（1）不完全性阻塞 可下咽流体食物或饮水，瘤胃轻度臌胀，其他症状轻微。发生在颈部的不完全性食道阻塞，病牛表现伸颈抬头，流涎，兴奋不安，空嚼、咳嗽、呃逆。在左侧颈静脉沟内，可摸到阻塞的硬块，触压硬块上部食道，可感觉有液体和气体，胃管探查不能进入胃内，常有继发性瘤胃臌气；而发生在胸部食道时，病牛表现徘徊不安、呼吸困难、张口喘气，瘤胃出现严重臌气，严重时甚至出现皮下气肿。阻塞物上方有大量唾液，触压有波动感，甚至唾液从口鼻流出。发病时间较长时，因阻塞物长期压迫引起食道麻痹，发炎，甚至引起食道穿孔。

（2）完全性阻塞 病牛呼吸困难，嗳气停止，瘤胃严重臌气。尖锐性异物阻塞时，还可引起食道穿孔，局部皮下发生气肿。

（二）防治措施

1. 治疗

食道阻塞发病急骤，病情重剧，且常伴有瘤胃臌胀，治疗时应尽快除去阻塞物。瘤胃臌胀严重时，应及时用套管针进行瘤胃穿刺放气。在阻塞物尚未根除前，不要拔出套管针，直至阻塞物彻底除去为止。

将病牛进行一般站立保定，头部稍低。用投药胶管慢慢插入食道内，试探阻塞物部位。取温水 2 000mL，缓慢灌入食道，稍等片刻即吸出，再取 30mL 2%普鲁卡因注射液和 200mL 植物油混合均匀，通过胶管注入食道。将露在口外的一端接着打气筒上，向食道内缓慢打气，同时用手掐住咽头下面的食道与胶管，防止打进的空气返出来。随着食道内空气增多，病牛一挣扎，阻塞物即可随食道的舒张下沉到胃内。然后可再经导管灌入一些温水，证实阻塞物是否已经被推入胃内，食道是否已经畅通。

当阻塞物位于咽或食道上部时。将牛保定，装上开口器，助手在颈部将异物固定，术者用手通过口腔伸进咽腔，将阻塞物直接取出。若阻塞物在颈部食道，阻塞物坚硬又圆滑时，可用投药胶管向咽部和食道注入 2%普鲁卡因注射液 30mL，稍后助手可沿两侧颈静脉沟向上挤压，将阻塞物挤压到咽部固定，术者再用手伸进咽部取出。

用灭菌蒸馏水将 0.2mg 盐酸毛果芸香碱稀释到 5mL，皮下注射。待药物起作用后，若为颈部食道阻塞，用手触摸到阻塞物后将其轻轻向口腔方向推送；若为胸部食道阻塞，则用胃管向下轻轻推送。

阻塞物发生在胸部食道时，可预先灌入 200mL 植物油和 2%普鲁卡因注射液 30mL，以润滑食道和消除食道痉挛。然后，将胃管插入食道，缓慢地将阻塞物推送入瘤胃。

若阻塞物是金属、木屑、玻璃片等时，为防止食道破损，不应强行掏取、推送和按摩，应采用食管切开术取出异物。

2. 预防

加强饲料管理，改善饲料加工调制，块根块茎类饲料要切碎切小，饼类饲料要粉碎泡软，饲喂时先给精饲料、青贮饲料，后给块根块茎类饲料，防止因饥饿抢食而致阻塞。

三、前胃迟缓

前胃迟缓是由多种原因导致的反刍动物前胃（瘤胃、网胃和瓣胃）兴奋性降低、收缩力减弱、内容物运转迟滞等前胃运动和消化机能紊乱综合征。其特征是食欲、反刍紊乱，前胃蠕动减弱或异常，因此又称前胃虚弱。临床上以水草迟细、前胃蠕动减少或停滞、缺乏反刍和嗳气为特征，一年四季均可发生，尤以舍饲牛、老龄牛和使役过重的牛更易发病。

（一）诊断要点

1. 发病原因

（1）饲料饲养失宜　长期饲喂粗硬、劣质、不易消化、易于发酵腐败、含碳水化合物过量及混有沙土及金属异物的饲料，喂后饮水不足等。

（2）管理不当　过度使役、运动不足或过度。

（3）继发于某些传染病（如结核、副结核等）、寄生虫病（肝片吸虫病）、营养代谢病（生产瘫痪、低磷血症等）及子宫、腹膜等炎症过程。

2. 病因类型及临床症状

（1）原发性前胃迟缓（单纯性消化不良）　系饲料过粗过细、饲料霉败变质、饲草与精料比例不当、矿物质与维生素不足、环境条件突然变换等所致的前胃迟缓，又称单纯性消化不良。

此类前胃迟缓的临床特征：只表现食欲减损、反刍障碍和瘤胃运动稀弱等前胃迟缓的基本症状；多取急性病程；用一般助消化促反刍药物治疗均能在

3~5d痊愈。

（2）继发性前胃迟缓（症状性消化不良）

① 消化系统疾病。口、舌、咽、食管等上部消化道疾病以及创伤性网胃腹膜炎、肝脓肿等肝胆、腹膜疾病经过中，通过对前胃运动的反射性抑制作用或因损伤迷走神经胸支和腹支所致；瘤胃积食、瓣胃秘结、真胃阻塞、真胃溃疡、真胃变位、肠便秘、盲肠弛缓并扩张等胃肠疾病经过中，由于胃肠内环境尤其酸碱环境的相互影响以及内脏-内脏反射作用所致。此类继发性前胃迟缓的特征：单发或散发；无传染性；消化器官病征突出。

② 营养代谢病。包括牛生产瘫痪、酮血病、骨软症、青草搐搦、低钾血症、低磷酸盐血症性产后血红蛋白尿病、硫胺素缺乏症以及锌、硒、铜、钴等微量元素缺乏症。此类继发性前胃迟缓的特征：群体发生；无传染性；有特定营养代谢病的示病症状、证病病变和检验所见。

③ 中毒性疾病。包括霉稻草中毒、黄曲霉毒素中毒、杂色曲霉毒素中毒、棕曲霉毒素中毒、霉麦芽根中毒等真菌毒素中毒；白苏中毒、萱草根中毒、栎树叶中毒、蕨中毒等植物中毒；棉籽饼中毒、亚硝酸盐中毒、酒糟中毒、生豆粕中毒等饲料中毒；有机氯、五氯酚钠等农药中毒。此类继发性前胃迟缓的特征：群体发生；无传染性；有毒物接触史；有特定中毒病的示病症状和证病病变；组织器官、排泄物中可检出特定的毒物或其降解物。

④ 传染性疾病。如流感、黏膜病、结核、副结核、布鲁氏菌病等。此类继发性前胃迟缓的特征：群体发生；有传染性，有特定的临床表现和病理变状；能检出特定的病原体及其抗体；动物回归感染发病。

⑤ 侵袭性疾病。如前后盘吸虫病、肝片吸虫病、细颈囊尾蚴病、血茅形线虫病、泰勒焦虫病、锥虫病等。此类继发性前胃迟缓的特征：群体发生；无传染性；有特定寄生虫固有的病征和病变；能检出大量相关的寄生虫。

（二）防治措施

1. 治疗

本病在治疗前，首先要改善饲养管理。停喂精饲料，供给品质优良、易消化的粗饲料，多喂青绿多汁饲料。减轻或停止使役，多牵遛运动。

（1）促进积滞瘤胃内容物排出　常用的方法为试用泻药、瘤胃冲洗、手术疗法、拟胆碱类药物，也可选用浓盐水、促反刍液等。

（2）缓解或纠正脱水和自体中毒　纠正脱水用5%葡萄糖生理盐水、生理盐水、复方氯化钠等静脉注射。纠正自体中毒可选用5%碳酸氢钠液、11.2%乳酸钠溶液200~300mL，浓糖、肾上腺皮质激素、654-2等。

（3）健胃　选用常用的健胃药，如健胃散、人工盐、稀盐酸等。

（4）碳酸盐缓冲合剂灌服法　碳酸钠 50g，碳酸氢钠 420g，氯化钠 100g，氯化钾 20g，温水 10L，胃管灌服，每日 1 次。此方适用于酸过多性瘤胃食滞。

（5）醋酸盐缓冲合剂灌服法　醋酸钠 130g，冰醋酸 25g，氯化钠 100g，氯化钾 20g，常水 10L，胃管灌服，每日 1 次。此方适用于碱过多性瘤胃食滞。

（6）双侧胸腰段交感神经干药物阻断法　1% 盐酸普鲁卡因注射液 80～100mL，分注于双侧胸膜外封闭穴位，以阻断胸腰段交感神经干的兴奋传导。每日 1～2 次。

（7）小量多次拟胆碱类药物注射法　用毛果芸香碱、毒扁豆碱、新斯的明以及比赛可灵等副交感神经兴奋剂的 1/4 剂量，每隔 30min 注射 1 次，连续 4～6 次，以减缓药物的毒副作用。此法与交感神经阻断剂或胸腰段交感神经干药物阻断法合并应用，对协调胃肠的植物神经功能效果确实，也比较安全。

2. 预防

（1）加强饲料管理　饲料管理不规范或者储存不规范就容易导致霉变。要正确选择饲料的储存地点，饲料仓库要选择地势较高、阴凉、干燥通风良好的地方；控制好饲料及其原料的含水量。

（2）加强饲养管理　粗料和精料，给牛补充足够的水分，定期对圈舍和接触用具进行清洗、消毒。首先，在保持清洁的情况下也要注意圈舍的通风干燥和垫草的及时更换，保障牛舍的温度和湿度相对恒定。其次，牛病的发生受季节更换影响非常大，对于牲畜日常观察和检测也是必不可少的。最后，还要根据牛的排便情况、采食状况做好日常记录和监护，以便及时做好牛前胃迟缓的防治和应对措施，从而明确牛的成长和发展需求，将风险降到最低。

四、瘤胃积食

瘤胃积食也称瘤胃食滞、宿草不转、急性瘤胃扩张，是由于反刍兽贪食了大量的粗纤维饲料或容易膨胀的饲料引起瘤胃容积增大，瘤胃壁扩张，内容物停滞或阻塞，瘤胃正常的消化和运动机能紊乱，形成胀水和毒血症的一种严重疾病。触诊瘤胃坚硬，蠕动音减弱或消失。

（一）诊断要点

1. 发病原因

（1）过食伤胃型　多因使役或饥饿后，一次贪食或连续喂给难消化、易膨胀的草料，如干稻草、麦秸、豆类、谷物等；或食后大量饮水，运动不足；或突然更换可口的饲料及脱缰后偷食精料等，导致胃纳过多、脾胃受伤而发病。

（2）胃热型　多因热邪内侵，热伤津液，导致胃津枯竭，遂成胃热燥实之证。

（3）脾胃虚弱型　因体弱、消化力不强，运动不足，采食大量饲料而又饮水不足，脾胃虚弱，腐熟运化无力，导致草料难以消化，停滞于胃，不能运转。

（4）瘤胃弛缓、瓣胃阻塞、创伤性网胃炎等也可继发。

2. 临床症状

因过食大量难以消化、易膨胀的饲料所引起的瘤胃积食，食欲、反刍、嗳气、瘤胃蠕动音减少或停止，腹痛，左腹中下部膨大，触诊硬感如面团样，有时左腹上部有少量气体。排软便或腹泻，恶臭，重则混血液或黏液。压迫膈和胸腔时呼吸困难。后期肌肉震颤，走路摇摆，运动失调。

过食大量豆谷类精料引起的瘤胃积食，食欲、反刍减少或废绝，可从粪便或反刍物中发现大量豆谷粒，有时出现臌气或腹泻，继而出现神经症状：视力障碍，盲目直行或转圈，重则狂躁不安，头抵墙壁或攻击人、畜，或嗜睡，卧地不起。出现严重脱水、酸中毒是本病的特征。

（二）防治措施

1. 治疗

本病的治疗原则是及时清除瘤胃内容物，恢复瘤胃蠕动，解除酸中毒。病畜停食2d，多给饮水，适当运动。在牛的左肷部用手掌按摩瘤胃，每次5～10min，每隔30min按摩1次。

可用硫酸镁（或硫酸钠）500～800g，常水6 000mL。一次灌服。同时用10%氯化钠注射液300mL，5%氯化钙注射液150mL，10%安钠咖注射液30mL。一次静脉注射。

0.1%新斯的明注射液10~20mL，一次皮下注射，2h后重复用药1次。同时用5%碳酸氢钠注射液500mL，25%葡萄糖注射液500mL；5%葡萄糖生理盐水2 000mL，25%维生素C注射液20mL；复方氯化钠注射液2 000mL，10%安钠咖注射液30mL，静脉注射。

2. 预防

加强饲养管理，饲喂时一定要定时定量，随着牛的生长阶段变化，饲料可适当增加，让牛吃饱，添加饲料时要勤添少量，防止牛贪吃导致积食，还要保持同样的时间喂食，如果某天饲喂时间较晚，牛饥饿就会吃下大量的饲料，但却一时无法消化，导致积食。另外变换饲料时一定要慢慢地更换，如果突然更换饲料，牛不适应新饲料，受刺激而无法正常消化。

五、瘤胃臌胀

牛瘤胃臌胀在中兽医称为气胀、肚胀，是饲料停滞瘤胃，异常发酵产生气体超过瘤胃的正常容积，而引起患畜反刍、嗳气受阻，腹胀作痛的一种疾病。一般高发季是初春和夏季。本病是牛的一种消化性疾病，没有传染性，兽医临床中出现概率较高。

（一）诊断要点

1. 发病原因

因冬季草缺，牛长期喂饲干草，营养不足，导致脾胃运化机能衰退。春季水草丛生，牛过食易于发酵的青料（如紫云英、青草等），特别是从舍饲转为春季第一次开始放牧或突然饲喂大量肥嫩多汁的青草时最易发生本病。吃入腐败、变质饲草，冰冻的马铃薯、萝卜、甘薯等块状类饲料，品质不良的青贮料，有毒植物（毒芹、毛茛和其他毒草），以及放牧时过食带霜露雨水的牧草，脾胃一时运化不足或脾阳受损，以致大量饲料积于瘤胃，草料腐熟不全，在短时间内迅速发酵，产生大量浊气，而且胃气升降失常，浊气不得排出，阻于胃腑发生臌气，遂成本病。如果吃食大量的新鲜豆科牧草（如豌豆藤、苜蓿、花生叶、三叶草等），由于含有丰富的皂角苷、果胶等，则引起泡沫性臌气，治疗比较困难。

2. 临床症状

急性瘤胃臌气，发病迅速，腹部急剧膨大，尤以左肷部为甚，严重者可高出脊背。叩诊瘤胃紧张有弹性而呈臌音。病牛常出现回头顾腹、用后肢踢腹，心跳加快，每分钟可达100次以上。口中流有泡沫唾液，呼吸每分钟可达60~80次。体温变化不大，但偶有发热现象出现。拉稀或无粪便，有粪便时，粪便恶臭，且含有未消化的饲料，不反刍，不吃草，不吃料。末期病牛，运动失调，站不稳或倒地不肯起，不断呻吟、哞叫，最后常因呼吸严重困难，或心脏麻痹而死亡。发病严重的牛，发展迅速，能在1~2h内死亡。甚至有的牛瘤胃臌气转好后，仍会复发，其病程往往长达7d或半月。

该病一年四季均可发生。但春夏青草阶段及阴雨季节多发，发病率在45%以上，秋冬季节也可发生。但有一部分是过多吞食了干物质引起的前胃积食引起的臌气，要与此病区别开来。

（二）防治措施

1. 治疗

根据临床特征，可分为实胀和虚胀。实胀常在放牧时或采食大量易发酵饲料后突然发生。宜先行手术放气，然后以行气、化气、通肠导滞药物治疗。泡沫性肚胀则应逐水通便、消积导滞。虚胀则病势缓和，病程较长，时胀时消，反复发作。食欲、反刍减少，常在食后臌气，数小时后可自行消胀，但可再发。治宜益气消胀。

（1）手术放气疗法　①按压左腹放气法。病牛站立保定，头略向上提起，术者用手将牛舌拉出口外，让助手用脚用力反复下压左腹部，至瘤胃内气体排出，腹部膨胀减轻为止，然后内服药物治疗。凡妊娠、产后不久母牛，膀胱炎患牛均忌用本法放气，否则易引起流产或出血。

②气针放气法。在左肷自腰角至最后肋骨画一水平线，两端向下形成一个三角形，在三角区中央部位用刀将皮肤切一小口，再用小号套管针刺入瘤胃放气，或用16~14号静脉注射针头猛刺皮肤入瘤胃放气，放气时必须用手捏住、压紧套管针或针座，防止针尖脱出瘤胃外。如遇泡沫性臌胀，或食管梗塞一时难以排除，则应预先准备好松节油 70mL、液体石蜡油 250mL 混合后通过放气针管注入瘤胃，不可等放气快结束时再注药，以免发生药溢出瘤胃外而引起腹膜炎。

（2）药物疗法　新斯的明 10~20mg（或酒石酸锑钾 6g，或毛果芸香碱 20~50mg），皮下注射；10%氯化钠注射液 200~300mL，静脉注射。为促进瘤胃蠕动，也可用 0.2%硝酸士的宁注射液 8~10mL，皮下注射。

瘤胃放气后可用 10%氯化钠 500mL，10%安钠咖 30mL，25%葡萄糖 500mL，10%维生素 C 注射液 30mL，静脉注射。如发现有脱水，再加注葡萄糖盐水 2 000~3 000mL。

瘤胃穿刺放气后注入鱼石脂 15g，95%酒精 30mL，或胃管灌服。用于非泡沫性臌气。

对积食较多的泡沫性与非泡沫性臌气，用硫酸镁 800g，加常水 3 000mL 溶解后，一次灌服。

2. 预防

①防止牛采食过量的多汁、幼嫩的青草和豆科植物（如苜蓿）以及易发酵的甘薯秧、甜菜等。不在雨后或带有露水、霜等草地上放牧。

②大豆、豆饼类饲料要用开水浸泡后再喂。

③做好饲料保管和加工调制工作，严禁饲喂发霉腐败饲料。

六、瘤胃酸中毒

瘤胃酸中毒是因采食大量的谷类或其他富含碳水化合物的饲料后，导致瘤胃内产生大量乳酸而引起的一种急性代谢性酸中毒。其特征为消化障碍、瘤胃运动停滞、脱水、酸血症、运动失调、衰弱，常导致死亡。本病又称乳酸中毒、反刍动物过食谷物、谷物性积食、乳酸性消化不良、中毒性消化不良、中毒性积食等。

（一）诊断要点

1. 发病原因

常见的病因主要有下列几种。

给牛饲喂大量谷物，如大麦、小麦、玉米、稻谷、高粱及甘薯干，特别是粉碎后的谷物，在瘤胃内高度发酵，产生大量的乳酸而引起瘤胃酸中毒。舍饲肉牛若不按照由高粗饲料向高精饲料逐渐变换的方式，而是突然饲喂高精饲料时，易发生瘤胃酸中毒。

现代化奶牛生产中常因饲料混合不匀，而使采食精料含量多的牛发病。在农忙季节，给耕牛突然补饲谷物精料，或者豆糊、玉米粥或其他谷物，因消化机能不相适应，瘤胃内微生物群系失调，迅速发酵形成大量酸性物质而发病。饲养管理不当，牛闯进饲料房、粮食或饲料仓库或晒谷场，短时间内采食了大量的谷物或豆类、畜禽的配合饲料，而发生急性瘤胃酸中毒。耕牛常因拴系不牢而抢食了育肥期间的猪食而引起瘤胃酸中毒的情况也时有发生。

当牛采食苹果、青玉米、甘薯、马铃薯、甜菜及发酵不全的酸湿谷物的量过多时，也可发病。

2. 临床症状

① 有过食富含碳水化合物、酸度过高的青贮玉米或质量低下的青贮饲料的病史。

② 一般于采食后 8~12h 发病，最急性病例 3~5h 不表现任何临床症状就突然死亡。

③ 轻症病例精神沉郁，结膜充血，食欲、反刍废绝或停止，空口磨牙，流涎，粪便细软、色淡而有恶臭味。瘤胃蠕动音减弱或消失，触之有明显的波动感，冲击可有震水音。机体脱水，皮肤干燥，眼窝下陷，少尿或无尿。血液暗红、黏稠。呼吸急促，脉搏增数。

④ 重症病例可见有明显的神经症状，兴奋不安，甚至有攻击行为，运步强拘，前奔而以头抵障碍物或做圆圈运动，出现视觉障碍；或精神高度沉郁，

卧地呈昏睡状态，可瘫痪或仅有后肢麻痹，角弓反张，各种反射减弱或消失，最后昏迷甚至死亡。

（二）防治措施

1. 治疗

加强护理，清除瘤胃内容物，纠正酸中毒，补充体液，恢复瘤胃蠕动。

用3%碳酸氢钠（或温水）洗涤瘤胃数次，尽可能彻底地洗去乳酸。然后，向瘤胃内放置适量轻泻剂和优质干草，条件允许时可给予正常瘤胃内容物。

重剧病牛（心率100次/min以上，瘤胃内容物pH值降至5以下）宜行瘤胃切开术，排空内容物。

5%葡萄糖盐水2 000mL，生理盐水1 000mL，氢化可的松250mg，2%盐酸普鲁卡因注射液30mL，10%安钠咖注射液20mL，3%氨茶碱40mL，一次静脉注射。每天1次，连用2~3d。

用1∶7石灰上清液（或5%碳酸氢钠，或1%食盐水，或自来水）反复洗胃多次，至洗出液无酸臭、呈中性或碱性反应为止。轻症病牛用本法有效。

过食黄豆的病牛，出现神经症状时可用安溴注射液100mL静脉注射，10%维生素C注射液30mL，肌内注射。

为降低颅内压，防止脑水肿，缓解神经症状，可应用甘露醇或山梨醇，按每千克体重0.5~1g剂量，用5%葡萄糖氯化钠注射液以1∶4的比例配制，静脉注射。

2. 预防

（1）干奶期的营养水平　干奶期奶牛的营养水平不应过高，严禁增料催膘、催奶和偏饲，每天应保证供给3~4kg干草。

（2）日粮中加碳酸氢钠等　精料饲喂量高的牛场，日粮中可加入2%碳酸氢钠、0.8%氧化镁（按混合料量计算）。

日粮构成要相对稳定；加喂精料要逐步过渡，根据妊娠及产周期应激状态下的乳牛饲喂特点，调整乳畜日粮的精粗比例。在加喂谷物精料前，一直高精料饲喂适应牛的瘤胃内容物。精料内添加缓冲剂和制酸药，如碳酸氢钠、氧化镁和碳酸钙，使瘤胃内容物保持在pH值5.5以上。

七、前胃炎

前胃炎为临床常见病症，可发生在多种胃肠疾病的过程中，如治疗不当或治疗不及时，死亡率较高。

（一）诊断要点

1. 发病原因

前胃炎多继发于瘤胃积食、瘤胃臌气、前胃迟缓、百叶干、真胃阻塞等胃肠疾病，以瘤胃积食引起者居多。不合理反复大剂量灌服刺激性药物和高浓度盐类泻药，是引发前胃炎的主要因素。这些药物在胃内停留，改变胃内环境，渗透压升高，刺激胃黏膜变性、脱水、脱落，消化功能紊乱，有毒产物积聚吸收，致使机体出现自体中毒、组织脱水、中枢神经功能抑制等严重全身症状。犊牛前胃炎多因奶质不良、哺乳方法不当等因素引起。

2. 临床症状

病牛食欲、反刍基本停止，少量反复饮水，鼻镜干燥，耳鼻发凉，结膜暗红或发白，有树枝状充血，角膜干燥无光，皮肤缺乏弹性，毛焦体瘦，眼球下陷，血液浓稠、暗红，呈严重脱水状态；脉细弱增快，常有心律不齐，体温正常或稍高，呼吸如常。有的呕吐，食道反复出现蠕动波；有的流泪、磨牙、流涎。排粪很少，表面覆有黏液，个别牛腹泻，触诊瘤胃绵软、冲击有振水音、空虚或有多量液体，常反复慢性臌气，听诊瘤胃蠕动音消失或只能感到胃壁的起伏，真胃及肠运动减弱或消失。奶牛泌乳停止。病后期常有中枢神经抑制症状，精神沉郁或嗜眠，肌肉震颤，后躯摇晃或轻微运动失调。严重者，卧地不起，头歪一侧，衰竭而死。病程一般在20d左右。

（二）防治措施

1. 治疗

（1）洗胃疗法　洗胃可以迅速排出瘤胃内容物，消除致病因素，改善胃内环境，防止自体中毒。先导出瘤胃积液后，灌入约33℃温水10~15L，稍加按摩后，将液体导出。如此反复冲洗2~4次，最后灌入温水5~10L，加氧化镁50~100g；犊牛可用次硝酸钠3~5g、黄连素3~5g、庆大霉素40~80mL。必要时可于次日进行第2次或第3次洗胃。以后坚持用胃管连续投药5~7d，并坚持每天晚上接种健牛胃液或草团，防止胃内微生物环境破坏。对有反复臌气的病牛用0.1%的高锰酸钾溶液洗胃，可有效制止臌气。

（2）药物疗法　为了解除自体中毒、脱水、增强中枢神经的保护性反应，可用5%葡萄糖生理盐水3 000~4 000mL，10%安钠咖10~20mL，40%乌洛托品溶液20~40mL，静脉注射。同时配合静注安溴注射液100mL、5%碳酸氢钠300~500mL、维生素C注射液20mL。为维护前胃运动功能，可用比赛可灵2~5mL皮下注射，每隔3~5h注射1次，每天连用3~4次。当病牛有体温反应时，可酌情使用抗生素。

当前胃功能有所恢复，胃内液体不多时，可用中药理中汤加减：党参100g，白术120g，炙甘草40g，干姜50g，肉蔻50g，广木香40g，茯苓50g，厚朴50g，白芍30g。口渴、饮欲增加者加沙参30g，石斛50g；口色青淡、耳鼻发凉者，加炮附子15g，良姜18g。犊牛剂量酌减。

2. 预防

① 积极治疗前胃病。

② 正确应用盐类泻剂。瘤胃积食牛不可一次性服大量泻盐，以一次给予300g泻盐为宜，可分次给予，可给 2 次/d。用盐应多加水，使盐液浓度不过大，不超过 5%，服盐后还要让牛多饮水。在盐类泻剂的种类选择上，以硫酸镁和食盐合用效果较好。

③ 保证犊牛奶质优良、哺乳方法得当。

八、创伤性网胃腹膜炎（创伤性网胃心包炎）

牛创伤性网胃腹膜炎，是由金属异物（针、钉、碎铁丝等）混杂在饲料内，被牛采食吞咽落入网胃，导致急性或慢性前胃迟缓，瘤胃反复膨胀，消化不良。并因穿透网胃刺伤膈和腹膜，引起急性、弥漫性或慢性局限腹膜炎，或继发创伤性心包炎。

（一）诊断要点

1. 发病原因

牛采食迅速，并不咀嚼，以唾液裹成食团，囫囵吞咽，又有舐食习惯，往往将随同饲料的金属异物吞咽落入网胃；间或进入瘤胃，又随同其中金属异物运转，而进入网胃。于此情况下，随着腹内压急剧消长，促使金属异物刺损网胃。因此，通常在瘤胃积食或膨胀、过重劳役、妊娠、分娩以及奔跑、滑倒等过程中，腹内压升高，从而导致本病的发生与恶化。

牛食入金属异物所导致的病理变化与异物的性状及其大小有关。虽说较大的金属异物进入瘤胃，不致引起急剧的病征，但驻留于食道或食道沟内，并造成损伤时，即可引起吞咽异常或逆呕现象。较小的，特别是尖锐细小 6~7cm 长的金属异物，大多数情况下，都落入网胃，所造成的危害性最大。因为网胃体积小，收缩力强，胃的前壁和后壁容易接触，落入网胃的金属异物，即使短小，也容易刺进胃壁，并以胃壁成为金属异物的支点，向前可刺损膈、心、肺，向后则刺损肝、脾、肠和腹膜，病情显得复杂而重剧。

2. 临床症状

病牛采食时随同饲料吞咽下的金属异物，在未进入胃壁前，没有任何临床症状。当分娩、长途运输、劳役、瘤胃积食以及其他致使腹腔内压升高等因素影响下，会突然呈现临床症状。

① 初期呈前胃迟缓症状，食欲减退，反刍减少，嗳气增多，间歇性瘤胃臌气，便秘或下痢。病牛行动和姿势异常，站立时肘头外展，呆立，弓腰，磨牙，不愿卧地，肘肌颤抖，躲避触摸甚至不断呻吟；体温升高，脉搏加快，愿走软路、上坡路，忌下坡和转弯。

② 刺伤心包时，引起心包炎。可听到心包击水音和心包摩擦音，叩诊心音区扩大。血液回心受阻时颈静脉怒张，伴有颌下、胸前或腹下水肿，体温先升高后下降。严重消化障碍，逐渐消瘦。

（二）防治措施

1. 治疗

如果本病已引起严重的创伤性心包炎，一般没有临床治疗价值。

先将病牛在六柱栏内保定，由助手将开口器固定。当术者将吸铁器连同胃导管送到食道下部时，只送吸铁器的绳索，使吸铁器通过贲门进入胃内，经瘤胃前庭而沉入网胃底部，停留 10~20min，这是将病牛牵遛快跑或做上下坡运动，然后将牛固定，慢慢连同胃导管一起拉出吸铁器。这样，胃内的金属异物便吸附在磁球上被拉出。这一操作过程需要 20~30min。如果取出吸铁器后，磁球上不见金属异物，很可能没有把吸铁球投入网胃内，需再次送入；如果磁球上的异物很多，可以重复做 2~3 次，直至再无金属异物被吸出。必要时，可将磁球放在胃内 1~2d。

对于临床症状出现后 24h 以内的病例，如果使用取铁器没有将异物取出，而又无法进行手术时，可采取保守疗法。用生理盐水 500~1 000mL，5% 的盐酸普鲁卡因注射液 20~50mL，链霉素 200 万~400 万 U，青霉素 160 万~320 万 U，腹腔封闭。复方生理盐水 1 000~2 000mL，25% 葡萄糖 500~1 000mL，10% 安钠咖 20mL，10% 维生素 C 注射液 5mg，静脉注射。每天 1 次，连用 7~10d。

施行瘤胃切开术，从网胃壁上摘除金属异物，是治疗本病的一种比较确实的办法。

2. 预防

加强饲养管理，防止饲草（料）混有异物，在牛栏周围不要乱丢铁丝、铁钉等异物。用吸铁器每隔 1~2 个月吸取 1 次瘤胃内可能存在的金属异物，防止异物刺入胃壁伤及心脏。

九、瓣胃阻塞

牛瓣胃阻塞，又称重瓣胃阻塞、瓣胃秘结、第三胃食滞、百叶干，是由于前胃运动机能障碍，瓣胃收缩能力减弱，导致草料停滞于瓣胃，水分被吸收而干涸，引起瓣胃麻痹，致使瓣胃秘结、扩张的一种疾病。临床上以食欲、反刍停止，排粪干、少，色黑，如骆驼粪样，进而不排粪，瓣胃积聚大量干硬的饲料，各小叶间草料形成干硬的薄片，小叶坏死为特征。该病是牛的一种常见多发病，特别是舍饲养殖的牛和劳役过度的耕牛、老龄牛多发，发病率在牛前胃疾病中占 7.5%左右，一般原发性少见，继发性多见，常见于冬末春初和舍饲养殖的牛。病程通常呈慢性经过，特征性症状出现晚，早期确诊困难大，待临床症状明显后诊断虽较容易，但疗效不佳，造成的经济损失大。牛瓣胃阻塞是目前设施养殖情况下牛的主要前胃疾病之一。

(一) 诊断要点

1. 发病原因

（1）饲料和饮水品质不良　长期饲喂单一、品质低劣、未经处理、粗纤维含量高、坚韧难以消化的草料，如枯老的植物茎秆、苜蓿秸秆、农作物秸秆（如豆秸、谷草、蚕豆荚、马铃薯藤蔓、麦秸、稻草等）粗硬饲料，或长期饲喂发霉、冰冻变质的饲料。

（2）饲料配合或调制不当　日粮配合不合理，饲料中某种营养成分不足或过多，造成消化障碍而发生；长期、大量饲喂精饲料和糟粕类饲料，如酒糟、豆腐渣，粗饲料过少或粉碎太细，导致消化机能紊乱；采食大量粗硬不易消化的饲料及细碎、粉状坚实的饲料（如带壳燕麦、柠条种子、麸皮、米糠、麦衣、粉渣、胡麻衣等），特别是长期用铡得过短的饲草喂牛，对前胃刺激不足，导致前胃神经兴奋性降低，为该病的主要病因之一。

（3）饲料中混有异物　饲喂混有泥沙的饲草饲料，使泥沙混入食糜，沉积于瓣胃瓣叶之间而发病；饲草饲料中混有塑料薄膜、塑料包装袋、布片、绳头等异物；误食化纤布或分娩后的母牛食入胎衣等；矿物质和维生素缺乏导致的异食癖牛误食毛巾、破布、塑料薄膜、袜子、井绳、裤子、毛发、毛线球等引起；长期缺乏食盐，食入碱土过多，或饮用污水，也可引起该病的发生。

（4）应激反应　长途运输，牛群过于拥挤，环境卫生不良，经常更换饲养员或调换牛舍，饥饱无常，不按时饲喂，或突然更换饲料和饲养制度；冬季圈舍阴冷潮湿，运动不足，缺乏日光照射，夏季暴晒，天气突然变化，受寒感冒；难产或因精神受到重大刺激，如惊慌、疼痛、发情时期的兴奋、严寒、酷暑、饥饿、疲劳、断乳、离群、恐惧、感染、手术、创伤、分娩、免疫等引起应激反应时，较易引起瓣胃阻塞的发生。

（5）饲养管理不当　采食过多精料而饮水又不足，脱圈、脱缰以后偷食过多精料，尤其是玉米、小麦等；设施养殖牛饲草饲料单一，青绿多汁饲料缺乏，长期拴系，运动不足，导致发病；粗饲料不足而突然增加精料，饲料中突然加入不适量的尿素或由某种精料改变为另一种精料时，因为前胃中微生物不能完全适应饲料的突然改变而发病；妊娠后期，因全身张力降低，瓣胃机能减弱或运动不足而发病；体弱，产后失调，长期舍饲牛缺乏运动，神经反应性降低；役用牛由于饮水不足或大出汗，过度饥饿而饱后立即使役或劳役过度等而引起发病。

（6）继发于其他疾病　常见继发于瘤胃积食、前胃迟缓、创伤性网胃-腹膜炎、横膈膜及网胃粘连、瓣胃炎、真胃变位或捻转、肠阻塞、腹膜炎、酮病、血孢子虫病、生产瘫痪、产后血红蛋白尿、矿物质缺乏以及异食癖、脱水、中毒与感染、热性疾病等过程中。

（7）用药不当　养殖户无病乱投药，有病滥用药，或兽医临床治疗时兽医用药不当，长期、大量应用磺胺类药物和抗生素等制剂，使前胃内菌群共生关系遭到破坏，或频繁、过量使用止痛药、涩肠止泻药等均造成医源性瓣胃阻塞。

2. 临床症状

鼻镜干裂，粪便干硬、色黑、呈算盘珠样或栗子状，右侧第7~9肋间肩关节水平线上触诊敏感。

发病初期，病牛精神迟钝，采食缓慢，前胃迟缓，食欲和反刍次数减少或废绝，嗳气增加，反复出现消化不良，瘤胃蠕动力降低，轻度膨胀，拒绝采食谷类等精饲料；鼻镜干燥，口色淡红，口臭；病牛腹痛，卧立不安，每当起卧时往往有呻吟，用后肢或角撞击腹部，四肢集于腹下或张开，背腰拱起时作努责状，间或后肢踢腹，回头顾腹，摇尾，起卧缓慢，站多卧少或时起时卧，卧地时伸头贴地或将头贴于腹部，病牛泌乳量下降；病牛精神高度沉郁，目光凝视，若无并发症，体温和脉搏一般正常。

中后期不时空口咀嚼或磨牙，口衔草尾，似食非食，继而无食欲，反刍消失，瓣胃蠕动停止，患牛日渐消瘦，头低耳耷，毛焦欣吊，眼窝下陷，鼻镜干燥甚至龟裂，鼻缘有毛与无毛处可见到结满粒状黑色油状物，舌色赤紫，舌苔黄，常拱背、磨牙，体温、呼吸、脉搏无明显变化，体温间有升高，但耳、尾、四肢末端发冷，皮温不整，无力，常见瘤胃膨气，有时倒地，或拱背踏脚及用四蹄乱扒地；排粪量减少或排少量干硬粪球，色黑，呈算盘珠样或栗子状，恶臭，表面附有黄白色黏液或带血丝黏液，粪便常因被黏液黏着而呈串珠状，后期不见排便，腹痛，只排少量胶冻样黏液；尿减少，呈深黄色，后期无尿；听诊瓣胃蠕动音初期微弱，后减弱或完全停止，叩诊瓣胃浊音区扩大，触诊瓣胃时患牛闪躲，并发现瓣胃区坚硬和扩大，压迫或深度刺激瓣胃区可引起痛感；随病程延长，患牛结膜发绀，眼窝凹陷，全身肌肉震颤，四肢无力，卧地不起，头颈搭于一侧，当瓣胃小叶坏死和发生败血症时，则体温升高，呼吸和脉搏增数，粪便呈稀糊状、带血，具有腥臭味。

末期全身症状恶化，病牛精神极度沉郁，体力衰竭，长期卧地不起，卧地后头颈搭于一侧如昏睡状态，肩胛、臀部肌肉持续战栗，眼球下陷，可视黏膜发绀，呼吸、心跳加快，心律不齐，呼吸困难，呻吟，体温下降，体表、耳尖、鼻镜、角根、四肢末梢发凉，吐舌呻吟，多因脱水、自体中毒、循环虚脱，全身衰竭而死亡。

（二）防治措施

1. 治疗

（1）药物治疗　治疗时应以排出瓣胃内容物和增强前胃运动机能为治疗原则。治疗时应尽早、足量投服泻剂，严重病例最好进行瓣胃注射，同时充分补液，加强护理。

硫酸镁（或硫酸钠）500~1 000g，加水6 000~10 000mL，配成6%~8%浓度，再加入液体石蜡1 000~2 000mL（或熟植物油500~1 000mL），胃管一次灌服。灌药12h以后，为促进瓣胃蠕动，可用扫帚用力反复抬动腹部。

10%~25%硫酸钠（或硫酸镁溶液2 000~3 000mL），液体石蜡500mL，盐酸土霉素粉5g。

当瓣胃完全阻塞时，因瓣胃无分泌腺，不发生液化作用。因此，食物不能自瓣胃排出，药物治疗通常无效，此时为恢复瓣胃机能，可用瓣胃注入法，将泻盐溶液直接注入瓣胃，可能收效。

瓣胃注射时将病牛站立保定，在右侧第7~9肋间与肩关节水平线的交点下2cm处，剪毛并常规消毒，推开皮肤，用瓣胃穿刺针经肋骨间隙，方向略向前下方刺入，针头垂直刺入皮肤后，向左侧肘头方向深刺8~10cm，如刺入正确，觉得有沙沙感后，可见针头随呼吸动作而微微摆动。为确保针头刺入正确，可先注射生理盐水50mL，注完后立即回抽注射器，如果抽回的少量液体中混有粪渣，证明已正确刺入瓣胃，方可开始向瓣胃内注射药液。药液可用10%~25%硫酸钠（或硫酸镁溶液2 000~3 000mL）、液体石蜡500mL、盐酸土霉素粉5g，混合后一次注入瓣胃。注毕后，迅速抽针，局部涂以碘酒消毒。

毛果芸香碱0.02~0.05g，皮下注射，可促进胃肠蠕动，调整胃肠功能时使用。也可用新斯的明5~15mg，或氨甲酰胆碱1~2mg；或用促反刍液、10%氯化钠注射液500~1 000mL，一次静脉注射。对体弱、妊娠母畜和心肺功能不全的病畜忌用上述药物。

病牛脱水严重时，可用1%温盐水10 000~15 000mL反复灌肠，以补充水分，促进肠蠕动；也可用胃管投服口服补液盐每次5 000~10 000mL，每日1~2次；或用5%葡萄糖生理盐水或复方氯化钠溶液1 000~1 500mL、10%葡萄糖1 000~1 500mL、10%安钠咖注射液20mL、10%维生素C注射液5g，一次静脉注射。酸中毒明显时可加入5%碳酸氢钠100~300mL静脉注射，但要与维生素C分开使用。

当药物治疗无效时，可通过瘤胃或真胃切开术两个途径冲洗瓣胃。瘤胃切开时，将病牛站立保定，麻醉后切开瘤胃，掏取1/3瘤胃内容物，术者将胃管通过瘤胃、网胃送入瓣胃后，灌注生理盐水或常水冲洗瓣胃；真胃切开时，将病牛横卧保定，切开真胃，并将真胃切口缝合在皮肤缘上，然后将胃管通过真胃送入瓣胃，用温生理盐水冲洗，直至瓣胃柔软、变小为止。冲洗后常规处理伤口，加强护理，将病畜放于安静清洁、温暖干燥的场地，加强护理，病畜出现食欲后，先少量喂给易消化的饲料或流质饲料，以后逐渐增至常量和正常饲喂。

对于发病早期病例和怀孕、老弱病牛，特别适合用中药进行治疗。可用大黄60g，枳实35g，醋香附35g，木通35g，厚朴30g，木香25g。水煎取汁2 500~5 000mL，候温，加入芒硝200g，熟胡麻油500mL，酒曲10g，胃管一次灌服。

（2）手术治疗　如果病牛采取上述措施均没有疗效时，可立即进行瘤胃切开术，经由网瓣口将胃导管插入，注入适量水进行充分冲洗，使干涸内容物变稀，有利于尽快排出内容物。

2. 预防

提高饲喂条件，加强饲喂管理，特别是冬季必须控制粗硬饲料的喂量，加之此时缺少青绿饲料，可采取以干粉料为主，配合青绿多汁饲料。要求供给清洁卫生的草料，禁止过细，并可尝试搭配粗精料饲喂。适当控制粉质精料的喂量，能够有效防控该病。提供足够饮水，水温适宜控制在30℃左右。如果牛场条件允许，可在饮水中添加一些食盐，可提高牛群食欲，有利于消化。

牛进行舍饲时，给其饲喂的草料尽可能铡短。也可饲喂青贮料，以补充生长发育所需的各种维生素。牛群坚持适量运动，但不可过于劳累。牛群合理饲喂，避免过饿或者过饱。禁止饲喂发生霉变的草料，并注意控制麸糠料的喂量。

发生前胃弛缓时，应及时治疗，以防止发生本病。

十、胃肠炎

牛胃肠炎是一种多发病，其主要特征是胃肠道表层组织及其深层组织发生炎症。随着病情的发展由黏膜层逐步向黏膜下层。肌肉层发展主要病理变化是黏膜出血水肿到化脓坏死。全身症状为功能性障碍和自体中毒，病势凶猛，死亡率高，给养殖业带来极大的损失。造成该病发生的主要原因是牛吃了霉败、变质、有毒饲料，或是因饲养管理水平低下；或是牛的自身发育不良、抗病能力低等。另外，牛患某些病毒性、细菌性以及寄生虫性疾病也可导致该病的发生。

（一）诊断要点

1. 发病原因

（1）原发性胃肠炎　凡能引起胃肠卡他的致病因素都可导致胃肠炎，不同的是造成胃肠炎病原的刺激作用更为强烈。

而造成胃肠炎的原因虽然多种多样，但饲养管理上的错误占首要地位，如：饲喂霉败饲料或不洁的饮水；采食了蓖麻、巴豆等有毒植物；误食了含有酸、碱、砷、汞、铅、磷等有强烈刺激性或腐蚀性的化学物质；食入了尖锐的异物损伤胃肠黏膜后被链球菌、金色葡萄球菌等感染，而导致胃肠炎的发生；畜舍阴暗潮湿，卫生条件差，气候骤变，车船运输，过劳，过度紧张，动物处于应激状态，容易致使胃肠炎的发生；滥用抗生素，使胃肠道的菌群失调而引起该病。

（2）继发胃肠炎　常见于各种病毒性传染病、细菌性传染病、寄生虫病。很多内科病也可继发胃肠炎，如急性胃扩张、肠便秘和肠变位等。

2. 临床症状

单纯性胃肠炎，胃肠机能严重障碍，呈现剧烈腹痛；脱水、中毒症状重剧；迅速加重的全身症状、体温升高、心率增数。

胃肠炎早期，精神正常的牛，突然呈现精神沉郁，食欲减退或者废绝，口干舌燥，舌苔厚而臭，心脏机能急剧衰弱。粪球干小，恶臭，有多量黏液，或者粪球表面包一层黏液膜，粪便稀软臭味大，其他系统无明显变化。肠梗阻的病牛排出结粪后，精神不见好转，仍不采食、不饮水，有轻微的腹痛或隐痛，或腹泻不止。如肠梗阻的病牛，体温突然升高，多是继发肠炎的早期症状。消化不良的病牛，又无其他原因的体温升高。

若口臭明显，食欲废绝，主要病变可能在胃，若黄染及腹痛明显，初期便秘并伴发轻度腹痛，腹泻出现较晚，主要病变可能在小肠，若脱水迅速，腹泻出现早，并有里急后重症状，主要病变在大肠。

（二）防治措施

1. 治疗

硫酸镁250g，鱼石脂（加酒精50mL溶解）15g，鞣酸蛋白20g，碳酸氢钠40g，常水3 000mL，一次灌服。

磺胺甲基异噁唑+TMP 20g（4g），一次内服，每天2次，首次量加倍，连用3~5d。

2%盐酸环丙沙星注射液40mL，10%氯化钾注射液100mL，5%葡萄糖生理盐水4 000mL；5%碳酸氢钠注射液400mL；25%葡萄糖注射液1 000mL。一次缓慢静脉注射。

2. 预防

① 圈舍建设避免低洼、积水地方，通风良好，日照充足。

② 日常草料严格检查，避免有发霉变质的草料喂食牲畜，如果发现霉变草料，及时处理掉。不建议喂食易霉变、不好储存的草料，如青贮、黄贮、酒糟等。

③ 控制每日进食的数量，做到定时定点定量定人。每日喂食草料的数量需保持均衡，避免突然换草、换料或突然增加、减少等。换季时，草料的更换需注意循序渐进。

④ 营养供给均衡，保证牛的生长需求，增强体质及免疫力。精饲料的合理搭配是必不可少的。

⑤ 避免误食蓖麻、巴豆等有毒植物和含有酸、碱、砷、汞、铅、磷等有强烈刺激性或腐蚀性的化学物质，以及尖锐的异物，以防损伤胃肠黏膜后被链球菌、金黄色葡萄球菌等感染；严禁滥用抗生素，以免胃肠道的菌群失衡。

十一、感冒

家畜感冒俗称伤风，是以上呼吸道黏膜炎性变化为主的急性全身性疾病，是临床常见的一种普通病，一年四季均可发生，风邪为发病的主要原因。由于感染风邪的原因不同，感冒有风寒、风热的区别。

（一）诊断要点

1. 发病原因

冬季天气寒冷或早春深秋季节气候多变，忽冷忽热，昼夜温差较大，或寒夜露天饲养，受到雨雪侵袭，或过度疲劳，大量流汗。家畜体虚，突然受寒，鼻腔和咽喉黏膜潜在的一些病毒和细菌就会乘机大量繁殖，使上呼吸道黏膜发生肿胀而感冒。

突然受到寒冷侵袭、劳役过度、雨淋等均可引起。某些呈高度接触传染性和明显由空气传播的感冒则可能是病毒引起的流行性感冒。

2. 临床症状

多数病例体温升高，精神不振，食欲减少；初期流浆液性鼻液，后变为黄色黏稠状，鼻黏膜肿胀显著；羞明流泪，可视黏膜潮红，肿胀；脉搏、呼吸增数，咳嗽，胸部听诊肺泡音增强；皮温不匀，四肢末端和耳尖发凉。

（二）防治措施

1. 治疗

30%安乃近注射液40mL（或氨基比林注射液30mL，或柴胡注射液30mL）；板蓝根注射液20mL（或鱼腥草注射液30mL），分别肌内注射。

2. 预防

① 加强饲养管理，栏圈每天打扫除粪，勤换垫草，定期用20%生石灰水、5%的漂白粉或3%火碱水消毒。

② 保持合理饲养密度，避免牛群拥挤，注意防寒保暖，牛圈清洁干燥通风，防止贼风侵袭、寒夜露宿、冷雨淋击。

③ 饲草饲料营养要全面，饮水要清洁卫生，定期驱虫。

④ 一旦发病，立即就地隔离治疗。

十二、犊牛肺炎

犊牛肺炎是附带有严重呼吸障碍的肺部炎症性疾患。主要原因是管理不当，导致病菌感染所致，危害较大。

（一）诊断要点

1. 发病原因

（1）病原微生物　常见的既有肺炎链球菌、溶血性巴氏杆菌、多杀性巴氏杆菌、睡眠嗜血杆菌、结核杆菌等引起的细菌性肺炎，又有副流感、牛传染性鼻气管炎病毒、牛呼吸道合胞体病毒、牛合胞体病毒、牛腺病毒等引起的病毒性肺炎；另外，还可见由支原体感染、衣原体感染等引起的肺炎。

（2）环境致病性因素　如春秋季节性昼夜温差明显，冷热交替刺激；圈舍饲养密度过大、棚舍内通风不良、氨气过浓等导致的空气质量差；垫草潮湿，污粪清理不及时，圈舍长期不消毒或者消毒不严格等导致病原微生物的大量繁殖。以上这些外界因素均容易引发肺炎等呼吸道疾病。值得注意的是，如果饲养犊牛的圈舍运动场为松软的沙土地，在干燥多风的季节，犊牛容易吸入飞扬的尘土，从而患上异物吸入性肺炎。人为的刺激，如长途运输、移群混群、去角、去副乳头等应激也是肺炎发生的诱因。

（3）初乳质量差　如果犊牛出生后初乳灌服不及时，或者灌服的初乳质量不达标，导致其被动免疫失败，对外界环境的抵抗力降低，也极易导致病原微生物的入侵，诱发肺炎等各类疾病。

（4）吸入异物性原因　误咽而将异物吸入气管和肺部。

2. 临床症状

初生至 2 月龄的犊牛较多发生。

病牛不吃食，喜卧，鼻镜干，体温高，精神郁闷，咳嗽，鼻孔有分泌物流出，体温升高，呼吸困难和肺部听诊有异常呼吸音。根据临床症状可分为支气管肺炎和异物性（吸入性）肺炎。

（1）支气管肺炎　病初先有弥漫性支气管炎或细支气管炎的症状。如精神沉郁，食欲减退或废绝，体温升高为 40~41℃，脉搏 80~100 次/min，呼吸浅而快，咳嗽，站立不动，头颈伸直，有痛苦感。听诊，可听到肺泡音粗哑，症状加重后气管内渗出物增加则出现啰音，并排出脓样鼻汁。症状进一步加重后，患病肺叶的一部分变硬，以致空气不能进出，肺泡音就会消失。让病牛运动则呈腹式呼吸，眼结膜发绀而呈严重的呼吸困难状态。

（2）异物性（吸入性）肺炎　因误咽而将异物吸入气管和肺部后，不久就出现精神沉郁、呼吸急速、咳嗽。听诊肺部可听到泡沫性的啰音。当大量误咽时，在很短时间内就发生呼吸困难，流出泡沫样鼻汁，因窒息而死亡。如吸入腐蚀性药物或饲料中腐败化脓细菌侵入肺部，可继发化脓性肺炎，病牛发高烧、呼吸困难、咳嗽，排出多量的脓样鼻汁。听诊可听到湿性啰音，在呼吸时可嗅到强烈的恶臭气味。

（二）防治措施

1. 治疗

注射用青霉素钠 1.3 万~1.4 万 U/kg 体重，链霉素 3 万~3.5 万 U/kg 体重。加适量注射水，每日肌内注射 2~3 次，连用 5~7d。

盐酸土霉素注射液 2.5~5mg/kg 体重，每日 2 次肌内注射。对病重者，可同时静脉注射磺胺二甲基嘧啶、维生素 C、维生素 B_1、5%葡萄糖盐水 500～1 500mL，每日 2～3 次。还可用一种抗组织胺剂和祛痰剂作为补充治疗。另外，应配合强心、补液等对症疗法。

对重症病例，可直接向气管内注入抗生素，或者用喷雾器将抗生素以超微粒子状态与氧气一同让牛吸入，可取得显著的治疗效果。

在治疗过程中，要将病牛置于通风换气良好、安静的环境中进行治疗。在发生感冒等呼吸器官疾病时，应尽快隔离病牛。最重要的是，在没达到肺炎程度以前，要进行适当的治疗，但必须达到完全治愈才能终止治疗。

2. 预防

（1）搞好被动免疫　严格把握好初乳灌服数量，做好犊牛初乳饲喂的细节工作。针对病毒性肺炎，建立科学的疫苗接种计划以预防牛呼吸道合胞体病毒、副流感等病毒的感染。

（2）降低应激　对于长途运输、季节性天气变化、移群混群等特殊情况，可尝试使用抗生素控制程序以应对突然发病。

（3）控制环境　保持犊牛舍的清洁干净，空气流通性要好，平时还要做好环境卫生工作，勤于消毒。对于 2～6 月龄的犊牛，如果已发现个别牛出现咳嗽症状时，可于饮水槽中撒入适当的药物进行控制，并对圈舍进行彻底消毒。

（4）正确给犊牛投药　给因病而衰弱的牛灌服药物时，不要强行灌服，最好经鼻或口，用胃导管准确地投药。

十三、酮病

牛酮病是指因糖、脂肪代谢障碍而使血糖含量减少，血液、尿液、乳汁中酮体含量异常增多的一种代谢性疾病。临床上表现为消化功能障碍（消化型）、神经系统紊乱（神经型）、乳热型及亚临床型等多种类型，以低血糖、高血脂、酮血、酮尿、脂肪肝、酸中毒，以及体蛋白消耗和食欲减退或废绝为临床特征。常发于产后 3 周左右的奶牛，特别是高产奶牛。

（一）诊断要点

1. 发病原因

血糖代谢负平衡，是导致本病的根本原因。任何导致碳水化合物摄入不足或营养不平衡、生糖物质缺乏或吸收减少的因素均可引起。常见于营养良好的高产奶牛，给予含蛋白质和脂肪高的饲料而碳水化合物不足；或营养不良的奶牛，给予低蛋白、低脂肪、低碳水化合物的饲料，引起体脂和体蛋白分解而产生酮体。有原发性和继发性两种类型。

(1) 原发性病因　高蛋白、低能量饲料喂量过大，特别是碳水化合物饲料饲喂不足。主要出现在妊娠后期和泌乳初期。此外，饲喂过多过度发酵、质量低劣的青贮饲料；前胃功能障碍，产生过量的脂肪酸；体态过于肥胖等，均可引起酮病。

(2) 继发性病因　多与产后瘫痪、子宫内膜炎、低磷血症或低镁血症等有关。

2. 临床症状

(1) 消化型酮病　多在分娩后几天至数周内，尤其是在挤奶次数过多或泌乳盛期的奶牛发病率较高。病牛精神沉郁，食欲不振，反刍停止，拒食精料，喜食干草及污秽的垫草，常舔食泥土，啃咬栏杆。病牛鼻镜无汗，呼出的气体、皮肤和尿液有醋酮味或烂苹果味，牛奶易起泡沫，有醋酮味。有的病牛出现反复腹泻，或腹泻便秘交替发作。可视黏膜苍白或黄染。体重下降，日渐消瘦，脱水，见眼窝下陷，皮肤弹性降低。心跳每分钟 100 次以上，心音恍惚，第一、第二心音不清；体温一般无明显变化或略低于正常。

(2) 神经性酮病　多在分娩后 7~10d 发病。除了具有消化型酮病的临床症状外，往往表现兴奋狂躁、双眼凶视，做攻击状，不断咀嚼、流涎，常做转圈运动。肌肉尤其是颈部肌肉痉挛，全身抽搐，随着病情不断发展，转为抑制，表现后躯运动不灵活甚至轻瘫，反应迟钝。重者昏睡状，体温下降。

(3) 乳热型　病牛先兴奋，再抑制，四肢无力，步态不稳，后肢轻度瘫痪，头颈常向下弯曲，反射迟钝，进而后躯麻痹，昏迷；乳房肿胀、浅表静脉怒张，泌乳量下降，乳、尿、汗及呼出气等均有酮味。

(4) 亚临床型（隐性型）　病牛无明显临床症状，但呼出气有酮味。临床多见，应予重视。

（二）治疗措施

50% 葡萄糖注射液 1 000mL，地塞米松磷酸钠注射液 30mg，静脉注射，每日 1 次，连用 3~5d。5% 碳酸氢钠注射液 1 500mL，辅酶 A 500U，静脉注射，每日 1 次，连用 3~5d。丙酸钠 300g，分 2 次口服，连用 10d。

25% 葡萄糖注射液 500mL（或 50% 果糖，0.5g/kg 体重），5% 碳酸氢钠溶液 300mL，静脉滴注，每天 1 次。丙二醇 100mL，脱脂乳 2 000mL，葡萄糖 500g，直接灌服；丙酸钠 250g 拌料，每天 1 次，连用 3d。兴奋不安的病牛，用水合氯醛 30g，白砂糖 300g，加水内服。可配合应用维生素 B_1、维生素 B_2、维生素 B_6。

第四章

基层兽医常见牛外科与肢蹄病诊治

一、创伤

创伤是机械因素引起机体组织或器官的破坏，见于机体的任何外来因素，还包括高温、寒冷、电流、放射线、酸、碱、毒气、毒虫、蚊咬等所造成的结构或功能方面的破坏。

（一）诊断要点

1. 发病原因

由锐性外力或强大的钝性机械性外力所致。多数因牛角的顶撞、互相蹴踢、猛跳等外伤引起，损伤的程度不等。另外，锐器的切割、穿刺，钝器的冲撞或碾轧，过度的牵拉等都可引起皮肤、黏膜及其下方组织连续性遭到破坏而形成创伤。

2. 临床症状

（1）新鲜污染创　表现不同程度的创口裂开、出血、疼痛和机能障碍。严重时，可引起全身反应，如可视黏膜苍白、呼吸急促、冷汗淋漓等。

（2）化脓创　创缘、创面肿胀，疼痛；创围皮肤增温、肿胀；创内流出脓性分泌物。根据脓汁的颜色、气味和稠度，可鉴别引起化脓性感染的细菌种类，如葡萄球菌为主所致的脓汁，多为黏稠、黄白色或微黄色，且无不良气味；以链球菌为主所致的脓汁，呈淡红色液状；以绿脓杆菌所致的脓汁，呈浓稠的黄绿色或灰绿色，且有生姜气味；以大肠杆菌所致的脓汁，呈淡褐色黏稠样，且有粪臭味。

（3）肉芽创　创内化脓性炎症逐渐消退，创围急性炎症缓解。创内出现新生肉芽组织，呈红色、平整颗粒状。较坚实，肉芽组织表面附有少量黏稠、灰白色的脓性分泌物。

（二）防治措施

1. 治疗

（1）新鲜污染创　①首先采用压迫、钳夹、结扎方法止血；如创腔较大，可用填塞止血法，或于扩创后进行结扎止血；弥漫性出血时，可用浸有肾上腺素的灭菌纱布压迫。必要时使用全身止血药。

②用数层灭菌纱布覆盖创面后，剪出创围被毛，用温肥皂水和消毒液清洗干净，严防异物、药液流入创内，之后用5%碘酊或0.1%新洁尔灭消毒。

③用生理盐水或0.1%新洁尔灭反复清洗，之后修整创缘，扩大创口，消除创囊，充分暴露创底，除去异物、血凝块以及挫灭的、变色的组织，切除不出血、刺激无收缩性的组织。最后用消毒液冲洗创内，除去凝血块和组织碎片。

④在创面或创墙内撒布或灌注、涂布磺胺类药物（如灭菌结晶磺胺）和抗生素，或撒布防腐生肌散（枯矾、陈石灰各30g，没药、煅石膏各24g，血竭、乳香各15g，黄丹、冰片、轻粉各3g，共研极细末）。对清创后适于缝合的创伤要进行包扎，部分缝合的创伤不做严密包扎。如有厌氧性或腐败性感染可疑时，则应任其开放治疗。

（2）化脓创　①清洁创围同新鲜污染创。

②用3%过氧化氢或0.1%新洁尔灭等冲洗创腔，清除脓汁；除去异物、坏死组织等；扩大创口，消除创囊，必要时可做反对孔（对于创腔深、创底大和创道弯曲不便于从创口排液的创伤，可选择创底最低处且靠近体表的健康部位，尽量于肌间结缔组织处作适当长度的辅助切口一至数个，以利排液。这一切口称为"反对孔"）。最后再用0.1%高锰酸钾或雷佛奴尔等冲洗创内。

③急性化脓阶段的创伤，可用20%硫酸镁或10%氯化钠、10%硫酸钠进行灌注或纱布引流；急性炎症减退、化脓减少时，可用魏氏流膏（松馏油5份、碘仿3份、蓖麻油100份）、碘仿蓖麻油（碘仿1份、蓖麻油100份加碘酊成浓茶色）和5%～10%敌百虫甘油等，进行灌注或纱布引流。如清创彻底，可使化脓创变为新鲜创，按新鲜创处理。

④对全身反应明显、局部损伤严重者，全身应用抗生素或磺胺类药物。用静脉内注射氯化钙或葡萄糖酸钙制止渗出和用碳酸氢钠防止酸中毒。

（3）肉芽创　①创面涂布鱼肝油凡士林（1:1）、碘仿鱼肝油（1:9）、碘仿软膏、磺胺乳剂和魏氏流膏等，对肉芽生长有利；水杨酸氧化锌软膏、水杨酸鞣酸软膏、水杨酸磺胺软膏（水杨酸4份，10%磺胺软膏96份）等，对上皮生长有利。中药可用生肌散（制乳香、制没药、锻象皮各6g，煅石膏12

份，煅珍珠 1g，血竭 9g，冰片 3g，共研极细末）。必要时，可对肉芽创进行缝合。

② 肉芽面积较大时，可行皮肤矫形术或皮肤移植术，促使肉芽创的愈合。

③ 对过度生长的肉芽，可手术剪除或切除，或用硝酸银棒、苛性钠、苛性钾等烧灼。也可用普鲁卡因进行病灶周围封闭，配合紫外线局部照射；或使用二氧化碳激光烧灼。

2. 预防

① 注意牛的劳动安全，防止牛被尖锐、坚硬的器物刺伤、剐伤。

② 不要让牛互相角斗、顶抵。

③ 严防牛被狗、毒蛇咬伤。

④ 一旦牛被碰伤、咬伤，要立即进行消毒、包扎处理。

二、骨折

牛骨折属于较常见的疾患。多因碰撞、滑倒、跌落、紧急停站或跳跃障碍，小腿踏入地裂等引起。根据骨折处骨片的数目，分为粉碎性骨折和非粉碎性骨折；根据皮肤（和黏膜）是否完整分为开放性骨折和非开放性骨折。发生骨折后，必须进行早期救护，合理治疗，不能错失有利的时机。

（一）诊断要点

1. 发病原因

有急剧外力性骨折和骨质本身病理性骨折两种。常见的外力性骨折有急剧外力的打击、重型物体的堕落压迫、牛相互角斗、突然于硬地上滑倒等；病理性骨折是指骨的弹性、脆性、硬度异常，如骨软症、佝偻病、骨髓炎及氟病时，都易发生骨折。

2. 临床症状

发生骨折后，常伴发周围软组织损伤，出现疼痛、肿胀、异常活动、机能障碍等。

（1）剧烈疼痛 如主动和被动运动时，病牛表现不安或躲避。软组织和神经组织损伤越严重，疼痛越剧烈，有时全身发抖，甚至发生休克。

（2）肿胀 骨折引起骨移位和周围软组织损伤而形成血肿，触之疼痛，与对称体位相对照，易发现病患部位。因出血引起的肿胀，多在骨折后立即出现；由炎症引起的肿胀，多在骨折 12h 后出现。

（3）肢体变形 全骨折外部变形明显，骨折两端有时重叠、嵌入、离开或斜向侧方移位，尤其在四肢长骨，容易形成假关节。

（4）机能障碍 如四肢骨折时，一般呈重度和中度跛行，或患肢悬垂，不敢着地等。

开放性骨折除具有上述症状外，骨折部的软组织还有创伤，骨折断端有时露出创口外，容易发生感染。

X光检查、直肠检查、骨折传导音检查等辅助诊断，对确诊有更大帮助。

（二）防治措施

1. 治疗

发生骨折后，必须坚持早期救护，合理治疗，不能错失有利的时机。在饲养管理中要注意适当控制运动量，并增加营养供给，以促进早日康复。

（1）止血救护 为防止骨折断端活动和发生严重并发症，骨折后应在原地实施救护。首先看牛有无创口及出血现象，因为折断的骨头会刺破或拉断血管。一般的出血，只要用消过毒的纱布包扎伤口即可止住，倘若包扎不能制止出血，要迅速用止血带或绳子在骨折处近端部位加压捆扎止血，或找出断裂的动脉血管，将其绑扎。止血时，还应清除创口的坏死组织及破碎骨片，然后整复、固定。

（2）整复 对错位骨折，要进行整复，使骨折端接触，达到复位，为骨折愈合创造条件。为减少病畜的疼痛，应做局部或全身麻醉，然后将牛侧卧保定，患肢在上，动用拔、伸、按、整等手法，进行整复，四肢若完全骨折，可在骨折近端拴绳，用力沿肢轴向远端牵拉，使错位的骨折两端离开，再使断端对位。整复后患肢应与正常肢长度一致，蹄向一致。然后立即进行固定。

（3）固定 整复后为防止再错位保证断端顺利愈合，对患部应进行固定。固定术分为外固定术和内固定术两种。外固定术，一般使用石膏绷带、小夹板绷带或金属支架固定较为方便。固定前，取骨碎补（俗称毛姜）30g，用小米粥调和敷伤处，再用纱布缠绕3~5层，用夹棉花的纱布垫平，然后用竹板或木板条编成的帘子包裹，外绕绷带或细绳进行固定，固定时，注意板条应稍短于衬垫物，以防夹板两端磨伤皮肤。内固定术，根据部位和情况可采用骨针、骨板固螺钉、钢丝或骨支架固定。

（4）护理 整复、固定后，应将患牛拴在栏圈中，暂时限制活动，经过3~4周后可根据骨折愈合情况，适当牵遛运动或在平地放牧，锻炼患肢功能。经过40~90d后，可拆除绷带或其他固定物体。

实施整骨后，为促进愈合，防止感染，应给牛外用和内服接骨药；并在日粮中加入适量的钙盐，给予营养丰富的饲料；对开放性骨折，还必须应用抗生素、破伤风抗毒素，以防感染。

2. 预防

① 防止牛遭猛击、猛压、顶架和在崎岖路上狂奔。

② 使役时不要让牛用猛力。驾两轮车时，必须注意避免辕过重，下陡坡时要刹车，控制速度。

③ 牛作业的场所要少坑洼、少碎石，以免绊倒造成骨折。

④ 拴系时缰绳不要留得过长。

⑤ 尽量不要让牛越沟渠。

⑥ 高产和产后奶牛要喂足磷、钙，以免由于骨质疏松导致骨折。

三、关节脱位

关节脱位又称脱臼，是指关节骨端的正常结合被破坏，发生移位而不能复原的一种疾病。多由关节不坚固和关节暴露，加上外伤或外力作用所致，有先天性和后天性之分。

关节脱位常有关节变形、异常固定、病肢缩短或延长、肢势变化与功能障碍五大共同特征，可因关节及发生部位不同而有所不同。

（一）诊断要点

1. 发病原因

有突然遭受直接与间接的强烈外力作用的病史，如跌打、冲撞、蹴踢、蹬空、扭转、屈伸等。某些传染病、代谢病、维生素缺乏或关节发育不良可诱发本病。

2. 临床症状

临床特点是关节变形，异常固定，患肢缩短或延长，肢势发生改变和机能障碍，其中异常固定是本病的示病症状。

（1）髋关节脱位　完全脱位时，因关节周围的韧带损伤或断裂，导致局部出血致关节周围形成肿胀。因脱位的方向不同，出现症状也有差异。

① 前方脱位。股骨头脱出关节窝，大转子明显向前外方脱出。握股骨作左右前后活动时有骨质摩擦音。运动时患肢拖地，作三脚跳。患肢内展容易，外展困难并受到限制，驻立时患肢缩短，股骨几成垂直状态。牛则常常不能起立。

② 上外方脱位。股骨头脱出髋关节窝，位于髋关节上外方。驻立时患肢比对侧显短，但跗关节比对侧高，呈内收姿势或伸展状态，同时患肢外旋，蹄尖向前外方。挪动患肢外展受限，内收容易，大转子明显向上方突出。运动时患肢拖曳而行，并向外划弧形。

（2）膝关节脱位　①上方脱位。有一肢发生，也有两肢同时发生。站立时膝关节、跗关节强直，不能向后蹴踢，强之行走，两个关节不能屈曲，蹄尖着地拖着走，如将膝盖骨强制向下复位，并用手按着再驱畜前进，两关节即能屈曲并能正常行走，手一松又恢复病态。

②外方脱位。驻立时蹄尖着地，膝关节、跗关节屈曲而不能伸直。将膝盖骨强制移在膝关节正面，则两关节即能伸直。手松膝盖骨又脱位于外侧，行进时蹄尖着地拖着走。

③习惯性脱位。牛多发生，运动行进时患肢强拘，不能伸屈自如，行走一段路后会突然发生"咯吱"一声，膝盖骨会自动复位，病象即消失。在下次运动时又重复出现。

（二）防治措施

1. 治疗

（1）髋关节复位

方案1：患畜某后肢在运动中是向外方滑跌而致髋关节轻度不完全脱位时，术者从对侧腹下伸手抓住患肢跖部猛然向里拉动，即可使之恢复至原位。

方案2：后肢向内滑摔而致股骨头向外脱位（不完全脱位）时，将病患畜横卧，保定患肢向上，助手一手握患肢跖部，另一手推跗关节上方，将患肢向前或向后牵动时，术者用脚跟猛击脱出髋关节的股骨头，使股骨头复位，且可听到骨质"咔嚓"声。

方案3：某一后肢因向后滑跌致股骨头向内下脱位（不完全脱位）时，将患肢向上横卧保定，两助手用木质扁担放在患肢内侧髋关节下方，术者一手握患肢跖部，另一手握跗关节上方，压跗关节向下股骨头向上，与此同时扁担向上抬，两个动作必须协同一致方可有效。

方案4：某一后肢因后坐滑倒，致使股骨头向后向上脱位（不完全脱位），患肢向上横卧保定，助手一手握跖部，另一手握跗关节上方，将患肢猛向后拉，术者与此同时将脚对准髋关节向前跺，使之恢复原位，可听到"咯吱"声。

在关节整复后，应在髋关节部位每天涂松节油擦剂（松节油65mL、软肥皂7.5g、樟脑5g、蒸馏水22.5mL），以促进局部血液循环，使髋关节周围韧带组织损伤恢复。

整复后，不要把牛再拴在原处，应拴于地面不打滑、较宽敞的牛舍，以免再滑倒，卧倒、起立不再打滑。不要在不平坦或有洞穴的地段牵遛，免得踩空或小石块使蹄着地不稳而复脱。必要时可用三柱栏以麻袋兜吊患畜腹部，使整复的髋关节易于恢复。

（2）膝关节复位　方法：① 在膝关节周围涂擦松节油擦剂逆毛或剪毛擦至皮肤，每天 1~2 次，连用 5~7d。

② 如膝关节有疼痛，在膝关节周围用青霉素、普鲁卡因封闭。

③ 对上方脱位，如用上述方法未见显效时，可同时用绳系于患肢系部，绳的另一端系于颈部，使患肢在驻立时保持膝关节屈曲，有利于膝盖骨复位。

④ 如外方脱位用上法不见效时，为使膝关节保持伸展（膝盖恢复正常位置而不再外移），用固定钢架固定。

若上述方法整复仍无效时可进行内侧直韧带切断手术。但此法对奶牛来说比较困难，一是奶牛个体大，二是乳房发达，术后难以护理，往往效果不佳。

中药治疗时，以消肿止痛、祛瘀散血为治则。方用红花逐瘀汤加减。红花 35g、当归 40g、川芎 25g、制乳香 30g、血竭 20g、续断 30g、制没药 25g，水煎服，每天 1 剂，连服 2~3 剂。怀孕母牛慎用，并加黄芩、白术、杜仲等以保胎。

2. 预防

同骨折的预防。

四、脱膊

牛脱膊又称为牛叉胛，是由于前肢肩胛错位而引起前肢运动机能发生障碍的一种疾病。

（一）诊断要点

1. 发病原因

多因牛跨越田埂或沟渠，放牧时奔跃式急转弯，以及角斗中滑跌，特别在雨天或不平土地上使役，耕作时一肢陷入墒沟或泥中用力猛拔或跌倒，均易导致肩部肌肉、肌腱、神经、血管等组织过度牵引而损伤致病。也有因外力的直接撞击，造成损伤而发病。使役过度、体质瘦弱、四肢发育不良或患有骨营养代谢障碍病的牛，更易发病。

2. 临床症状

（1）患肢　站立时有一前肢踏地不充分，前躯重心偏向另一侧，踏地不充分的潜质肩胛骨内陷，肩胛软骨不突起，肩关节变粗大，下沉（比对侧低下）；运动时肩关节、肩胛骨活动受到一定限制，肩胛骨活动时不突起，不敢抬脚或抬起不充分的一前肢可确定该前肢为患肢。

（2）患部　牵牛运动时步样呈悬跛或混跛，前方短步行，肩关节、肩胛骨活动受到一定限制，肩胛骨活动时不突起，不敢抬脚或抬起不充分，甚至拖拽或向外划弧等，可确定患部在肩关节以上。

（二）防治措施

1. 治疗

急施攉膊术整复。将牛横卧保定，病肢朝上，3条健肢用绳绑在一起，由一人在牛背后拉住，再由一人用绳把后肢轻轻向后斜拉，以防牛挣扎。之后，用50°白酒500~1 000mL，徐徐洒于患部，边用力按摩，边将患肢前后摇动，同时将患肢上下拉送3~5次，以促使血脉畅通。擦洗完毕后，立即在患肢上垫1.5cm厚的布垫，再将攉板放在垫布上，用麻绳上下捆绑2道，然后抚平。攉板为长约150cm；上宽7.5cm，厚2.5cm；下宽10cm，厚4.5cm，呈瓦楞形，里平外凸，用时平面朝里，窄头放于蹄部，且要露出蹄外约15cm。随后，由2名助手用5m长的白布包缠患肢和攉板，术者将患肢抚平保定，并靠于自己的膝盖下，使其稍斜向前方。一切准备妥当后，术者用铁锤击打攉板露出部分。另一人随时检摸患肩上部（即凹陷处），直至肩胛骨恢复原位为止。最后，去掉攉板，抬高病牛的头部，助其起立，缓慢牵行片刻即可。

在施用攉膊术整复的同时，可以使用栀子60g，乳香30g，没药30g，白芨30g，海桐皮15g，白芥子15g。共研为细末，用姜汁与麦粉调匀，敷于患部，再用纸与绷带包缠于外，2d换药1次，连续3~4次为1个疗程。每次换药，要先用温开水洗净患部旧药，擦干后再敷新药。如敷药后出现干燥，可洒上50°白酒，使其湿润，以助药力。

也可使用全当归30g，没药24g，乳香24g，骨碎补15g，续断15g，牛膝15g，自然铜15g，五加皮15g，防风15g，杜仲15g，血竭15g，川芎12g，海马9g，地鳖虫9g，三七9g，红花9g，白芍9g。共研为细末，开水冲调，候温加入黄酒120mL，灌服。

2. 预防

同骨折的预防。

五、关节炎

关节炎即滑膜炎，是由于机械性损伤或感染性因素等引起的关节囊和关节腔各组织的炎症。临床表现以渗出液在关节腔积聚，关节肿痛、发热、机能障碍为特征。

（一）诊断要点

1. 发病原因

外伤处理不及时、疫苗未接种、犊牛出生后脐带消毒不严格、厩舍地面湿滑造成崴腿等因素均可引起关节炎病。

引起犊牛关节炎的病原较多，有支原体、大肠杆菌、沙门氏菌、化脓隐秘杆菌、链球菌等。较常见的有支原体、大肠杆菌。有报道，大肠杆菌和变形杆菌混合感染造成的关节炎也很严重。饲养环境差、产房不洁、脐带感染是重要的诱发因素。另外，场地湿滑，关节外伤、扭伤或挫伤等机械性损伤也会引起犊牛关节炎。

2. 临床症状

（1）共同症状　急性者，关节肿大，局部增温、疼痛，驻立时减负体重，呈屈曲状态；慢性时炎症减轻，跛行甚轻或没有，关节积液；化脓性炎症时，肿胀严重，不敢负重，运步呈三脚跳，患肢皮下水肿，全身反应明显，体温升高，食欲减退或废绝。

（2）关节症状　① 膝关节炎。疼痛剧烈，母牛跛行，公牛拒绝配种。关节液增多，关节肿大或仅在关节囊的前方有膨大现象，运动可听到摩擦音。

② 跗关节炎。关节液增多，跛行较轻，触诊前方及跟腱两旁内、外侧，可感到关节囊内存在积液，触摸能感到互相流动。

③ 腕关节炎。牛的单纯性腕关节炎临床较为少见。腕关节分为 3 部分，以桡腕关节活动度大，较易患病，病肢在弛缓时波动明显。

④ 系关节炎。随着系关节炎症的加剧，渗出液增多，关节变大而出现不同程度的跛行。如果发生很突然，此时应考虑是否骨折。

（3）犊牛关节炎症状　① 大肠杆菌性关节炎。关节肿大，体温升高。发病初期病牛精神沉郁，食欲减退，体温 39.6~40.7℃，不愿行走，球关节、腕关节、跗关节发热、肿大、质硬、疼痛；发病后期体温正常，关节明显肿大，触摸有波动感，食欲废绝，消瘦，喜卧，有些病犊牛卧地后呼吸微弱、颈部抽搐，后肢划动，甚至失明。

② 支原体关节炎。支原体引起的急性关节炎病例伴有发热症状，慢性关节炎病例则发展为腱鞘炎和黏液囊炎。典型症状是四肢所有关节明显肿大，以跗关节和腕关节最为明显，关节僵硬，触诊有痛感，步态迟缓，不愿行走；体温升至 39.5~40℃，弓背消瘦；有的病牛有腹泻症状，有的病牛出现神经症状（兴奋或转圈），有的病牛出现结膜炎。

（二）防治措施

1. 治疗

① 发病初期主要是抑制炎症渗出，在患处冷敷由明矾和醋酸铅按 1：2 比例配制的溶液。

② 当急性炎症有所减轻后，可采取温热疗法，如患处温敷 10%~25% 硫酸钠或者硫酸镁溶液，并包扎浸有由酒精和鱼石脂按 10：1 比例配制的温热溶液的绷带，或者直接将 0.5% 普鲁卡因青霉素 40 万 U 注入关节腔内。

③ 当病牛体温升高时，可肌内注射青霉素 200 万 U、链霉素 200 万 U，也可注射其他抗生素类药物。

④ 如果病牛关节囊中存在过多积液时，可先通过穿刺排出积液，接着将青霉素 80 万 U 和 2% 普鲁卡因 2~10mL 注入关节腔内，隔天 1 次，连续使用 3~4 次，同时在患处包扎压缩绷带。

⑤ 关节腔内存在积脓时，要先将脓汁排出，并向关节腔内注入适量的 5% 碳酸氢钠液、0.1% 雷佛奴尔液、0.1% 高锰酸钾液、0.1% 新洁尔灭液等进行多次冲洗，直到抽出的药液呈透明状停止，接着将普鲁卡因青霉素液 30~50mL 注入关节腔内，每天 1 次，或者将按 1：10 比例稀释的碘仿醚注入关节腔内，再用消毒棉球按压一下，避免溢出。

⑥ 如果转变成慢性关节炎，通过针刺将液体排出后，向关节腔内注入由 2.5mL 醋酸可的松和 2% 普鲁卡因 2~4mL 组成的混合药液，隔天 1 次。

2. 预防

厩舍地面保持干燥，饲养密度合理，防止牛只拥挤，特别是怀孕母牛产前 1 个月不要劳动，牵遛运动时防止上下坡路滑倒。发生外伤要及时治疗，要按免疫程序接种疫苗，特别是布鲁氏菌病、链球菌苗。

防止脐带炎发生是预防犊牛关节炎发生的关键。犊牛出生时应加强助产消毒、防止感染。产房要干净干燥；犊牛出生后脐带断端用浓碘酊与水 1：1 配比浸泡消毒，每天 3 次；加强哺乳用具的清洁，消毒；粪尿及时清除，保证清洁卫生。发病后，隔离病犊牛，立即对产房、犊牛圈舍、犊牛床和运动场消毒，每天 1 次。

六、关节扭伤

关节扭伤也称关节挫伤，是指关节突然受外力作用瞬间过度屈伸或扭转而发生的关节损伤。其主要特征是受伤关节肿胀，发热疼痛，受伤牛只关节活动受限或姿态异常。本病多发生于球关节、肩关节、膝关节及髋关节等处，在农村该病较为常见，尤其使役牛活动量大，极易发生此病。

（一）诊断要点

1. 发病原因

牛关节扭伤是关节韧带、关节囊和关节周围组织等受到外力作用，或体位突然改变而引起的非开放性损伤。采用大群饲养，牛群在采食、进出棚舍等过程中经常发生碰撞或踩踏，以致发生关节扭伤。

2. 临床症状

有间接外力作用于关节，使关节超过生理范围的屈曲、伸展、扭转等病史，如滑走、踏着不确实、失足踏空、急速回转、跳跃、跌倒等。

关节部出现轻微的肿胀，有压痛点，患侧紧张时疼痛明显。注意与关节挫伤作鉴别。关节挫伤常因钝性外力作用，溢血比较严重，但疼痛与跛行多较扭伤轻。

关节扭伤的临床特征是疼痛、跛行、肿胀、湿热和骨质增生等，但由于患病关节、组织损伤程度及其病理发展阶段不同，其症状表现也不同。一般可分为轻度、中度与重度扭伤3种情况。

（1）轻度扭伤　多无外观症状，但有轻度肢跛，行走一段时间后跛行即可消失，并不再复发。

（2）中度扭伤　原发性疼痛与跛行有时可消失，但1d后局部发炎而重新使跛行加重。牛站立时，为减少负重，患肢呈稍屈曲状。行走时，呈轻度或中度跛行。触诊患部有热、痛和轻微肿胀感，关节侧韧带处，尤其是侧韧带的起止部有明显的压痛点。被动活动关节时，可因受伤韧带紧张而出现疼痛反应。

（3）重度扭伤　扭伤后即有功能障碍发生，病牛站立时患肢蹄尖轻轻着地或为了减轻负重而提举，行走时呈中度或重度跛行。触诊关节韧带、关节囊和关节周围组织，热、痛、肿比较明显，被动运动时疼痛加剧。也可能发生关节韧带断裂，被动向一侧活动受伤关节时，其活动范围增大，甚至可听到骨端的钝性撞击音。

关节扭伤如不及时治疗可继发骨化性骨膜炎，韧带、关节囊与骨的结合部受伤时，常可形成骨赘而长期跛行。

（二）防治措施

1. 治疗

（1）冷疗和包扎压迫绷带　可在伤后1～2d，将病牛置于江、河或水沟中，或用冷水浇淋，或用冷醋酸铅溶液、冷醋泥敷，并包扎压迫绷带，制止出血和炎性渗出。严重者，可静脉注射10%氯化钙注射液与维生素 K_3，以加速血凝和使病牛安静。

（2）温热疗法　在急性炎性渗出减轻后，应及时采用温热疗法。如用25~40℃温水浸浴，连续使用2~3h后，间隔2h再用；或用热水袋、热盐袋等进行热敷。必要时可做关节穿刺，在排出渗出液后再向关节腔内注入0.25%普鲁卡因青霉素注射液；也可使用碘离子透入疗法、超短波和短波疗法、石蜡疗法、酒精鱼石脂绷带疗法或外敷中药四三一散（大黄4份、雄黄3份、冰片1份，研细，蛋清调敷）。

30%安乃近注射液40mL，肌内注射，用于镇痛。也可使用安替比林合剂、阿司匹林或安痛定注射液。也可用醋酸氢化可的松100mg，皮下注射；2%盐酸普鲁卡因注射液2份、25%酒精80份、灭菌蒸馏水18份，混合后患部注射10~15mL；2%盐酸普鲁卡因注射液适量，关节内注射；10%樟脑酒精或碘酊樟脑酒精合剂（5%碘酊20份、10%樟脑酒精80份），局部涂擦。必要时，应配合使用抗生素。

（3）中医疗法　5%碘酊35mL，95%酒精50mL，精制樟脑丸5g、薄荷脑1g、蓖麻油10mL、冰片适量。混合搅匀，对患部边涂擦边按摩，5~10min/d，连用3~5d。可用于慢性病例。

当韧带、关节囊损伤严重或有软骨、骨膜损伤时，应酌情采用石膏绷带进行包扎固定。对肢势不良或蹄形不正的，可同时进行削蹄或装蹄处理。

2. 预防

同骨折的预防。

七、风湿症

风湿症是由于溶血性链球菌感染或贼风、冷雨侵袭等多种原因引发的一种急性或慢性非化脓性炎症。其特征是反复突发、肌肉或关节游走性疼痛，肢体运动障碍。治疗宜祛风除湿，通经活络，解热镇痛。

（一）诊断要点

1. 发病原因

风湿症属于痹症，主要由风寒湿引起，冬春季节天气寒冷、厩舍潮湿、舍内早晚温差大、牛久卧湿地、贼风寒风侵袭、饲料营养单调不丰富、牛只使役过度出汗等因素均能导致本病发生。

2. 临床症状

（1）肌肉风湿症

① 主要发生于活动性较大的肌群，其特征是患部肌肉疼痛，表现运动不

协调，步态强拘不灵活，常发生 1~2 肢的轻度肢跛、悬跛或混合跛行，跛行随运动量的增加和时间的延长而有减轻或消失的趋势。

② 常有游走性，一个肌群好转而另一个肌群又发病。触诊患部肌群有痉挛性收缩，肌肉表面凹凸不平而有硬感、肿胀。急性经过时疼痛症状明显。多数肌群发生急性风湿性肌炎时可出现明显的全身症状。病牛精神沉郁，食欲减退，体温升高 1~1.5℃，结膜和口腔黏膜潮红，脉搏和呼吸增数，血沉稍快，白细胞数稍增加。重者出现心内膜炎症状，可听到心内性杂音。

③ 急性肌肉风湿症的病程较短，一般经数日或 1~2 周即好转或痊愈，但易复发。当转为慢性经过时，病牛全身症状不明显。病牛肌肉及腱的弹性降低。重者肌肉僵硬，萎缩，肌肉中常有结节性肿胀。病牛容易疲劳，运步强拘。

（2）关节风湿症

①最常发生于活动性较大的关节，如肩关节、肘关节、髋关节和膝关节等。脊柱关节（颈、腰部）也有发生。对称关节同时发病，有游走性。

②急性期呈现风湿性关节滑膜炎的症状。关节囊及周围组织水肿，滑液中有的混有纤维蛋白及颗粒细胞。患病关节外形粗大，触诊温热。疼痛、肿胀。运步时出现跛行。跛行可随运动量的增加而减轻或消失。病牛精神沉郁，食欲不振，体温升高，脉搏及呼吸均增数。有的可听到明显的心内性杂音。

③慢性经过时呈现慢性关节炎的症状。关节滑膜及周围组织增生、肥厚，因而关节肿大且轮廓不清，活动范围变小，运动时关节强拘，运动时能听到噼啪音。

（3）心脏风湿症（风湿性心肌炎）　主要表现为心内膜炎的症状。听诊时第一心音及第二心音增强，有时出现期外收缩性杂音。对于家畜风湿性心肌炎的研究材料很少，有人认为风湿性蹄炎时波及心脏的最多，也最严重。

（二）防治措施

1. 治疗

① 10%水杨酸钠注射液 200mL，10%葡萄糖酸钙注射液 300mL，0.5%氢化可的松注射液 40mL，5%葡萄糖生理盐水 1 000mL。一次分别静脉注射。水杨酸甲酯软膏（组成：水杨酸甲酯 15g，松馏油 5g，薄荷脑 7g，白凡士林 15g）40g，患部涂擦。

② 30%安乃近注射液，2.5%醋酸氢化泼尼松注射液 10mL，分别肌内注射。

③ 5%葡萄糖注射液 500mL，160 万 U 的青霉素 20 支，地塞米松 5mg；

10%水杨酸钠注射液 300mL，0.9%氯化钠注射液 500mL，每日滴注 1 次，连用 7d。

④ 热敷　局部风湿部位用酒糟加热后装布袋内热敷，每天早晚各 1 次，每次 1h。局部关节患部涂抹松节油，每天 2 次。

⑤ 中药　通经活络散，每头每次 500g，每天 1 次。

有条件的饲养户可通过电疗加速疾病恢复。

2. 预防

防寒保温措施要到位，保证牛冬春季节生存环境舒适，进而减少该病发生。冬季不要让牛只长期待在湿滑的地方，要及时清扫厩舍粪尿，定期消毒。厩舍地面要使用透气性好的垫料铺地面上，并及时保持畜体及厩舍的清洁卫生，及时清扫粪尿；注意牛舍的防风、防湿热；乳牛伏卧时，要多垫褥草；注意饲料的配合，饲料中要含有足够的蛋白质、矿物质、微量元素和维生素；在气温变化较大的季节，在劳役后，应注意休息，防止受凉。

八、蹄底挫伤

蹄底挫伤是由于牛蹄底真皮受到磨损或钝性外力作用引起的损伤。轻症不引起跛行，重症呈肢跛，蹄底出血，感染后流脓。

（一）诊断要点

1. 发病原因

运动场、牛舍或草场地面不平，或有坚硬的石块，牛踏上后造成蹄底损伤。

2. 临床症状

① 突然引起肢跛。

② 蹄部检查，能发现蹄底真皮损伤，或有血迹，有时能发现未脱落或未折断的刺入物。或于压痛处削蹄，发现刺入物或刺入孔。刺创感染时，刺入孔流出脓汁，或脓汁不能排出时，蹄球间沟、蹄球部出现热痛性肿胀，破溃后排出脓汁。炎症可向蹄内部蔓延，严重者可出现败血症。

③ 蹄内部化脓严重时，呈重度肢跛，钳压剧痛，体温升高等变化。

（二）防治措施

1. 治疗

① 修蹄，使挫伤部位低于蹄的边缘，这样着地时边缘着地，以减轻疼痛。

② 如果挫伤部位感染，可按蹄底刺伤的方法处理。先修蹄清创，将牛保定后，固定患肢，蹄部消毒后取出异物；清理创腔内坏死组织和脓汁，用生理

盐水或0.1%雷佛奴尔溶液冲洗干净，然后涂上磺胺粉，再用鱼石脂填塞创腔，最后用绷带包扎；如果有出血，可用高锰酸钾粉止血；注射抗生素消炎；注射破伤风类毒素，防止引起破伤风。

2. 预防

① 注意运动场、牛舍、草场地面平整，不要有坚硬的物体存在。

② 经常修蹄。

九、腐蹄病

腐蹄病是由于蹄部损伤、坏死杆菌感染引起指（趾）间皮肤及其下组织发生炎症。特征是病蹄间质皮肤充血，肿胀腐烂，有腐败性分泌物排出，重症伴有体温升高。

（一）诊断要点

1. 发病原因

（1）环境因素　① 牛活动地面硬度过大，站立时没有缓冲或者缓冲不足，容易造成肢蹄挫伤甚至引发感染。

② 牛活动地面不平或有硬石子或者石块，造成蹄底挫伤引发感染。

③ 牛舍通风不良、粪便清理不及时，牛蹄角质蛋白在氨的作用下分解变性成死角质。

④ 夏季高温、高湿，细菌滋生加快，牛蹄长期处于潮湿环境，蹄病感染风险增加。

（2）营养因素　① 日粮中过量添加精饲料和碳水化合物、粗饲料过少或品质太差、突然换料、瘤胃发酵异常等引起瘤胃酸中毒，导致机体产生大量乳酸、组织胺、内毒素及其他血管活性物质，这些物质在蹄部组织的毛细血管中分布，引发蹄叶炎。

② 日粮中严重缺钙、缺磷会影响其他矿物元素间的代谢平衡，导致骨质、蹄角质疏松，引起蹄部形态改变。

③ 日粮中缺乏微量元素铜、锌、锰时，也会影响蹄的角化过程，容易引发腐蹄病。

（3）疾病因素　牛患有某些产后疾病，如乳房炎、胎衣不下、子宫炎时，会造成肉牛体质变差，使机体末梢形成血栓，引起局部血液循环障碍，导致蹄角质无法角质化，引发蹄变形。

2. 临床症状

（1）急性型　为一肢或数肢突发跛行，患部皮肤潮红、肿胀、疼痛，频频举肢。严重时，蹄球、蹄冠发生化脓、腐烂，流出恶臭脓性液体。病牛体温升高，达 40~41℃，精神沉郁，食欲不振，产乳量下降。后期蹄匣角质脱落，多继发骨、腱、韧带的坏死，严重者可致蹄匣脱落。

（2）慢性型　病程较长，可达数月，炎症由蹄部向深部组织及周围组织蔓延时，可引起患肢部粗大，皮肤被毛脱落，有时可在蹄冠、蹄球等部位形成瘘管，患牛高度跛行，有时可继发败血症而死亡。检查蹄部，病初可见患蹄趾间皮肤红肿，温热。后期，蹄底部出现大小不一的腐败孔洞，周围坏死组织呈污灰色或黑褐色，孔洞流出恶臭液体。有的在削蹄后可发现蹄底角质腐烂，从腐败形成的孔洞中流出污黑恶臭的液体。

（二）防治措施

1. 治疗

（1）轻症病例　先将患部用 1%高锰酸钾溶液洗净后，再用 10%硫酸铜或5%碘酊脚浴，每次 3~5min，每天 1~2 次，连续 3d。同时用油剂青霉素做周边封闭。

（2）一般病例　先修整蹄形，挖去蹄底腐烂组织，并用 10%硫酸铜或 5%碘酊消毒。然后，用青霉素 20 万 U，溶解于 5mL 蒸馏水中，再加入 50mL 鱼肝油，混合搅拌，制成乳剂，涂于腐烂创口。

（3）深部腐烂病例　先将牛固定于柱栏内，用绳将患肢吊起并固定，用2%复合酚溶液或 10%硫酸铜液洗净患蹄，进行彻底清创。如有坏死腐烂组织用蹄刀彻底除去。如发现蹄底深度化脓，用小刀扩创，分泌物排出后，用硫酸铜粉、高锰酸钾粉或松馏油棉球填塞，装蹄绷带后，将病牛置于干燥圈舍内饲喂。在修蹄后用纱布蘸取药液填充，而后包扎，每天换药 1 次。也可用生姜80g、大蒜 30g，石菖蒲、旱莲草各 45g，艾叶、一点红各 25g，鱼腥草 100g，混合捣烂，外敷患部，并用纱布包牢，每日 1~2 次。

必要时，可使用抗菌治疗，但要注意抗菌药的休药期，在病牛用药期间所产的奶不能供人食用。

2. 预防

（1）管理措施　确保行走地面清洁干爽、无异物，避免磨损或损伤；给牛留下充足的采食空间，减少牛群斗殴和蹄部损伤；合理分群，并优化饲养密度，确保足够的躺卧及站立空间；定期做牛蹄健康评估，定期修蹄，及时治疗病蹄；冷静而缓慢地对待牛，避免应激；合理蹄浴，蹄浴前后应清洁地面，使用后要及时清洁蹄浴池。必要时可以考虑设立消毒池，内放 1%~3%的硫酸铜溶液，让牛经常浸泡。

（2）营养措施　合理搭配日粮配方，避免酸中毒引发蹄病；优化日粮供给，避免缺料或少料导致的牛间采食竞争；强化微量矿物元素供给，提高皮肤和蹄趾的强度和韧性，促进伤口愈合和组织修复。

十、蹄叶炎

蹄叶炎又称蹄真皮炎，是发生在蹄壁真皮小叶层的一种浆液性、弥漫性、无菌性炎症。其临床特征是蹄角质软弱、疼痛和不同程度的跛行。

（一）诊断要点

1. 发病原因

（1）营养因素　牛由于突然更换饲料、饲喂过多精料等因素而导致瘤胃酸中毒时，瘤胃内出现异常发酵，从而导致大量组胺和乳酸产生，而这些物质能够对分布于蹄组织上的毛细血管发挥作用，造成炎症和瘀血，局部神经受到刺激而产生强烈疼痛。

（2）管理因素　主要是指牛圈舍条件，尤其是地面质量、有无垫草、卫生状况等。牛发生蹄叶炎的重要诱因是圈舍卫生条件过差，蹄部受到异物刺激、浸泡粪便泥浆；另外，肉牛长途运输，或者长时间在坚硬的牛床上的起卧，或者在石头铺的凹凸不平的路上和坚硬的路面行走，或者使蹄底发生严重的机械性损伤；经产母牛由于体重和乳房过大，使蹄部负担加重，又因饲养密度过高而无法充足运动。

（3）疾病因素　主要是对母牛，尤其是分娩后1周以内子宫内膜炎、酮血病、胎衣不下等疾病而影响蛋白质正常分解，且吸收产生的炎症产物，主要是指组织胺，也都会导致同上的病变。另外，肉牛也可因预防注射，导致患有多发性关节炎、化脓性疾患及全身性的光线过敏症等继发而引起。

2. 临床症状

多呈急性经过，以突然发病、疼痛剧烈、功能障碍显著为特征。证见病牛精神沉郁，头低背弓，闭眼站立，四肢收于腹下，频繁交替负重，站立不稳；运步时四蹄拘急，高度跛行，呈"五攒疼"（四肢攒于腹下，弓腰低头，无处攒集）状，特别是在硬地上。病牛因剧烈疼痛而出现颤抖和出汗，两前肢跪地或卧地不起。患肢指（趾）动脉搏动亢进，触诊蹄温增高，以蹄钳敲打或钳压蹄壁时，疼痛反应明显。体温升高，呼吸迫促，脉搏增数。

（二）防治措施

1. 治疗

① 为使扩张的血管收缩，减少渗出，可采用蹄部冷浴，0.25%普鲁卡因

100~150mL 静脉封闭注射；为缓解疼痛，可用 1% 普鲁卡因 20~30mL 行指（趾）神经封闭或乙酰普马嗪肌内注射镇痛。5% 碳酸氢钠 500~1 000mL，10% 葡萄糖液 500mL，静脉注射。

② 先用中、小宽针顺血管刺入蹄头穴 1cm 直至出血；有全身症状者可用颈静脉（颈脉穴、大脉穴）放血疗法，成年牛放血 1 000~2 000mL。放血后静脉注射；或于放血后静脉注射 5% 葡萄糖盐水 500~1 000mL，维生素 C 10g，氢化可的松 50~100mg（孕牛禁用）。

③ 10% 水杨酸钠 100~150mL，10% 葡萄糖酸钙液 500~1 000mL。分别静脉滴注。

2. 预防

在饲料供给上要供给营养均衡符合生产阶段的日粮，减少营养过剩造成的奶牛瘤胃疾病和内分泌发生紊乱的概率。加强环境控制，减少粪污等污染物和牛蹄部接触。提供较软的地面，减少蹄部压力。

十一、指（趾）间皮炎

指（趾）间皮炎（也称为多毛性蹄疣，蹄叉炎），是指在蹄跟后侧，蹄球之间的皮肤表面出现红肿、亮红或黑色圆形糜烂和炎症，形成白色边缘和伴随有长毛发状或其周边附着较厚的多毛性疣，也可能见于蹄趾其他部位。

（一）诊断要点

1. 发病原因

（1）牧场环境、管理因素　牛圈建设不合理，阴暗潮湿，光线照射不足，地面积水、潮湿，运动场粪便堆积，使牛蹄长期裹着一层厚厚的牛粪，长期没有对牛只修蹄，没有做好蹄浴或喷蹄工作。

（2）引进感染因素　牧场扩大养殖规模，从其他养殖区引进的牛只，没有做好隔离净化和场区消毒工作，使携致病菌的牛只进入牛群当中相互感染。

（3）人员流动因素　修蹄师、饲料销售及服务人员、兽医师、其他农场主、司机、到农场推销各种产品的人员流动造成交叉感染。

（4）季节因素　夏秋季天气闷热，湿度大、雨水比较多，使皮炎传播加速，尤其是 7—9 月这 3 个月份，是本病的高发期。

（5）新建牛舍　新建牛舍地面粗糙，加快牛蹄磨损。水泥块、石子较多对牛蹄部造成外伤感染。

2. 临床症状

指（趾）间皮炎常发于肉牛、奶牛和公牛，后肢多发。患肢指（趾）间皮肤出现损伤，红肿，表面湿润，并有恶臭气味，呈湿疹性皮肤炎。病久者患部逐渐肥厚，表面被覆有绒毛状或小疣状物，有时呈菜花样。患牛步样强拘，处于泌乳期的牛泌乳量减少。

（二）防治措施

1. 治疗

温蹄浴并局部处理。病初可以采用 1%～2% 高锰酸钾液或来苏尔温蹄浴，之后涂擦 5% 碘酊，或 3% 龙胆紫、5%～10% 福尔马林、10% 硫酸铜液等。也可撒布收敛性粉剂，如氧化锌滑石粉（3∶7）合剂，鞣酸氧化锌滑石粉（2∶3∶5）合剂，之后包扎，每天或隔日更换 1 次。

局部增生物可用外科手术切除，或用冷冻疗法，用棉球蘸取液氮，迅速放在赘生物上，使整个病变部接触液氮，连续几次直至病变冻结为止。每天 1 次，连续 2~3 次，病变处逐渐自行脱落。

2. 预防

保持厩舍卫生、干燥，保护蹄部不受损伤，定期削蹄和蹄形修整，经常洗刷蹄部，硫酸铜溶液喷蹄。发病率高的牛场在发病高峰期，每周 2 次；发病率低的牛场，或发病率低的季节采用每周 1 次。

第五章

基层兽医常见牛中毒病诊治

一、亚硝酸盐中毒

亚硝酸盐中毒是由于牛摄入含过量亚硝酸盐的植物或水，或采食后在瘤胃内可被还原成剧毒的亚硝酸盐引起高铁血红蛋白血症。

（一）诊断要点

1. 发病原因

当用小白菜、芥菜、菠菜、韭菜、甜菜、椰菜以及玉米秆、萝卜叶、甘薯藤、燕麦秸等做饲料时，若饲喂过量、调制不当，如置闷热环境或霉烂变质、霜冻、枯萎等，牛食入后即可中毒。

2. 临床症状

采食后 1~5h 可发病，病牛流涎、呕吐、腹痛、腹泻等。可视黏膜发绀，呼吸高度困难。心跳急速，血液呈咖啡色或酱油色。耳、鼻、四肢以及全身发凉，体温低下，站立不稳，行走摇晃，肌肉震颤。严重者很快昏迷倒地，痉挛窒息死亡。

（二）防治措施

1. 治疗

1%美蓝注射液 40mL。一次静脉注射，按每千克体重 1~2mg 用药，必要时 2h 后重复用药 1 次；甲苯胺蓝 2g 配成 5%溶液，静脉、肌内或腹腔注射，按每千克体重 5mg 用药；5%维生素 C 注射液 60~100mL，50%葡萄糖溶液 500mL，静脉滴注。

2. 预防

在青饲料和菜类收获季节，尽量饲喂新鲜的饲料；如果量比较大，要加强饲料保管，防止堆积发热；控制饲喂量，并要保证供应充足的糖类饲料、维生素 A、维生素 C 等。

二、黑斑病甘薯中毒

甘薯发生黑斑病以后，病部干硬，表层形成黄褐色或黑色斑块，味苦。牛吃了一定量的发病甘薯就可能发生中毒。

（一）诊断要点

1. 发病原因

有采食黑斑病甘薯的采食史。

2. 临床症状

多突然发作，气喘（呼吸每分钟可达60~100次，为胸腹式），精神不振，反刍停止，流涎。多数病牛体温正常，少数在后期体温升高，可达40℃。肌肉发抖，粪便干硬、带血，最后痉挛而死。慢性病例可拖延数天至1周，甚至更长。死亡率可达到50%左右。

肺区叩诊呈鼓音，听诊有湿啰音。重者肩前及背部皮下有气肿，按压有捻发音。病至后期，呼吸高度困难，头颈伸直，张口伸舌喘气，结膜发绀。

剖检，肺高度水肿，肺切面如蜂窝状，或有较大的空洞，支气管黏膜充血、出血，管腔内充满白色泡沫，肺表面有出血斑。瘤胃常臌气或积食，重瓣胃干燥。十二指肠弥漫性出血。肝充血肿大，胆囊肿大2~5倍，胆汁稀薄。心肌、心内膜出血，肾脏充血、出血或坏死。

（二）防治措施

1. 治疗

0.1%高锰酸钾溶液1 000~1 500mL，一次灌服，用于洗胃；硫酸镁500~1 000g，人工盐150g，常水5 000mL，一次灌服，导泻排毒。

95%酒精250~500mL，5%氯化钙注射液100~150mL，40%乌洛托品溶液40~50mL，10%安钠咖注射液30mL；10%葡萄糖注射液1 000mL，1%地塞米松注射液3~5mL，静脉注射。

0.02%洋地黄毒苷注射液5~15mL，一次肌内注射，维持量应逐渐减少，以防中毒。

2. 预防

不用有黑斑病的红薯、红薯片及其加工的副产品和培育的幼苗喂牛。

三、马铃薯中毒

马铃薯中毒是由于牛采食富含龙葵素的马铃薯及其茎叶而引起，临床上以神经功能紊乱、胃肠炎及皮疹为特征。

（一）诊断要点

1. 发病原因

有饲喂发芽或腐烂马铃薯的喂料史。

2. 临床症状

轻度中毒，病程较慢，呈现明显的胃肠炎症状，食欲减退或废绝，流涎、呕吐、便秘，随后剧烈地腹泻，粪中混有血液，精神沉郁，体力衰弱，体温升高，妊娠母牛往往发生流产。

症状重剧的中毒，表现明显神经症状。病初兴奋不安，狂躁，前冲后退，不顾周围障碍。后期转为沉郁，四肢麻痹，后躯无力，步态不稳，呼吸困难，黏膜发绀，心脏衰弱，全身痉挛，一般经 2~3d 死亡。

病牛常在口唇周围、肛门、阴道、乳房、后肢、尾根、四肢系凹部、头、颈侧等处出现疹块，患部肿痛。间或前肢皮肤发生深层组织的坏疽性病灶。

（二）防治措施

1. 治疗

对犊牛首先应该是更换草料，牛中毒时可以使用 0.1% 高锰酸钾溶液进行洗胃，对兴奋不安的牛使用硫酸镁注射液静注 100mL，增强肝脏解毒功能，尽快消除已被体内吸收的毒素，可用 10% 葡萄糖溶液 500mL，0.9% 氯化钠溶液 500mL，给牛静脉注射，促进毒物尽快排出体外，给牛口服大黄芒硝粉 200g，液状石蜡 500mL，消食健胃散 150g，一次给牛内服。

发现中毒立即停喂马铃薯，为排除胃内容物可用浓茶水或 0.1% 高锰酸钾溶液或 0.5% 鞣酸溶液进行洗胃；用 5% 葡萄糖氯化钠注射液 1 000~1 500mL，5% 碳酸氢钠注射液 300~800mL，或加硫代硫酸钠 5~15g 或氯化钙 5~15g 或氢化可的松 0.2~0.4g 静脉注射，肌内注射强力解毒敏 20mL，也可使用缓泻剂。

对症治疗，当出现胃肠炎时，可应用 1% 鞣酸溶液，牛 500~2 000mL，并加入淀粉或木炭末等内服，以保护胃肠黏膜，其他治疗措施可参看胃肠炎的治疗。狂躁不安的病畜，可应用镇静剂，如 10% 溴化钠注射液，牛 50~100mL 静脉注射。为增强机体的解毒机能，可注射浓葡萄糖注射液和维生素 C 注射液，心脏衰弱时可给予樟脑制剂、安钠咖等强心药。

2. 预防

① 不要用发芽、变绿、腐烂、发霉的马铃薯喂家畜。必须饲喂时，应去芽，切除发霉、腐烂、变绿部分，洗净，充分煮熟后再用，但也应限制饲喂量。

② 用马铃薯茎叶饲喂家畜时，用量不要太多，并应与其他青绿饲料配合

饲喂，发霉腐烂的马铃薯不能用作饲料。也不要用马铃薯的花、果实饲喂家畜。

③ 应用马铃薯作饲料时要逐渐增量。

四、棉叶及棉籽饼中毒

牛棉叶及棉籽饼中毒，是指长期饲喂大量未经处理的棉叶或棉籽饼，有毒的棉酚在体内特别是在肝中蓄积，所引起的一种慢性中毒性疾病。其临床特征是消化紊乱、肝炎、胃肠炎和酸中毒。

（一）诊断要点

1. 发病原因

牛有长期或一次性大量饲喂棉叶或棉籽饼的喂料史，棉叶或棉籽饼未经任何加工处理。

2. 临床症状

急性中毒病牛食欲废绝，反刍停止，瘤胃弛缓或瘤胃积食，呻吟，心跳增数至 100 次/min，心音微弱，黏膜发绀，初便秘，后腹泻，有的呈兴奋不安，运动失去平衡，全身肌肉发抖，脱水，眼凹陷，经 2~3d，死亡率达 30% 左右。

慢性中毒病牛消化紊乱，食欲减少，尿频，消瘦，夜盲症，尿石症，有的继发呼吸道炎及慢性增生性肝炎，呼吸急促，贫血，黄疸，妊娠母牛流产。公牛经常举尾，频频做排尿姿势，尿淋漓或尿闭，尿液混浊呈红色。

犊牛中毒时食欲和消化紊乱，胃肠炎，腹泻，呈佝偻病症状，也有发生夜盲症、尿石症和黄疸。

剖检可见肝脂肪变性，凝血时间缩短，腹水，肺水肿，胃肠黏膜出血，全身淋巴结肿大，心肌松弛、肿胀，肾脂肪变性，脾萎缩。

（二）防治措施

1. 治疗

0.1%高锰酸钾溶液，注入瘤胃后，再将其由胃内导出，如此反复洗胃，也可使用常水、生理盐水；硫酸镁 500g，加水配成 10%溶液，一次灌服，加快排泄；5%葡萄糖生理盐水 1 000mL，5%碳酸氢钠溶液 500mL；25%葡萄糖注射液 500mL，10%安钠咖 20mL，10%氯化钙注射液 200mL，分别静脉滴注。

2. 预防

注意日粮配合，保证日粮供应平衡，防止饲料单一。限制棉籽饼的饲喂量，一般饲料中棉籽饼含量不要超过 12%，高产泌乳奶牛每天棉籽饼摄入量不超过 1.5kg，6 月龄以下犊牛不饲喂棉籽饼。根据实践证明，在使用棉籽饼饲喂奶牛的过程中，饲料中不能降低豆饼的使用量，豆饼使用量应占饲料的 10%。或者采取间隔饲喂的方法，防止蓄积中毒。对棉酚敏感的牛，停止饲喂棉籽饼。对棉籽饼进行脱毒处理。脱毒的方法有以下几种。

（1）煮沸法　将棉籽饼加水煮沸 1~2h，如果加入 10%的麸皮同煮效果更好。

（2）干炒　将棉籽饼摊放在大锅内，在 80~85℃加热干炒 2h 或在 100℃干炒 0.5h。

（3）铁处理　用 0.1%硫酸亚铁溶液浸泡棉籽饼 24h，然后用清水洗净。

（4）碱处理　可用 2%石灰水将棉籽饼浸泡 24h，然后用清水洗净。

（5）合理搭配饲料　饲料要多样化，营养均衡，保证饲料中维生素 A、维生素 D、维生素 E 和钙、磷的供给，有利于预防棉籽饼中毒。

五、尿素中毒

尿素能够用来替代部分饲用蛋白质，可以在畜牧生产中用于饲喂牛等反刍动物。但是，随着尿素大量生产，且更大范围使用，导致牛更多地接触尿素，从而更容易发生尿素中毒。尤其是部分养殖户往往会因尿素使用、保管不合理，或者饲料、饲草与尿素混在一起，容易被牛误食或者偷食而发生尿素中毒。

（一）诊断要点

1. 发病原因

尿素保管不当，被牛大量误食（当作食盐）或偷吃；饲喂了被尿素污染或人为添加尿素的饲料。

尿素作为反刍动物蛋白质饲料的补充时，用量没有逐次加大，而是突然饲喂大量尿素；在饲喂尿素过程中，未按规定控制用量（用量一般控制在饲料总干物质的 1%以下或精饲料的 3%以下），或添加的尿素与饲料混合不匀，或用法不当，将尿素溶解成水溶液饮喂。

2. 临床症状

初期病牛表现兴奋不安，停止采食，肌肉震颤，呻吟、哞叫，奔跑，接着表现出磨牙、四肢僵硬、步态踉跄、前肢和后肢麻痹、共济失调，有时甚至卧地不起。如果病牛呈急性经过，食欲彻底废绝，停止嗳气、反刍，瘤胃明显缓慢蠕动，有时还伴有不同程度的臌气。同时，病牛会表现全身强直性痉挛症状。呼吸急促，往往张嘴伸舌呼吸，心搏动很强，心跳加速，每分钟达到

120~150 次，心音混浊、不清晰，节律不齐，体温明显升高，甚至失去知觉。如果病情进一步加重，会有过多的泡沫状液体从口腔流出，停止反刍，伴有瘤胃臌气，最终瞳孔明显散大，心脏衰弱，四肢冰凉，肛门松弛，粪尿失禁，由于窒息而发生死亡。

（二）防治措施

1. 治疗

食醋 1 000mL，糖 1 000g，常水 2 000mL，一次灌服。5%葡萄糖氯化钠注射液 500mL，10%葡萄糖酸钙注射液 500mL，维生素 C 50mL，40%乌洛托品注射液 50mL，10%安钠咖注射液 20mL，静脉注射。在多数情况下，症状较轻的病牛注射 1 次就能够治愈。如果病牛卧地不起，可静脉注射 10%葡萄糖注射液 1 000mL、50%葡萄糖注射液 300mL，10%葡萄糖酸钙注射液 300mL，20%维生素 C 注射液 40mL，10%安钠咖注射液 20mL，10%氯化钠注射液 500mL，同时配合肌内注射维生素 B$_1$ 20mL。或用 10%硫代硫酸钠溶液 100mL，10%葡萄糖酸钙注射液 500mL，10%葡萄糖注射液 2 000mL，一次静脉注射，必要时配合镇静、制酵。

2. 预防

① 初次饲喂尿素添加量要小，大约为正常喂量的 1/10，以后逐渐增加到正常的全饲喂量，持续时间为 10~15d，并要供给玉米、大麦等富含糖和淀粉的谷类饲料。一般添加尿素量为日粮的 1%左右，最多不应超过日粮干物质总量的 1%或精料干物质的 2%~3%。

② 添加尿素措施要合理。添加尿素除适量以外，还应将足量尿素均匀地搅拌在粗精饲料成分中饲喂。饲喂尿素时既不能将尿素溶于水后饲喂，也不能给牛饲喂尿素后立即大量饮水，以免尿素分解过快而中毒。所以，降低尿素的分解速度是提高尿素利用、防止中毒的有效措施。

③ 添加尿素给牛饲喂时，不能过多地饲喂豆类、南瓜等含有尿素酶的饲料，否则会促进尿素在体内的分解速度，造成中毒。

六、食盐中毒

牛食盐中毒是指由于超量摄入食盐，加之饮水不足，引起以消化道紊乱、脑水肿和神经症状等一系列病变为主要特征的中毒性疾病。牛食盐的正常喂量是 25~50g/d，中毒剂量为 1~2.2g/kg 体重 [400~800g/（头·d）]，致死量为 2.5~3g/kg 体重 [1 400~2 700g/（头·d）]。

（一）诊断要点

1. 发病原因

由于饲喂酱油渣或含盐较多的饲料，或直接食入大量食盐，或全混合日粮中过多地添加食盐或混合不均匀等而引起中毒。

2. 临床症状

病牛初期表现烦躁、亢奋、饮欲增加、食欲减退或废绝，反刍停止、流涎、喉部黏膜潮红、发炎、溃疡、吞咽艰难、腹痛腹泻，腹部胀气、膨大。后期知觉迟钝，四肢麻痹，不断跌倒，站立不起而倒地死亡。如欲呕、打嗝，痉挛发作频繁，则预后不良。中毒轻的病牛，仅见食欲不振，牛体严重脱水，躯体僵硬，渐进性消瘦。

（二）防治措施

1. 治疗

该病目前还没有特效解毒药，主要以稀释机体和血液内的食盐浓度，加速食盐的排出，促使血液中阳离子平衡进行恢复，以及对症治疗为治疗原则。在临床上，要根据病牛食盐中毒的轻重程度以及临床症状，采取有针对性的措施解救。为抑制食盐刺激胃肠黏膜刺激以及对钠的吸收，病牛可采取洗胃，并配合少量多次供给清水，注意每次控制在 5kg 以内。如果病牛表现出神经症状，如精神萎靡，眼球突出，意识障碍，大声哞叫，乱跑乱跳等，可以静脉注射 1 000~1 500mL 山梨醇或者甘露醇，并配合静脉注射或者肌内注射25%硫酸镁10~25g，用于镇静解痉。为使血液中一价和二价阳离子恢复平衡状态，可静脉注射 250~500mL 10%葡萄糖酸钙溶液。上述药物的用量适宜成年牛使用。如果犊牛发生食盐中毒，要结合实际情况适当减少用量。另外，病牛也可静脉注射10%葡萄糖注射液 500mL、安溴注射液 140mL，再配合肌内注射30%安乃近注射液 30mL，症状会有所好转，能够自行站立，经过 6h 左右可再次静脉注射 10% 葡萄糖溶液 1 000mL、10% 葡萄糖酸钙 100mL、25%的葡萄糖溶液 100mL、安溴注射液 50mL、速尿 5mL，注射过程中病牛往往会出现排尿，初期尿液浓且黄，后期逐渐变淡。

2. 预防

合理补盐。补饲食盐主要是增强饲草饲料的适口性，促进采食，但在添加时要严格控制用量，同时供给足够的洁净饮水。日常要定期饲喂一定量的食盐，避免其一次性采食过多而引起中毒。食盐一般要先在水中溶解，然后添加至饲草饲料，均匀混合后才能够饲喂。补喂食盐的用量要逐渐增加，禁止从开始就大量补饲，要采取少量勤喂，从而能够避免发生食盐中毒。另外，还要注意肉牛是否饮用充足饮水以及水盐代谢情况，会改变其对食盐的耐受量，因此食盐具体用量还要据此进行调节。

七、黄曲霉毒素中毒

牛黄曲霉毒素中毒是由于牛采食了感染黄曲霉菌的玉米、小麦、豆类制品或其他产品而发生的中毒性疾病。黄曲霉毒素是黄曲霉和寄生曲霉的代谢产物，是一种强烈的致癌物质，属于肝脏剧毒物。牛中毒后不仅影响肝脏功能，而且也能破坏血管的通透性，毒害中枢神经。

（一）诊断要点

1. 发病原因

有采食霉变饲料病史，中毒牛以肝脏疾患为特征，也有出血性素质、水肿和神经症状。

2. 临床症状

犊牛较成年牛对黄曲霉毒素更敏感，可表现为急性中毒，而成年牛对毒物的抗性较强，多表现为慢性经过。

急性中毒多见于犊牛，主要表现为精神沉郁，食欲废绝，弓背，惊厥，转圈运动，站立不稳，易摔倒；耳部震颤，鼻镜干燥，口流泡沫，磨牙；颌下水肿；结膜炎，角膜混浊，黏膜黄染，对光过敏反应，出现一侧或两侧眼睛失明；腹泻，腹痛，里急后重，粪便中混有血凝块和黏液，脱肛，虚脱。约于48h内死亡，死亡率高。

慢性中毒的犊牛表现食欲不振，生长发育缓慢，营养不良，被毛粗刚、逆立、多无光泽，鼻镜干裂，消瘦。惊恐，无目的徘徊，腹泻；成年牛表现精神沉郁，采食量减少，磨牙，黄疸，产奶量下降，前胃迟缓，瘤胃臌气，间歇性腹泻，死亡率较低。

确诊，必须对可疑饲料进行产毒霉菌的分离培养及饲料中黄曲霉毒素含量测定，必要时还可进行生物学鉴定，即进行毒性试验。

（二）防治措施

1. 治疗

本病目前尚无特效疗法，当已怀疑为黄曲霉毒素中毒时，整个奶牛牧场必须立刻停喂现有饲料，改喂富含能量物质的饲料，如青绿饲料和高蛋白饲料，不喂或少喂高脂肪类饲料。组织人力仔细观察牛群，及时发现其他病牛并分离出来，尽早治疗。

轻型病牛通常只要加强护理，一般可在短期内恢复，对健康无碍。但对于重症中毒病牛，应及时投服盐类泻剂以利于排毒，此外还有必要应用一些保肝、解毒和止血药物，如应用20%葡萄糖酸钙注射液500~1 000mL；或应用25%~30%葡萄糖注射液，加维生素C制剂，一次性静注。对于心率衰竭病牛，可皮下注射或肌内注射樟脑磺酸钠。为了控制或避免继发感染，应酌情使用抗生素，如青霉素、链霉素等，但不能应用磺胺类药物。肌内注射土霉素有一定疗效，每千克体重10mg，每日1~2次，连用5d。

2. 预防

加强饲料的收获和储存工作，精饲料含水率在15%以下才能储存，仓库要通风良好，防止潮湿、发热、霉变；定期检查，及时清除霉变部分，防止霉菌扩散。防霉法有气体防霉法、固体防霉剂法、药物防霉法等。去毒法有氨熏蒸法、流水冲洗法（用1.5%苛性钠水溶液浸泡12h，再用清水漂洗多次）、高温处理法（160~180℃）。霉菌毒素吸附剂有毒可脱、霉可吸、脱霉素等。在饲料中添加大蒜素，剂量为100~1 000g/t饲料，能有效减轻霉菌毒素对奶牛的毒害。

八、氢氰酸中毒

牛氢氰酸中毒是由于牛食入大量含有较多氢氰酸衍生物氰苷配糖体的植物或青绿牧草，使其在胃内由于酶的水解和胃酸作用，产生游离的氢氰酸，从而造成牛氢氰酸中毒。该病发生急，病程短，一旦发病，如没有得到及时治疗，短时间可使病牛窒息死亡。

（一）诊断要点

1. 发病原因

采食了高粱及玉米的新鲜幼苗（尤其是再生幼苗）、木薯、亚麻籽（饼）、豆类（如狗爪豆等），以及蔷薇科植物李、杏、桃、梅等的种子和叶等均可引起中毒。

另外，上述植物遭霜冻后，可释放出游离的氢氰酸，牛采食后可发生中毒。此外，误食氰化钾、氰化钠、钙腈酰胺等氰化物农药，也可引起氢氰酸中毒。

2. 临床症状

牛在采食中或采食后半小时左右突然发病。急性中毒病例迅速毙命，病程稍长者表现瘤胃臌气，口角流出大量白色泡沫的口水。可视黏膜鲜红色，血液鲜红，呼吸极度困难，抬头伸颈，张口喘息，呼出气有苦杏仁味。体温正常或低下。以后则精神沉郁，全身衰弱无力，卧地不起。结膜发绀，血液暗红色。

瞳孔散大，眼球和肌肉震颤，反射机能减弱，迅速窒息而死亡。

剖检可见血液呈鲜红色，肌肉暗红色，肺和气管黏膜充血、出血，胃、小肠、心包、心内膜出血。胃内可闻到苦杏仁味。

（二）防治措施

1. 治疗

应立即用亚硝酸钠 3g、硫代硫酸钠 20~30g，溶解在 300mL 灭菌蒸馏水中，一次静脉注射，必要时可重复注射。在抢救氢氰酸中毒时，最好先静脉注射 1% 亚硝酸钠注射液，经 2~3min 后，再静脉注射 10% 硫代硫酸钠注射液。如无亚硝酸盐，可用美兰液代替。为阻止胃肠内氢氰酸的吸收，可内服或瘤胃内注入硫代硫酸钠 30g，也可用 0.1% 高锰酸钾液洗胃。

2. 预防

禁用高粱幼苗和玉米幼苗喂牛，对怀疑含有氰苷配糖体的青嫩草或饲料，应经过流水浸渍 24h 以上再喂。如用亚麻籽饼作饲料时，必须彻底煮沸，且喂量不宜过多。防止误食氰化物农药。

九、有机磷农药中毒

该病主要是因牛采食了喷洒有机磷杀虫药的农作物、牧草和青菜，或误食了拌过有机磷杀虫剂的种子，或用敌百虫、乐果等防治吸血昆虫和驱除体内寄生虫时，用量过大或使用方法不当所致。

（一）诊断要点

1. 发病原因

有机磷农药常作为农作物杀虫剂或作为驱除动物体内外寄生虫的药物，以及环境卫生方面消灭蚊蝇等昆虫的杀虫药，常用的有对硫磷、内吸磷、马拉硫磷、敌百虫、乐果等。动物食入被有机磷污染的饲料或饮水，或有机磷驱虫药使用量过大，即可引起中毒。

2. 临床症状

轻度中毒表现精神沉郁，略显不安，食欲减退，流涎，心率较慢，肠音亢进，排稀软粪便。

中度中毒除上述症状加重外，主要表现骨骼肌兴奋，发生肌肉震颤，严重的全身抽搐，痉挛，继而发展为麻痹。最后呼吸肌麻痹，窒息死亡。

重度中毒通常以中枢神经中毒症状为主要特征，表现全身战栗，经短时间兴奋后，倒地昏睡，瞳孔缩小呈线状，全身肌肉痉挛，大小便失禁。心跳急速，呼吸高度困难，结膜发绀，末梢厥冷。瘤胃弛缓，臌气。

胃内容物有大蒜气味，胃黏膜充血、出血，肠系膜淋巴结出血，肠管多处于收缩状态。气管、支气管腔中有泡沫状液体，肺淤血或水肿。肝、肾、脑有淤血现象。

（二）防治措施

1. 治疗

牛有机磷中毒后，抢救时间越早，效果越好。发现中毒时，马上把牛和有毒的物质分开，并立即使用解磷定和阿托品进行防治。使用阿托品时剂量0.06~0.2g，皮下注射或者静脉注射，每隔4~5h注射1次，可使病症明显减轻。再使用解磷定5~10g，配制成2%~5%的溶液进行静脉注射，每隔4~5h注射1次。其症状表现为，瞳孔慢慢放大，口边流涎水不断减少，口腔干燥，视力恢复正常，病症明显减轻或者恢复正常。

对经口中毒的病牛可用2%~3%碳酸氢钠或用0.2%~0.5%高锰酸钾溶液洗胃，越快越好。对经皮肤吸收中毒的病牛可用清水、肥皂水冲洗。

对于严重脱水的患牛，采用静脉注射进行补液，对于心功能较弱的病牛，应使用强心药品。

2. 预防

首先，加强有机磷农药保管和使用的管理，严格按照《剧毒药物安全使用规程》进行操作和使用。其次，加强饲养管理，防止牛误食含毒饲料和饮水，禁止在刚喷洒农药不久的地方放牧或割草。最后，使用有机磷农药驱除牛体内外寄生虫时，一定要在兽医指导下，严格掌握用量和使用方法，禁止滥用。

十、青草搐搦

青草搐搦又名低镁血搐搦、牧草搐搦、牧草蹒跚病、麦田中毒，乳牛、肉牛、水牛多发，泌乳母牛更易发生，故也名泌乳搐搦，是所有反刍动物的一种致命性疾病，但以泌乳母牛发病率最高。以低镁血，通常还有低钙血为特征。临床上表现为强直性和阵发性肌肉痉挛、惊厥，并因呼吸衰竭而死。

（一）诊断要点

1. 发病原因

由于血镁浓度降低而引起，而血镁浓度降低与牧草镁含量缺乏或不足（如采食低镁幼嫩青草和生长茂盛的牧草等）或存在干扰镁吸收的成分或疾病有直接相关。

2. 临床症状

（1）急性型 乳牛、肉牛多发。放牧时突然停止吃草，甩头，对周围警惕，似乎感到不适，肌肉和两耳明显搐搦，感觉过敏，稍有轻微干扰即可促发持续的吼叫和狂奔。病牛的步态蹒跚，倒地四肢抽搐，很快转为阵挛性惊厥，持续几分钟。惊厥时，项、背、四肢震颤，角弓反张，眼球震颤，牙关紧闭，空嚼，口吐白沫，两耳竖起，眼睑回缩。惊厥间歇时静卧，如有突然音响或触动又重新发作。病畜肌肉严重疲劳后，体温 40~40.5℃，频尿，心跳、呼吸增数，离开畜体一定距离仍能听到心音，一般 30~60min 内死亡。

（2）亚急性型 水牛多发，有 3~4d 轻度食欲不振，面部表情狂躁，四肢运动加剧，对驱赶和突然转动其头部进行反抗，尿闭和频频排粪是特征性的。病牛瘤胃蠕动减弱，肌肉震颤，后肢轻度痉挛，摆尾，站立不稳，叉开腿走路，并伴有缩头和牙关紧闭。运动、声音、针刺均能引起剧烈的惊厥。如卧地不起，颈呈"S"状弯曲。少数兴奋不安、发狂、向前冲或奔跑，眼露凶光，卧地后抽搐，伸舌喘气，呼吸加深，流涎，体温不高（37.8℃），心跳加快，心音高，有的几天内可以自愈，但有复发趋势。

（3）慢性型 血清镁水平低，但不表现临床症状。少数表现模糊的综合征，包括迟钝、健康不佳、食欲减退。也见于亚急性型康复的病畜。

（二）防治措施

1. 治疗

用 10%的硫酸镁（或者氯化镁、乳酸镁等）溶液 100~200mL，静脉注射或者皮下多点注射，效果比较缓慢，用药需要持续数天，因为细胞补充速度极慢。静脉注射时，速度不可过快，浓度不可过高，以防止血镁上升过快而抑制延脑而引起血压骤降、心率减慢，甚至有呼吸困难的危险。一般用葡萄糖溶液或者生理盐水稀释成 4%~6%的浓度以后，再进行静脉注射效果比较好。

或用氯化镁 15g、氯化钙 35g，溶于 1 000mL 的蒸馏水中，然后灭菌，再缓慢静脉注射，也有比较好的效果。或用 25%的硫酸镁溶液 50~100mL，10%氯化钙溶液 100~200mL，10%葡萄糖溶液 100~200mL，混合后一次静脉注射；或用 23%的硼酸葡萄糖酸钙溶液 500mL，一次静脉注射。

除了用上述药物进行治疗外，对于心脏、肝脏、肠机能紊乱的病牛，要根据具体情况对症治疗，以强心、保肝、止泻为主，并加强护理工作，保持环境安静，多铺垫草，施行按摩，防止发生褥疮。

2. 预防

春季或者初夏季节，不宜过度放牧或使其吃得过饱，适当减少放牧时间，半日为宜，适当补充一些干草。尽量避开低洼、幼嫩草地，而在高滩、山坡，或向阳、草老的地带放牧。

在生产中，用各种含镁的无机物做补充，是防治此病的有效措施。干物质日粮中添加无机盐时，镁的含量不应少于 0.2%，必要时每天补给镁 40g（相当于 60g 氯化镁或者 120g 碳酸镁中所含的镁量）与粗饲料混合饲喂。

第六章

基层兽医常见牛产科病诊治

一、卵巢囊肿

牛卵巢囊肿分为卵泡囊肿和黄体囊肿。卵泡囊肿是因为卵泡上皮变性，卵泡壁结缔组织增生变厚，卵细胞死亡，卵泡液未吸收或增加形成。黄体囊肿是因为未排卵的卵泡壁上皮黄体化而形成，或者是正常排卵后由于某种原因黄体不足，在黄体内形成空腔，腔内积聚液体而形成的。

（一）诊断要点

1. 发病原因

（1）内分泌因素　内分泌失调是引发卵巢囊肿最主要的原因。给予外源性孕激素、雌激素均可能引起卵巢囊肿。自然发生囊肿的原因如下。

① 促卵泡素（FSH）分泌过量，促进卵泡发育过度。

② 垂体分泌的促黄体素（LH）低于正常水平。

③ 控制促黄体素释放的机能失调。非自然发生的囊肿是由多因素共同作用引起的，与下丘脑、垂体、卵巢和肾上腺等机能有关。肾上腺机能亢进，促使黄体功能减退，导致孕激素水平降低，肾上腺产生较多的雌二醇和雄激素，是影响卵巢周期的重要因素。

（2）疾病因素　子宫内膜炎、胎衣不下等可引起卵巢炎，导致发情周期紊乱，使排卵受到扰乱，引起卵巢囊肿。产后早期子宫正值复原之中，子宫内膜和卵巢上的激素靶细胞受体尚未恢复正常，而卵泡已经开始发育，且不断产生雌激素，因缺乏受体的接受和转移，使信息不能由子宫传递到下丘脑和垂体，故雌激素水平升高导致不排卵而引起卵巢囊肿。有报道，母牛性周期的不同阶段，卵巢和子宫的血流量呈规律性变化；休情期卵巢血流量增加，在发情期子宫血流量增加。若子宫有炎症和充血，将打乱这一规律，影响卵巢周期的正常运行。

（3）营养因素　饲料中缺乏维生素 A 或含有大量的雌激素（如过量饲喂

生大豆、白三叶草等含植物雌激素高的饲料）都可能引起囊肿。饲喂精料过多而又缺乏运动，导致母牛肥胖，也会增加发病率。

（4）气候因素　在卵泡发育的过程中，气温骤变容易发生卵巢囊肿，尤其在冬季发生卵巢囊肿的病牛较多。

（5）人为因素　母牛多次发情而不予配种也可导致囊肿的发生。

2. 临床症状

（1）卵泡囊肿　病牛往往发情不正常，发情期延长，发情周期变短，有时出现持续而强烈的发情现象，成为慕雄狂。母牛极度不安，大声哞叫，食欲减退，排粪、排尿频繁，经常追逐或爬跨其他母牛。病牛性情凶恶，有时攻击人、畜。直肠检查卵巢上有 1 个或数个大而波动的囊泡，有的囊泡壁薄（囊肿位于卵巢浅表层），有的囊泡壁较厚（囊肿位于中央）。如果卵泡中有许多小囊泡，触摸卵巢表面可感到许多有弹性的小结节，如囊肿的大小与正常的卵泡相同，则较难鉴别，须隔 2~3d 再重复检查，才可把它们区别开来。子宫壁肥厚松软；触摸时，子宫角反应微弱或无。

（2）黄体囊肿　发情周期停止，母牛不发情。直肠检查可发现卵巢体积增大，多为 1 个囊肿，大小与卵泡囊肿差不多，但壁较厚且软，不那么紧张。血浆孕酮含量较高。

（二）防治措施

1. 治疗

（1）西药疗法　① 对卵泡囊肿的治疗。肌内注射促黄体释放激素，类似物 400~600μg，每天 1 次，连用 3~4 次，但总量不超过 3 000μg。一般在用药后 15~30d，囊肿逐渐消失而恢复正常发情排卵。

也可一次静脉注射绒毛膜促性腺激素 0.5 万~1 万 U，或肌内注射 1 万 U。

也可一次肌内注射促黄体素 100~200U，一般用药 3~6d 囊肿形成黄体化，症状消失，15~30d 恢复正常发情周期。

也可先肌内注射促排 3 号 200~400μg，促使卵泡黄体化；15d 后再肌内注射前列腺素 F2α 2~4mg，早晚各 1 次。

② 对黄体囊肿的治疗。可肌内注射 15-甲基前列腺素 F2α 2mg，用药后 3~5d 发情。也可一次肌内注射脑垂体后叶素注射液 50U，隔天 1 次，连续 2~3 次。也可一次肌内注射催产素 200 万 U，每 2h 1 次，1d 连注 2 次，总量为 400 万 U。

（2）中药疗法　以活血化瘀、理气消肿为治疗原则。可用消囊散：炙乳香、炙没药各 40g，香附、益母草各 80g，三棱、莪术、鸡血藤各 45g，黄柏、知母、当归各60g，川芎30g，研末冲服或水煎灌服，隔天1剂，连用3~6剂。

2. 预防

加强饲养管理，日粮的精、粗比要平衡，无机盐、维生素的供应都应均衡。严禁追求产量而过度饲喂蛋白质饲料，在配种季节内，饲料中应含有足够的维生素；适当增加运动，但在发情旺盛（卵泡迅速发育）、排卵和黄体形成期，不要剧烈运动。不要过多应用雌激素，对子宫、卵巢疾病应及时治疗。对正常发情的牛，及时进行交配和授精。

二、持久黄体

母牛在排卵（未受精）后，黄体超过正常时间而不消失称为持久黄体。由于持久黄体持续分泌助孕素，抑制卵泡的发育，致使母牛久不发情，引起不孕。据统计，由于持久黄体引起的不孕占不孕牛总数的30%以上。

（一）诊断要点

1. 发病原因

主要是由于饲养管理不当或子宫疾病，如蛋白质供应过多或过少；矿物质、维生素不足或缺乏；高产奶牛消耗过大；子宫内膜炎；子宫积脓或积水、胎儿木乃伊、胎衣滞留等引起垂体前叶所分泌的促卵泡素不足，促黄体素过多所致。患持久黄体的母牛主要表现不发情。直肠检查发现一侧或两侧卵巢上有大小不等的数颗黄体，多数呈蘑菇状突出于卵巢表面，质地较硬。

2. 临床症状

母牛发情周期停止，长时间不发情，直肠检查时可触到一侧卵巢增大，比卵巢实质稍硬；子宫多松软下垂，触诊收缩反应减弱。如果超过应当发情的时间而不发情，需间隔5~7d，进行2~3次直肠检查。若黄体位置、大小、形状及硬度均无变化，即可确诊为持久黄体。但为了与怀孕黄体加以区别，必须仔细检查子宫。

（二）防治措施

1. 治疗

消除病因，以促使黄体自行消退。为此，必须根据具体情况改进饲养管理，或首先治疗子宫疾病。

（1）西医疗法　①用前列腺素（PGF2α）5~10mg，肌内注射，每天1次，连用2d。

②用孕马血清进行肌内注射，每天1次，共注射2d。第1d注射30mL左右，第2d注射40mL左右。

③用孕马血清促性腺激素进行颈部皮下注射，剂量按每千克体重 8IU 使用。每天注射 1 次，连用 2 次。

④用绒毛膜促性腺激素 1 500~3 500U 和 25mL 生理盐水混合后进行肌内注射。

⑤用促卵泡激素 100~200U 和 5~10mL 生理盐水混合后进行肌内注射。隔 2d 注射 1 次，3 次为 1 个疗程。

⑥用 20mL 胎盘组织液进行皮下注射，每次间隔 5d，4 次为 1 个疗程。

⑦用 10~20mg 己烯雌酚进行肌内注射，每天 1 次，连续注射 3 次。

⑧用手伸入直肠，隔着肠壁抓住卵巢，用食指和中指夹住卵巢的韧带，用拇指在黄体的基部把黄体摘除。采取这一手术时，要注射维生素 K，防止出血。

⑨用黄体酮 100mg 进行肌内注射，1 次/d，注射第 2 次和第 3 次时，要同时注射 50mg 二丙酸己烯雌酚。

（2）中医疗法 ①用松节油 20mL、鱼石脂 20mL，混进牛奶中一次灌服，每天服 1 次，连服 6d。

②用手插进直肠，隔着直肠壁用拇指、食指和中指握住卵巢，把卵巢放在食指和中指之间，即可找到卵巢的韧带。在卵巢和黄体交界的凹陷处，用拇指挤压，把黄体压碎。如果黄体被挤碎，就有破碎感觉。黄体被压碎之后，还要用手指再按压 5min 左右，防止出血。

2. 预防

平时应加强饲养管理，增加运动。产后的子宫处理应及时彻底。

三、产后瘫痪

母牛产后瘫痪又称母牛的乳热证，是 5~9 岁母牛，特别是高产奶牛分娩后突然发生的一种以舌、咽、肠道麻痹，四肢瘫痪，知觉丧失及体温下降为特征的常见多发性产科疾病。

（一）诊断要点

1. 发病原因

（1）日粮搭配不当 常见的是饲料中钙磷比例失调。钙和磷是构成牛骨骼的主要矿物质元素，来源于日粮。如果日粮搭配不合理，钙、磷含量不足或比例不当，或维生素 D 含量不足，就不能从血液和间质中源源不断地获取，即会妨碍吸收，引起牛的蹄叶炎、产后瘫、奶牛酮病、乳房水肿，甚至会引发牛的真胃变位、瘤胃酸中毒等血多代谢性疾病。

（2）泌乳的因素　初乳中含有比常乳更高的钙和磷，当母牛分娩后，随着初乳的泌出，大量的钙磷从初乳中排出。即便初乳量不大，但因钙磷含量高，如果是为了获取大量的初乳，产后母牛挤出的初乳量大，就很容易使母牛的血钙量迅速下降，如果不能迅速从消化道补充，肠道吸收，或及时动用骨骼中的钙，就会使血钙含量快速下降，引发产后瘫痪。

（3）饲养管理不当　母牛产后产奶量大，特别是奶牛，血钙从乳汁中流失多，流失快，如果在产前停食时间过长；或饲料品种单一，粗饲料品质差，只供应玉米秸、麦秸、芦苇等杂草，母牛产后消化不良，吸收差；运动不足；接产过程中，消毒不彻底，保温措施不力，圈舍阴暗潮湿，长期光照不足；母牛临产过程中，难产，强行拉拽胎儿，造成产道损伤，产后大失血；或难产时采取措施进行强行分娩，母牛体内储备大量消耗等，都可诱发或激发母牛的营养代谢性疾病，尤其是产后瘫痪的发生。

（4）年龄因素　实践证明，随着母牛年龄的逐渐增大，本病的发病率也在上升。一般 5~8 岁的母牛，特别是奶牛，更容易发生本病。其原因可能是年龄越大，吸收能力越差。而青年牛胃肠机能好，虽然每天分泌的乳汁多，血钙下降也快，但都能快速从消化道和骨骼中得到补充。而随着年龄的增大，母牛的这种反应过程变得迟缓，胃肠吸收钙的能力也明显下降，血钙一旦出现快速下降，很难在短时间内得到快速补充，就会出现本病。

2. 临床症状

典型的母牛产后瘫痪多发生于产后 12~72h 内。往往见不到明显的临床症状就突然发生瘫痪。如果仔细观察，常可分为 3 个发病阶段。病初，产后母牛多表现不安，精神沉郁，食欲不振，空嚼磨牙，瘤胃蠕动音减弱，肠道麻痹，头颈和后肢僵硬，运动失调，强迫卧地时常呈犬坐姿势，知觉丧失；母牛分娩后 3~7d，病牛常表现伏卧不起，四肢屈曲于胸腹之下，冷凉，无力活动，头向后仰，呈 "S" 状，体温正常或下降，心率、呼吸加快，前胃蠕动迟缓，食欲减退，反射消失，严重者瞳孔反射消失；分娩后 1 周，瘫痪病牛常现昏睡状，体温下降，反刍、胃肠蠕动停滞，臌气，直肠中可见干硬的结粪，膀胱充盈，病重者呼吸困难，心音微弱，瞳孔散大，意识丧失，卧地不起。

（二）防治措施

1. 治疗

（1）补钙疗法　25% 葡萄糖注射液 500mL，20% 安钠咖 20mL；10% 葡萄糖注射液 500mL，维生素 B_1 注射液 30mL；10% 葡萄糖酸钙注射液 1 500mL，缓慢静脉注射。每日 1 次。

也可用25%葡萄糖酸钙溶液1 000mL，5%氯化钙注射液500mL，10%葡萄糖酸钙注射液1 200mL，20%磷酸二氢钠注射液250mL，静脉注射；0.1%亚硒酸钠维生素E注射液40mL，肌内注射。病情严重者，10%安钠咖注射液（或10%樟脑磺酸钠注射液20~40mL），肌内注射；呼吸急促者，5%碳酸氢钠注射液500mL，地塞米松磷酸钠注射液10mL。每日1次。

还可用10%氯化钙注射液250mL，25%葡萄糖注射液1 000mL，地塞米松磷酸钠注射液20mg，缓慢静脉注射。每日1次。

或用10%水杨酸钠注射液200mL，40%乌洛托品注射液80mL，10%氯化钙注射液250mL+注射用维丁胶性钙20mL，10%葡萄糖注射液1 000mL，缓慢静脉注射。

前胃迟缓的病牛，治疗宜兴奋胃肠道，恢复前胃功能。健胃散250g，吗丁啉15片，灌服。

（2）乳房送风疗法　尽量使趴卧的病牛呈侧卧位，暴露乳房；挤净奶汁，用酒精棉球消毒乳导管、乳头及周围。轻轻转动乳导管，缓慢插入乳头直至乳房内，先通过乳导管缓慢注入5万~10万U青霉素，稍等片刻，接上送风器或打气筒，分别向4个乳区打气送风。待乳房皮肤看起来已经胀满，轻轻敲打呈鼓音时，停止打气，缓慢取出乳导管，同时用纱布条将乳头扎紧，以不出气为度，2h后，解开纱布条，放出乳房内空气，并对乳房进行轻柔按摩。

2. 预防

① 产前2~10d，一次性注射维生素D_3 100万U/100kg体重；或每天注射1次维生素D_3 1 000mg，适当运动，增加光照时间，促进顺利分娩。

② 在干奶期，最迟从产前2周开始喂给奶牛低钙高磷饲料，以激活奶牛甲状旁腺的机能。同时适当降低饲料中蛋白质饲料的添加量。

③ 产后不要立即挤奶及产后4d内不要将初乳挤净，以防止钙从初乳中大量排出而导致血钙骤然下降，导致瘫痪。奶牛产后应立即恢复高钙，以保证钙代谢的平衡。

④ 鱼肝油中含有丰富的维生素D、维生素A，具有促进钙吸收，提高免疫力功能。在干乳期产前30d、10d各灌服鱼肝油，可有效促进胎衣顺利排出，预防生产瘫痪。

⑤ 在干奶期，并从产前4周到产后1周，每天增喂镁30g，可以预防血钙下降时出现抽搐症状。

四、产后子宫脱垂

母牛子宫角、子宫体、子宫颈的部分或全部翻转于阴道，并脱出于阴门外的现象，称为子宫脱垂。如不及时正确处置，可继发腹膜炎，甚至导致败血症而死亡。

（一）诊断要点

1. 发病原因

（1）母牛配种过早　有些母牛可能不足10月龄便会出现发情现象，此时母牛还未发育完全体型甚至不足成年母牛的1/2，过早地进行配种母牛到妊娠中后期便可能出现宫脱。

（2）母牛体型过小　母牛体型过小且与公牛体型差异过大的情况下，到妊娠中后期有较大可能出现宫脱。

（3）母牛营养过剩　母牛营养过剩胎儿生长发育迅速，进而造成母牛腹部压力过大出现宫脱。

（4）饲养管理不当　母牛长期饲喂霉变饲料、运动不足、饮冰冻水或受污染的水等，同样可引起宫脱。

（5）习惯性宫脱　如果母牛出现严重宫脱，那么以后的妊娠过程中稍有不慎还会出现宫脱。

（6）难产及助产不当　在母牛出现较为严重的难产，或者助产不当等情况下，可造成母牛产后宫脱。

2. 临床症状

母牛产后见阴门外挂一圆形肉团，仔细辨认，大多为子宫，有时也附有未脱离的胎衣。脱出物两角处向内凹陷，有许多暗红色的子叶，为母体胎盘。如果脱出时间长，脱出物逐渐淤血、水肿，变成黑褐色肉冻样物，严重感染，破溃流出黄水。如发生在寒冷的冬季，还会因冻伤而坏死。

病牛表现神疲体倦，卧地不起，食欲、反刍渐减，四肢微肿，尿频。严重者继发腹膜炎甚至败血症而死亡。

（二）防治措施

1. 治疗

（1）手术整复　用1%~3%的温食盐水或白矾溶液清洗脱出的肉团及外阴周围，去除粘附在肉团上的污物、杂草及坏死组织。用冰片或白矾适量，研为细末，涂抹在肉团上，以便使脱出物尽量收缩。若已发生水肿，应用小三棱针乱刺外脱的肿胀黏膜，放出血水。

整复时，术者用拳头抵住子宫角末端，在病牛努责间隙把外脱的子宫推进产道，还纳于骨盆腔，并把子宫所有皱褶舒展，使其尽量完全复位、复原。而后，进行阴唇的纽扣状缝合，即在阴唇两外侧各垫上 2~3 粒纽扣，纽扣的下面向外，线通过纽扣孔进行缝合，然后打结固定。同时，取新砖一块烧热，喷上一些食醋，用数层布或毛巾包裹，放在阴门外热敷，以利子宫复原，防止再脱。

（2）药物治疗　手术整复后，应同时使用药物治疗。可使用催产素 50~100U，皮下或肌内注射。头孢噻呋钠 4g，双黄连注射液 80mL，肌内注射，每日 2 次，连用 3d。也可用氯化钙注射液 50g（或葡萄糖酸钙注射液 100g），25% 葡萄糖注射液 1 500mL（或 50% 葡萄糖注射液 500~1 000mL），地塞米松磷酸钠注射液 15mg，维生素 B_1 50mL，维生素 C 50mL，静脉注射。每日 1 次，连用 3d。

2. 预防

加强经产母牛的饲养管理，临产前，将待产母牛转入产房，产房要清洁干燥，专人管理。增加矿物质、维生素和微量元素的添加量，同时为了避免产后子宫脱出，产前 1 周注射 25% 葡萄糖和 10% 葡萄糖酸钙各 500mL，每天 1 次，连续使用 1 周，促进子宫收缩。在分娩时，尽量自然分娩，确实需要助产时，要小心细致耐心，避免损伤产道。产后要喂母牛红糖水，补充水分和糖类。产后 24h 之内要安排专人看护，观察是否有产道出血、努责等情况，如果发现异常及时处理。

为了减少母牛子宫脱出产科病的发生，初产母牛 16~18 月龄再进行配种，或者母牛体重达到成年母牛体重的 70% 以上才能配种。在选择杂交改良时，尽可能本品种之间交配或者是使用本品种之间的冻精细管，种公牛的体型、体重不可超过母牛的 2 倍，避免初生胎儿过大的问题。加强饲养管理，增加母牛的运动量，定期牵遛运动，补充多种类型的饲料，避免饲料种类单一，营养不全面，同时要定期补充矿物质、维生素和微量元素。产后 1~2 周加强护理，观察母牛的恶露排出情况以及精神状态，发现问题，及早治疗。尽早淘汰习惯性宫脱的母牛，不建议继续饲养。

五、胎衣不下

母牛产后胎衣不下又称为胎衣滞留。正常情况下，母牛产犊后，在 12h 内都能自行排出胎衣。如果母牛产犊后 12h 内，胎衣不能自行全部排出而滞留于子宫内，就称为胎衣不下。胎衣不下可导致母牛子宫内膜炎，影响母牛正常繁殖。严重的子宫感染，还可导致奶牛乳房炎、不孕症，甚至引起败血症而死亡。

（一）诊断要点

1. 发病原因

（1）日粮营养不均衡　母牛在怀孕期，特别是孕后期，奶牛的干奶期，粗饲料品质差，日粮营养水平不均衡，特别是矿物元素、微量元素、维生素含量少，或钙磷比例不合理，导致钙吸收差。有资料证明，饲料中含钙量低是诱发母牛胎衣不下的重要因素。

（2）体质差，子宫收缩力不足　怀孕期母牛拴系饲养，运动量小，光照不足，过度肥胖或过度瘦弱，老龄母牛，体质较差，临产时子宫收缩无力。有时，因胎儿过大，胎水过多，导致胎盘迟缓，子宫收缩力也会不足。孕期感染某些传染病，如布鲁氏菌病、结核病等，也容易导致胎儿胎盘与母体胎盘粘连，临产时子宫收缩无力。

（3）环境影响　母牛产犊时，产房周围环境嘈杂，不但会影响产犊进程，也会导致胎衣不下。产程中突然受到惊吓，子宫突然过紧收缩，使已经脱落的胎衣无法及时排出。

2. 临床症状

产犊 12h 后，仍不见胎衣排出。母牛表现不安，哞叫，回头顾腹，拱背，努责。全部胎衣不下时，阴门外无异物；部分胎衣不下时，见一部分已经排出的胎衣挂在阴门外，起初呈鲜红色或土红色，随着时间的延长，排出的部分胎衣逐渐腐败变质，变成灰白色。从阴门流出污秽的恶臭血水，并带有部分坏死的组织碎片或胎衣，卧下或按摩子宫，流出液更多。如果 24h 内仍不能完全排除胎衣，产后母牛常出现全身症状，表现精神沉郁，食欲不振，前胃迟缓，有时继发瘤胃臌气。

（二）防治措施

1. 治疗

（1）促进子宫收缩　可用垂体后叶素 40～80U，肌内注射，2h 后重复注射 1 次。也可于子宫内缓慢注入温热的 10% 盐水 2 000mL，同时加入土霉素 3g；5% 葡萄糖酸钙注射液 250mL，静脉注射；双氯芬酸钠注射液 20mL，青霉素 480 万 U，青霉素钠 320 万 U，肌内注射。还可用 20% 氯化钙 60mL，生理盐水 350mL，静脉注射；双氯芬酸钠 20mL，青霉素 480 万 U，青霉素钠 320 万 U，肌内注射。

用 0.25% 氯化氨甲酰甲胆碱注射液 20mL，青霉素 480 万 U，青霉素钠 320

万 U，混合，一次性皮下注射。如胎衣在子宫内停留时间太长，可于 12h 后重复注射 1 次。

（2）预防感染　金霉素 2g，装入胶囊内投入子宫。每日 1 次，连投 3d。全身症状明显的病牛，用 20% 葡萄糖酸钙注射液 500mL，维生素 C 注射液 50mL，10% 安钠咖 30mL，20% 葡萄糖注射液 1 000mL，一次静脉注射，连用 3d；或用 5% 葡萄糖生理盐水注射液 1 500mL，头孢噻呋钠 5g，维生素 C 注射液 50mL，地塞米松磷酸钠注射液 20mg，10% 葡萄糖注射液 1 500mL，一次静脉注射。每天 1 次，连用 3d。

（3）手术治疗　经应用药物治疗无效的患牛，应采用手术治疗。

① 胎衣剥离术。母牛产后 2d，见有部分胎衣不下时，可使用本法。术者剪指甲、消毒手臂、涂抹石蜡油。洗净母牛外阴及周围，先向子宫内注入温热的 10% 食盐水 2 000mL。术者左手拉住已经排出的部分胎衣，右手沿着露在体外的这部分胎衣伸入子宫内，由前向后、先左再右，用拇指和食指捏住胎膜的边缘，轻轻地从母体胎盘上剥开一点，然后顺着轻拉捻转，如此逐个剥离胎盘，直至胎衣被完全剥离取出。

② 捻转术。取一干净的木棍，一头戳进已经外露的部分胎衣中间，用细麻绳把胎衣绑在木棍上，然后向一个方向转动木棍，让胎衣缠在木棍上，边缠边向外拉拽胎衣，但不可强拉硬拽。有时也能使胎衣快速排出。

为防止子宫炎症，可于手术治疗后用温热的 0.1% 高锰酸钾溶液或 2%～3% 的明矾水 2 000mL 冲洗子宫，然后灌注土霉素 3g 或四环素 30 片。必要时可肌内注射青霉素 320 万 U，每天 2 次，连用 3d。

2. 预防

① 怀孕后提前检查布鲁氏菌病和结核病，有其他内外科疾病的及时治疗。

② 怀孕后期减少高蛋白精饲料饲喂量，增加青绿饲草。

③ 怀孕后期适当驱赶运动，防止胎位不正出现难产。

④ 发现胎衣不下的及时进行治疗。

六、子宫内膜炎

牛子宫内膜炎是因母牛分娩、助产或人工授精时感染微生物所引起的一种常见的繁殖障碍性疾病，是导致不孕的重要原因，并严重影响母牛的繁殖力和生产性能。

（一）诊断要点

1. 发病原因

（1）母牛难产 母牛难产导致胎衣滞留，是发生子宫内膜炎的主要原因。母牛正常分娩或母牛难产后，需要进行人工助产，操作过程中，消毒措施不当或消毒不彻底，操作时胎衣剥离不干净，手术剥离时，因动作粗暴，损伤子宫黏膜；或因饲养管理不当，母牛体质虚弱，发生子宫脱、阴道脱等，又没有及时采取正确的措施处理，导致病原微生物（特别是大肠杆菌、葡萄球菌、化脓性放线菌以及链球菌等）感染。

（2）人工授精操作不规范 在人工授精时，器械没有严格消毒，输精器械、操作者手臂、被输精母牛外阴部消毒不彻底，导致微生物进入子宫而感染。

（3）饲养管理不当 母牛日粮营养不良，微量元素和矿物质比例不当，缺乏硒和维生素 E，导致机体抵抗力下降，体质虚弱，子宫收缩乏力，子宫迟缓；死胎；产后出现恶露不尽，子宫内膜炎的患病率会大大提高。

2. 临床症状

（1）急性子宫内膜炎 多于母牛产后 1 周内发病。病初，见阴门恶露不尽，流出大量污秽并带有恶臭味的黑褐色、暗红色、稀薄的液体，有时混有残留在子宫内并已经腐烂的胎膜碎片，呈絮状，对子宫、直肠按摩，内容物排出更多。病牛一般伴有精神沉郁，常趴卧不起，食欲减退，前胃迟缓，有时体温升高，奶牛产奶量下降，甚至继发酮病。行直肠检查，多见子宫松弛，子宫角积液或积气。

（2）慢性或隐性子宫内膜炎 多因急性型子宫内膜炎得不到及时有效的治疗而转来。病牛卧地时，阴道内偶有少量黏稠、污秽分泌物流出，没有明显性周期，发情征状不明显，一般没有其他明显的临床症状。有的病牛仅表现隐性子宫内膜炎，临床上只见食欲不振，不爱活动，体温略高或正常，但屡配不孕。行直肠检查时，可见子宫复原性较差，有时可在子宫角和阴道前部有黄白色脓性分泌物。

（3）坏死性子宫内膜炎 当子宫内膜炎病情严重时，母牛表现子宫组织黏膜坏死，化脓，并出现全身性败血症变化，死亡率高。

（二）防治措施

1. 治疗

本病治疗的原则是提高机体抗病力和子宫的紧张度、收缩力，加快子宫内渗出物的排出和子宫复原的速度。

（1）子宫冲洗　对于急性型、慢性型病牛，一般使用 0.9% 温热的生理盐水 5 000～10 000mL 对子宫进行多次冲洗，直至清洗液透明。排净液体后，将 20～30mL 添加有 50 万 U 青霉素及 50 万 U 链霉素的生理盐水注入子宫内，每天 1 次，连续使用 2～4 次，治疗效果良好。

对于隐性病牛，在配种前 1～2h 对子宫使用 250～500mL 生理盐水或者苏打溶液（即由 1 000mL 温水、3g 碳酸氢钠、9g 葡萄糖、1g 氯化钠组成）进行冲洗，有助于受精。对于黏液脓性及脓性病牛，可对子宫使用 3 000～5 000mL 碘盐水（即按每 1 000mL0.9% 盐水添加 20mL 2% 碘酊）进行冲洗，也可使用 0.1% 高锰酸钾溶液或者 0.1% 雷佛奴尔进行冲洗。

对于病程持续时间较久的慢性病牛，可先对子宫使用 250～500mL 3% 双氧水进行冲洗，1～1.5h 之后再用 0.9% 盐水冲洗干净，最后再注入适量的抗生素，该法通常只需要进行 1 次，如有需要可采取 2 次。

如果子宫内分泌物发生腐败并发恶臭味时，适宜使用 0.1% 高锰酸钾溶液或者 0.5% 来苏尔进行冲洗，但注意冲洗次数不能过多。

（2）子宫给药　如果病牛子宫内有脓性分泌物从阴门流出，可取红霉素 5g 或者土霉素纯粉 5g，添加在 50～100mL10% 的浓盐水或者 25% 葡萄糖溶液中，完全溶解后加热到 40℃，将其一次性灌注到子宫内，分成两等份各注入一侧子宫角，之后对子宫角进行 5min 按摩，每 3d 使用 1 次，直到从阴门流出清亮透明的分泌物或者没有分泌物流出为止。

如果母牛患有隐性子宫内膜炎，且多次配种不孕，可取 20mL 碘甘油或碘附原液，加热到 40℃，将其一次性灌注到子宫内，接着对子宫角进行 5min 按摩即可。

（3）全身治疗　头孢噻呋钠 4g，双黄连注射液 40mL，肌内注射，每天 1 次，连用 3d。

2. 预防

（1）及时治疗原发病。

（2）加强饲养管理　科学合理地利用饲草、饲料资源，提高奶牛的营养水平，做到早发现、早治疗，以避免错过最佳的治疗时机。

（3）搞好牛场环境卫生　注重场地卫生，牛床、牛舍、运动场应保持干燥，定期消毒，及时处理牛舍及运动场粪便、积水、污水；保持牛体清洁、干燥。

（4）控制产前、产后感染　建立独立产房，并定期消毒，母牛分娩前应对分娩环境和母牛外阴等处消毒，在难产需助产时应对助产者手臂和助产器械严格消毒。产房、产床和产畜应保持清洁卫生、严格消毒。在产后 24~48h，应向子宫内灌注抗生素 1 次，以防产后子宫感染。如果母牛产后 12h 仍然胎衣不下，此时应采取药物注射等措施防止子宫感染。产后 1 周应注意产床、母牛外阴及后躯卫生。

（5）避免配种污染　精液稀释液、稀释器具、输精枪应严格消毒；精液稀释、吸取过程应在无菌条件下操作；输精时应用消毒液清洗母牛外阴部；插入输精器是避免将污物沾到输精器上带入阴道和子宫内。

在人工授精时，对器材、人员、母牛要严格消毒，防止引起母牛生殖器官感染。在输精时，输精枪应缓慢通过子宫颈褶皱，以避免损伤子宫颈或子宫黏膜而引起子宫感染。

（6）注意产后调整　产后药物调整是促进子宫复旧、促进母牛早发情的重要措施，对产后子宫收缩乏力的奶牛可以注射雌激素、垂体后叶素等药剂。也可以灌服调理气血、活血化瘀、促进子宫收缩、促进和恢复产后母畜生殖功能的中药，如生化汤、补中益气汤、桃红四物汤等。母牛产后 1 个月，检查子宫复旧情况，对复旧不好的母牛应及时给予治疗。为促使母牛早发情，可以给母牛饲喂补肾助阳的中药，如淫羊藿、催情散等。

七、难产

在分娩过程中，由于母体或胎儿异常，使母牛不能顺利地产出胎儿称为难产。母体异常主要包括产力和产道异常，胎儿异常包括胎势、胎位、胎向及胎儿自身大小异常，在诸因素中，有任何一个发生都可能导致难产。难产若处理不及时或不当，可能造成胎儿及母体死亡，即使母牛存活下来，也常常发生生殖器官疾病，导致不育。

（一）母牛异常引起的难产

1. 阵缩及努责微弱

分娩时子宫肌及腹肌收缩力弱和时间短，以致不能排出胎儿时称为阵缩及努责微弱。

（1）诊断要点。母牛已到分娩期，并且有分娩前的表现，但阵缩及努责弱而短，分娩时间延长而排不出胎儿，有时分娩现象很不明显。检查阴道时子宫颈完全开张，子宫颈黏液栓塞已软化，在子宫颈前即可摸到胎儿。

继发性病例，是已出现正常分娩的阵缩及努责，但未排除胎儿，以后阵缩及努责变为微弱而出现难产。通过外部及阴道检查，确定子宫内有胎儿。

（2）治疗。垂体后叶素 50~100U，肌内注射。也可以使用 10% 麦角新碱

3~10mL 肌内注射。垂体后叶素和麦角新碱都是子宫收缩剂，可以促进胎儿自行从母体排出。但必须注意，麦角新碱制剂只限于子宫颈口完全开张，胎势、胎向及胎位正常时使用，否则易引起子宫破裂。当子宫收缩剂无效，子宫颈口开张不全，无法拉出胎儿时，应施行剖腹产手术。

继发性病例，如果发生在难产之后，即按难产的助产原则，除去病因和拉出胎儿。

2. 阵缩及努责过强

（1）诊断要点　分娩时母牛强烈努责，有时过早排出胎儿，但常发生子宫脱。胎势、胎向及胎位不正或胎儿头过大、产道狭窄时，会使胎儿窒息，或造成子宫及阴道脱。

（2）治疗　3%盐酸普鲁卡因注射液 15mL，荐尾硬外腔麻醉。

牵引产牛缓慢行走 15min，或站立在前低后高的位置，或用手强压背腰部，以减轻腹肌收缩。同时使用镇静剂普鲁卡因行荐尾硬外腔麻醉，或静脉注射 5%水合氯醛 200~400mL，或口服白酒 1 000mL。如果胎儿异常或产道狭窄造成难产，宜进行助产。

3. 阴门及阴道狭窄

（1）诊断要点　① 阴门狭窄。分娩时阴门扩张不大，在强烈努责时，胎儿唇部和蹄尖出现在阴门处而不能通过，外阴部被顶出，但在努责的间歇期外阴部又恢复原状。由于努责过强会引起会阴破裂。

② 阴道狭窄。阵缩及努责正常，但胎儿久不露出产道，阴道检查可发现狭窄部位及其原因，在其前部可摸到胎儿。

（2）治疗　助产。①试行拉出胎儿。首先向阴门黏膜上涂布或向阴道内灌注滑润油或温肥皂液，然后应用产科绳缓慢牵拉胎头及前肢。此时助产者尽量用手扩张阴道，如果有肿瘤时，要用手将它推开。②切开狭窄部。如果试拉胎儿无效时，应切开阴道狭窄部的阴道黏膜，拉出胎儿后，立即缝合。对于阴门或阴道内的较大肿瘤，如果妨碍胎儿产出时，须切除或者施行截胎术。

（二）胎儿异常引起的难产

1. 胎儿过大

胎儿过大是指母牛的骨盆及软产道正常，胎位、胎向及胎势也正常，由于胎儿发育相对过大，不能顺利通过产道。可能是由于母畜或胎儿的内分泌机能紊乱所致，母牛的怀孕期过长，使胎儿发育过大。

（1）诊断要点　阵缩及努责正常，有时尚见两蹄尖露出阴门外，但胎儿不能娩出。胎儿胎势、胎向、胎位及母体产道均无异常，只是胎儿过大，充塞于产道内。

（2）治疗 助产。人工强行拉出胎儿，但须注意，尽可能等到子宫颈完全开张后进行；必须配合母牛努责，用力要缓和，通过边拉边扩张产道，边拉边上下左右摆动或略为旋转胎儿。在助手配合下交替牵拉前肢，使胎儿肩围、骨盆围，呈斜向通过骨盆腔狭窄部。强行拉出确有困难的，而且胎儿还活着，应及时实施剖腹产术；如果胎儿已死亡，则可施行截胎术。

2. 双胎难产

双胎难产是指在分娩时两个胎儿同时进入产道，或者同时楔入骨盆腔入口处，都不能产出。

（1）诊断要点 可能发生在一个正生、另一个倒生，两个胎儿肢体各一部分同时进入产道。仔细检查，可以发现正生胎儿的头和两前肢及另一个胎儿的两后肢，或一个胎头及一前肢和另一胎儿的两后肢等多种情况，但在检查时，必须排除双胎畸形和腹竖向。

（2）治疗 助产。双胎难产助产时要将后面一个推回子宫，牵拉外面的一个，即可拉出。手伸入产道将一个胎儿推入子宫角，将另一个再导入子宫颈即可拉出。但是在操作过程中要分清胎儿肢体的所属关系，用附有不同标记的产科绳各捆住两个胎儿的适当部位避免推拉时发生混乱。在拉出胎儿时，应先拉进入产道较深的或在上面的胎儿，然后再拉出另一个胎儿。

3. 胎儿姿势不正

（1）胎儿头颈姿势不正 分娩时两前肢虽已进入产道，但是胎儿头发生异常。如胎头侧转、后仰、下弯及头颈扭转等，其中以胎头侧转、胎头下弯较为常见。

① 诊断要点。胎头侧转时，可见由阴门伸出一长一短的两前肢，在骨盆前缘可摸到转向一侧的胎头或颈部，通常头是转向伸出较短前肢的一侧。胎头下弯时，在阴门处可见到两蹄尖，在骨盆前缘胎儿头向下弯于两前肢之间，可摸到胎头下弯的颈部。

② 治疗，助产。

徒手矫正法：适用于病程短、侧转程度不大的病例。矫正前先用产科绳拴住两前肢，然后术者手伸入产道，用拇指和中指握住两眼眶或用手握住鼻端，也可用绳套住下颌将胎儿头拉成鼻端朝向产道，如果头顶向下或偏向一侧，则把胎头矫正拉入产道即可。

器械矫正法：徒手矫正有困难者，可借助器械来矫正。用绳导把产科绳双股引过胎儿颈部拉出与绳的另一端穿成单滑结，将其中一绳环绕过头顶推向鼻梁，另一绳环推到耳后由助手将绳拉紧，术者用手护住胎儿鼻端，助手按术者指意向外拉，术者将胎头拉向产道。胎头高度侧转时，往往用手摸不到胎头，须用双孔梃协助，先把产科绳的一端固定在双孔梃的一个孔上，另一端用绳导带入产道。绕过头颈屈曲部带出产道，取下绳导，把绳穿过产科梃的另一孔。术者用手将产科梃带入产道，沿胎儿颈椎推至耳后，助手在外把绳拉紧并固定在梃柄上，术者手握住胎儿鼻端，然后在助手配合下把胎头矫正后并强行拉出。

无法矫正时，则实施截头术，然后分别取出胎儿头及躯体。

胎头下弯时，先捆住两前肢，然后用手握住胎儿下颌向上提并向后拉。也可用拇指向前顶压胎头，并用其他四指向后拉下颌，最后将有腕关节屈曲、肩关节屈曲和肘关节屈曲，或两前肢压在胎头之上等。临床上常见者为一前肢或两前肢腕关节屈曲，其他异常姿势较少见。

（2）胎儿前肢姿势不正　有腕关节屈曲、肩关节屈曲和肘关节屈曲，或两前肢压在胎头之上等。临床上常见者为一前肢或两前肢腕关节屈曲，其他异常较少见。

① 诊断要点。一侧腕关节屈曲时，从产道伸出一前肢，两侧腕关节屈曲时，则两前肢均不见伸出产道。产道检查，可摸到正常的胎头和弯曲的腕关节。肩关节屈曲时，前肢伸入胎儿腹侧或腹下，检查时，可摸到胎头和屈曲的肩关节。有时胎头进入产道或露出于阴门，而不见前肢或蹄部。

② 治疗，助产。腕关节屈曲时，先将胎儿推回子宫，推的同时术者用手握住屈曲的肢体掌部，一面尽力往里推，一面往上抬，再趁势下滑握住蹄部，在趁势上抬的同时，将蹄部拉入产道。另外，也可用产科绳捆住屈曲前肢的系部，再用手握住掌部，在向内推的同时，由助手牵拉产科绳，拉至一定程度，术者转手拉蹄子，协助矫正拉出。如果胎儿已死亡，可实施腕关节截断术。

肩关节屈曲，有时不进行矫正也可以拉出，如果拉出有困难，可先拉前臂下端，尽力上抬，使其变成腕关节屈曲，然后再按腕关节屈曲的方法进行矫正。如仍无法拉出，且胎儿已死亡，可实施一前肢截除术，再拉出胎儿。

（3）胎儿后肢姿势不正　在倒生时，有跗关节屈曲和髋关节屈曲两种，临床上以一后肢或两后肢的跗关节屈曲较为多见。

① 诊断要点。两侧跗关节屈曲时，在阴门处什么也看不到，产道检查，可摸到屈曲的两个跗关节、尾巴及肛门，其位置可能在耻骨前缘，或与臀部一齐挤入产道内。一侧跗关节屈曲时，常由产道伸出一蹄底向上的后肢。产道检查，可摸到另一后肢的跗关节屈曲，并可摸到尾巴及肛门。

② 治疗，助产。先用产科绳捆住后肢跗部，然后术者用手压住臀部，同时用产科梃顶在胎儿尾根与坐骨弓之间的凹陷内，往里推，同时助手用力将绳子向上向后拉，术者顺次握住系部乃至蹄部，尽力向上举，使其伸入产道，最后用力将胎儿后肢拉出。如跗关节挤入骨盆腔较深。无法矫正且胎儿过大时，可以把跗关节推回子宫内，使变为髋关节屈曲坐（骨前置），此时可以用产科绳分别系于两大腿基部，并将绳子扭在一起，并向产道注入大量滑润剂，强行拉出胎儿。如果前法无效或胎儿已死亡时，则实行截胎术，再拉出胎儿。

（4）胎位不正　有下胎位和侧胎位。

① 下胎位。有正生下位和倒生下位两种。

诊断要点：正生下位时，阴门露出两个蹄底向上的蹄子，产道检查可摸到腕关节、口、唇及颈部。倒生下位时，阴门露出两个蹄底向下的蹄子。产道检查可摸到跗关节、尾巴，甚至脐带，即可确诊。

治疗，助产。上述两种下位，均需将胎儿作纵轴180°的回转，使其变为上位，或轻度侧位，再实行强行拉出。或者由术者先固定住胎儿，然后翻转母牛，以期达到使下位变为上位的目的，但是这样矫正难度较大。如矫正无效，应及时施行剖腹产术。

② 侧胎位。有正生和倒生两种侧胎位。

诊断要点：正生侧胎位时，两前肢以上下的位置伸出于阴门外，产道检查，可摸到侧胎位的头和颈；倒生时，则两后肢以上下的位置伸出于阴门外，产道检查，可摸到胎儿的臀部、肛门及尾部。

治疗，助产。倒生时的侧位，胎儿两髋结节之间的距离较母畜骨盆入口的垂直径短，所以胎儿的骨盆进入母牛骨盆腔并无困难，或稍加辅助，即可将侧位胎儿变为上位而拉出。但正生侧位时，常由于胎头的妨碍，而难以通过骨盆腔，所以需要矫正胎头，通常是推回胎儿，握住眼眶，将胎尖扭正拉入骨盆入门，然后再拉出胎儿。

（5）胎向异常　胎向不正是指胎儿身体的纵轴与母牛的纵轴不呈平行状态。

① 横背向。

诊断要点：在骨盆入口的前缘，胎儿横卧于子宫内，其背部对向骨盆入口。手在骨盆入口处可摸到胎儿背腰部脊椎棘突的顶端，沿脊柱向前、后及两侧触诊，可触摸到肋骨、腰横突、髋结节、荐部，即可作出确诊。

治疗，助产。如果后躯靠近骨盆入口，宜用锐钩钩于荐骨下肌肉内，然后一面推入前躯，一面将胎儿拉向产道，再将后肢拉正，拉出胎儿。如果前躯靠近骨盆入口，就应拉头及两前肢，推入后躯。无法拉出胎儿时，宜行截胎术或剖腹产术。

② 纵背向。

诊断要点：产道检查时，发现胎儿背部对向产道，头及前肢在上，后肢在下。

治疗，助产。一般应先拉前躯，推入后躯。先用助产绳缚好头部及两前肢，由助手牵拉，助产者以手将胎儿推入子宫深部，使之变成正生下胎位；如果后躯靠近骨盆入口，应先推前躯，并牵拉两后肢，使之变成倒生，然后矫正，拉出胎儿。无效时宜行截胎术和剖腹产术。

③ 横腹向。

诊断要点：产道检查时，可发现胎儿横卧于子宫内，腹部对向骨盆入口，四肢均进入产道。

治疗，助产。如果头及两前肢接近产道，可推入后躯，拉头及两前肢，使之变成正生侧胎位。如后躯进入产道较多，则先用助产绳缚后两后肢，再以手或产科梃推入胎儿前躯，同时拉拴于后肢的绳子使胎儿变成倒生侧胎位，然后矫正，拉出胎儿。上述方法无效时，宜行截胎术或剖腹产术。

④ 纵腹向。

诊断要点：头及两前肢进入产道，胎如正常正生姿势，但其两后肢也进入产道，呈犬坐姿势。沿胎儿腹下向内可摸到进入产道的两后肢。

治疗，助产。将进入产道而置于胎儿腹下的两后肢推回耻骨前缘之下，进入子宫内，然后按正生顺产，拉头及两前肢。如无法推回两后肢，在胎头、个体不甚大的情况下，可将两后肢拉直，或推回一后肢，拉直一后肢，然后由助手拉头、两前肢及后肢，可拉出胎儿。此时应将后肢尽力上抬，以免损伤产道。

（三）母牛难产的预防

1. 初配不宜过早

初产母牛 18 月龄时配种最好，当母牛在 16 月龄时体重达到 350kg 左右，也可以进行配种，但应避免过早配种。

2. 控制好母牛膘情

充分结合母牛体型的大小、气温、胎次温等多种因素，科学合理地控制母牛膘情，对降低母牛难产的发生概率有帮助。

在日常饲养过程中，为母牛提供充足的营养，确保母牛体质健康，以促使胎儿健康发育。在母牛怀孕两个月后，逐渐增加矿物质、维生素等，每日确保精料 5kg 左右、干草 3kg 左右、青贮饲料 1kg 左右。

3. 经常刷拭牛体

在母牛怀孕 5 个月之后，经常刷拭牛体，做好乳房按摩工作，为母牛产后的挤奶管理等工作打下良好基础。

4. 适时停止喂食

母牛在临分娩前 3d 左右，应避免喂食过多饲料，产犊当天应停止喂食，有助于防止母牛难产。在母牛分娩之后，立即饮麸皮盐水汤 15kg，少喂食精料。分娩 3d 后，逐渐恢复正常喂食。

5. 保证足量运动

确保母牛每天运动 2h 左右，应避免出现摔倒、抽打、牛间相互爬跨等现象。在母牛分娩前，确保产房环境安静，禁止陌生人进出，以保证母牛的稳定生产，避免应激反应和难产。

八、子宫扭转

整个妊娠子宫，一侧子宫角或子宫角的一部分绕其纵轴而扭转时，结果会造成分娩困难。

（一）诊断要点

1. 发病原因

子宫扭转的直接原因，是在分娩时母牛急剧地起卧和转动腹部，强烈的胎动和过剧的阵缩，母牛在坡路上或沟中跌倒、滚转等。

母牛妊娠后期，增大的子宫垂向前下方，并且子宫角大部分未被子宫系膜所固定而游离，是容易发生本病的因素。

2. 临床症状

发生在妊娠末期时，母牛表现不安，有腹痛现象，食欲废绝，脉搏及呼吸加快，但体温正常。发生在分娩时母牛阵缩及努责正常，但久不露出胎膜，也不流出胎水。

母牛一侧阴唇稍缩入阴道内，有皱襞。阴道腔变窄呈漏斗状，深部有螺旋状的黏膜皱襞，此为本病的特征。轻度扭转时（90°扭转）能摸到子宫颈，严重扭转时（180°扭转）则勉强能伸手指。有时胎膜及胎儿的一部分被扭在皱襞中。

如果在子宫颈前发生扭转时，则阴道变化不明显。直肠检查时可摸到子宫体扭转的皱襞和紧张的子宫壁；一侧子宫系膜紧张，其中血管怒张，搏动异常强盛。扭转严重的病例，血管搏动可消失。

子宫扭转的方向，根据阴道皱襞的走向可判定。如果阴道皱襞从左后上方向前下方并向右行，是子宫向右侧扭转；而相反的，就是子宫向左扭转。另外，根据子宫系膜的松紧也可判定，即右侧子宫系膜紧张，子宫亦向右侧扭转。

（二）防治措施

1. 治疗

根据捻转发生严重程度，决定施行滚转法或手术疗法，使子宫扭转及时得到矫正，回归正常解剖位置，确保顺利产犊。

（1）保守疗法　滚转母体法矫正子宫捻转：在宽阔平整的地上铺垫软草，放倒母牛，把前肢和后肢分别用绳子捆住，绳头留下约100cm，母牛向与子宫扭转的同侧横卧，每边大约用3人的力量向扭转的相同方向迅速拉绳子使牛体回转；然后缓慢回到原来的横卧状态，再一次让其快速回转。如此滚转2~3次，将消毒过的手伸入产道仔细检查是否整复到位。这种方法在扭转早期且胎儿成活的情况下，大多数都能够成功复位。如果一次无效，可反复进行。

（2）手术疗法　在扭转严重保守法整复不了或胎儿已死了较长时间的情况下，通过开腹手术取出胎儿，子宫缝合后再整复。

2. 预防

在怀孕后期，需加强饲养管理，减少子宫捻转的促发因素。定期清理垫粪，保持圈舍及运动场地面平整，防止孕牛跌跤；除加强营养外，要适当增加运动量，不能拴系和限制活动，以增强子宫、肌肉的柔韧性。临产期要做好检查工作，勤观察、早发现、早治疗，若转化为重度捻转，保守疗法就不易整复，需要进行剖腹产手术，就会增大养殖风险。

九、子宫复旧不全

分娩后，子宫恢复至未孕状态的时间延长，即为子宫复旧不全或子宫弛缓。

（一）诊断要点

1. 发病原因

凡能引起阵缩微弱的各种原因，均导致子宫复旧弛缓，如年老、体弱、肥胖、运动不足、胎儿过大、胎水过多、多胎怀孕、难产时间过长等。胎衣不下及产后子宫内膜炎常继发本病。

2. 临床症状

产后恶露排出时间延长，常继发慢性子宫内膜炎。因此，产后第一次发情的时间也延长。开始发情时，配种不易受孕。病牛全身状况一般无异常，有时体温略升高，精神不振，食欲及奶量稍减。阴道检查可见子宫颈弛缓、开张。有的在产后 7d 仍能伸入整个手掌，产后 14d 还能通过 1~2 指。直肠检查，子宫体积较产后期的要大，下垂，壁厚而软，收缩反应微弱；若子宫腔内潴留有大量液体，触诊有波动感；有的还可摸到未完全萎缩的母体子叶。

（二）防治措施

1. 治疗

（1）药物治疗　垂体后叶素 30~100U，肌内注射。使用垂体后叶素可增强子宫收缩，促进恶露排出，防止发生慢性子宫内膜炎。

也可用催产素 80 万 U 肌内注射，5%氯化钠溶液 600~1 200mL，青霉素 100 万 U，链霉素 100 万 U，静脉注射，每天 1 次，连用 3d。

（2）子宫冲洗与灌注　先肌内注射催产素，然后用冷（20℃）或热（40~42℃）的 10%盐水 600~1 200mL 灌洗子宫，促进子宫收缩。冲洗后，再排出，再向子宫内投入青霉素和链霉素。

同时，用手伸进直肠内按摩子宫，每天按摩 1 次，每次 5~10min，再配合进行肌内注射或者往子宫颈内注入前列腺素 F2α 1~4mg，可治疗弛缓不收缩的症状。

（3）中药疗法　可灌服加味生化汤。

2. 预防

加强母牛饲养管理，保证体况正常；加强运动，保证胎儿大小合适；及时防治胎衣不下、产后子宫内膜炎等疾病。

十、流产

流产是指胚胎或胎儿与母体的正常生理关系被破坏，导致妊娠中断的一种病理表现。

（一）诊断要点

1. 发病原因

（1）管理因素　缺乏运动、突然猛烈运动、腹部受到重创，牛之间相互挤压等，都可导致子宫急性收缩而诱发流产。

（2）饲料因素　饲料中缺乏维生素等元素，尤其是钙磷缺失，可能会导致母牛流产。饲喂饲料腐败变质，食用多量酸败油饼酒糟，易引起机体中毒而流产。采食过量苜蓿草等易发酵饲料，可因饲料急性膨胀而导致流产。

（3）用药及处置不当　一些药物会导致流产，孕牛不可用。大量放血、口服泻药、全身麻醉、注射子宫收缩剂等，都可诱发流产。

（4）习惯性流产　当母牛上胎出现子宫脱垂或者流产时，就会出现习惯性流产。

（5）疾病因素　当母牛有子宫内膜炎、慢性子宫炎等生殖器官炎症，布鲁氏菌病等传染病，饲料霉菌毒素中毒，毛滴虫、环形泰勒虫及锥虫等寄生虫病感染等疾病时，可能有流产现象。

2. 临床症状

由于发生原因、时期、母牛体质等不同，表现出来的症状略有差异。隐性流产常因胚胎死亡液化被吸收而不表现出明显症状，典型症状为发情周期延长。

早产胎儿，多于妊娠后期，排出不足月胎儿，类似正常分娩。

排出死胎，也称为小产，为最常见的一种。此病常见妊娠后期，由于胎儿过大、胎位及胎势改变不充分，有时会伴有流产症状。

死胎未排出，根据乳房增大、泌乳量减少、乳汁变质，腹部不见胎动，直肠检查仍不见胎动，可进行确诊。

胎儿干尸化，胎儿死亡而未被排出。如子宫颈闭锁则死胎因组织水分被吸收而变干燥、体积缩小，组织变成致密，类似干尸，称为干尸化胎儿。

根据妊娠现象逐渐消退，也不发情，或妊娠期满也不分娩，直肠检查时子宫膨大、内有硬固物体、无弹性。

（二）防治措施

1. 治疗

治疗首先应确定是何种流产，怀孕能否继续进行，再确定治疗措施。

（1）先兆流产的治疗　对有流产征兆（胎动不安，腹痛起卧，呼吸、脉搏增数等）、胎儿未被排出体外及习惯性流产的母牛，应全力保胎，以防流产。将妊娠牛单独置于安静环境中，减少外界不良刺激。可肌内注射黄体酮注射液 50～100mg，每天或隔天 1 次，连用 2～3 次；亦可肌内注射维生素 E，剂量为每次每千克体重 5～20mg；还可用 0.1%硫酸阿托品皮下注射，或使用溴制剂、安定等进行镇静辅助治疗。中药可用炒白术、当归各 30g，川芎、白芍、党参、砂仁、熟地各 20g，炒阿胶、苏叶、黄芩、陈皮各 25g，生姜 15g，甘草 10g。共为末，开水冲调，候温，一次灌服，每天 1 剂，连用 2～5 剂。

对有流产病史的母牛，为防止形成习惯性流产，可根据上次流产的孕期提前 15～30d，用孕酮 50～100mg，肌内注射，隔天再注射 1 次，连续 3～4 次。禁止阴道检查，适当加强运动，减轻和抑制努责。胎儿死亡且已排出，应调养母牛。胎儿已死未排出，应尽早排出死胎并剥离胎膜，须在子宫内放入抗生素，以防继发病的发生。

（2）对小产及早产的治疗　灌服落胎调养方：当归、川芎、赤芍各 24g，熟地、桃仁各 9g，生黄芪 15g，丹参 12g，红花 6g，共研末冲服。

（3）对胎儿干尸化的治疗　可灌注灭菌石蜡油或植物油于子宫内，将死胎拉出，再以复方碘溶液冲洗子宫。

当子宫颈口开张不足时，可肌内注射或皮下注射己烯雌酚 5~20mg（必要时，间隔 2d 重复注射）。肌内注射氯前列烯醇 0.1~1mg，促使黄体萎缩、子宫收缩及子宫开张，待宫颈开张较大后，按上述方法助产。一般将黄体压碎后 4~5d，死胎可自行排出。

（4）胎儿浸溶及腐败分解的治疗　尽早将死胎组织和分解物排出，并按子宫内膜炎处理，同时应根据全身状况配以必要的全身疗法。

2. 预防

根据妊娠牛的特点，实施综合性防治措施。给以数量足、质量高的饲料，日粮中所含的营养成分，要考虑母体和胎儿需要，严禁饲喂冰冻、霉败及有毒饲料，防止饥饿、过渴和过食、暴饮。

妊娠牛要适当运动和使役，防止挤压碰撞、跌摔踢跳、鞭打惊吓、重役猛跑。做好冬季防寒和夏季防暑工作。合理选配，以防偷配、乱配。

母牛的配种、预产期，都要记录好。

直肠及阴道检查，要严格遵守操作规程，严防粗暴行为。定期进行检疫、驱虫，确定无布鲁氏菌、毛滴虫、环形泰勒虫及锥虫感染，无异常反应的牛方可进行配种。凡遇疾病，要及时诊断，及早治疗，用药谨慎，以防流产。

十一、乳房炎

牛乳房炎是乳腺组织受到物理、化学、微生物学刺激所发生的一种炎性变化，其特点是乳中的体细胞增多，乳腺组织发生病理变化，乳的性状品质发生异常。乳房炎是母牛特别是奶牛经常发生的疾病，是造成奶牛生产经济损失的重要原因之一。

（一）诊断要点

1. 发病原因

（1）自身机体免疫力下降　牛乳房炎的发病与自身机体情况密切相关，尤其是处于产奶高峰期的奶牛及产量高的奶牛，其自身的能量代谢速度非常快，自身免疫力相对较差，此状态下的奶牛易得乳房炎。还有患子宫内膜炎、胎衣不下、腹泻和口蹄疫等疾病的奶牛，其自身免疫力明显下降，可继发乳房炎；中毒、体温升高和前胃迟缓等也可诱发奶牛乳房炎。

（2）年龄和胎次　随着牛年龄和胎次的不断增长，经过长时间的挤奶会在一定程度上影响乳房健康状况，增加牛乳房炎的发病率。

（3）饲养环境　牛乳房炎的发生与饲养环境紧密相关，特别是在管理不到位的情况下，饲舍与挤奶厅卫生不达标，挤奶器具消毒不彻底等均会造成乳房炎。

（4）机械挤奶　在挤奶时操作不规范也能够引起乳房炎的发生，如挤奶人员操作手法不正确，使用挤奶机械时对乳头过度挤压、设备脉冲过快或者负压增高，挤奶持续时间过长，乳房内乳汁未挤净，挤奶后对乳头药浴使用不正确等，都可能引起乳房炎的发生。

（5）致病菌感染　致病菌感染也是导致牛乳房炎的重要原因之一。致病菌通常包括细菌、病毒和真菌。常见致病菌主要为金黄色葡萄球菌、大肠杆菌和链球菌等菌种。奶牛乳房一旦被感染可引发多类乳房炎，从而导致乳腺严重受损，泌乳性能下降。

2. 临床症状

（1）慢性乳房炎　慢性乳房炎大多数是由于临床型乳房炎治疗不及时或未完全治愈，导致乳腺组织发生实质性病变，乳房萎缩、变性，严重者坏死，淘汰。

（2）临床型乳房炎　其共有的症状是患叶红、肿、热、痛，机能障碍，乳汁的质和量明显改变，即乳汁稀薄呈水样，含有絮状物、乳凝块、脓汁或血液，乳量减少或停止。根据其变化与全身反应程度不同，可分为以下几种。

①轻症。乳汁稀薄，呈灰白色，最初几把奶常有絮状物；乳房肿胀，疼痛不明显，产奶量变化不大；食欲、体温正常；停乳时，可见乳汁呈黄白色、黏稠状。

②重症。患区乳房肿胀、发红、发热、质硬、疼痛明显，乳汁呈淡黄色，产奶量下降，仅为正常 1/3~1/2，有的仅有几把乳；体温升高，食欲废绝，乳上淋巴结肿大（如核桃大），健康乳区的产奶量也显著下降。如发生坏疽性乳房炎时，抢救不及时，而会因败血症而死亡。

③恶性。发病急，患区无乳，患区和整个乳房肿胀，坚硬如石，皮肤发紫、龟裂，疼痛极明显；泌乳停止，患区仅能挤出 1~2 把黄水或血水；病牛不愿行走，食欲废绝，体温高达 41.5℃ 以上，呈稽留热型，持续数日不退；心跳增数（100~150 次/min），病初期粪干，后呈黑绿色粪汤；病牛消瘦

明显。

（二）防治措施

1. 治疗

急性乳房炎，首先要进行药敏试验，选择敏感抗菌药物并合理使用。可以静脉注射氨苄-邻氯青霉素 10g+地塞米松磷酸钠 25mg+生理盐水 500mL，每天1次，连用 5~7d；静脉注射 10% 葡萄糖酸钙 500mL，只在发病时注射1次即可，切勿漏于血管外；口服中成药乳痈散 250g（温开水冲泡后候温灌服），每天1次，连用 3~5d。增加挤奶次数，挤奶后用通奶针向患病乳池注入160 万 U 青霉素+生理盐水 20mL；使用消肿软膏涂抹肿胀部位。

亚急性乳房炎同样使用急性乳房炎的治疗方法进行治疗。

轻度乳房炎使用一般抗生素就可以，可以肌内注射青霉素 1 000 万~1 500 万U，或者静脉注射，但如果是静脉注射青霉素，一定要使用青霉素钠，切忌使用青霉素钾，以免造成休克。

慢性乳房炎对于存在慢性乳房炎的奶牛可以采用热敷按摩方法来帮助奶牛消除乳房炎症，使用食醋和硫酸镁水溶液对奶牛乳房进行热敷，对患处进行按摩有助于炎性分泌物排出，有利于乳房的血液循环，帮助奶牛恢复。一般慢性乳房炎全治愈有点难，多数是由于急性或亚急性治疗不好转变来，建议没有经济价值的，要及时淘汰。

隐性乳房炎的治疗原则是，以调节机体免疫，辅以抗菌消炎进行治疗。可以灌服中成药乳炎康或者乳痈散等，连续使用 3~5d，同时配合肌肉或静脉注射抗生素类药物进行治疗。

乳房灌注治疗主要是将治疗药物注射到奶牛的乳房内部，一般会使用林可霉素、阿莫西林、四环素、青霉素和氯霉素等。做好全面消毒，且注意将奶牛乳房的全部乳汁排出，然后注入药物。

中药疗法可用瓜蒌 3 个，通草、丝瓜络、丹参、路路通分别 30g，连翘、王不留行各 90g，甘草 108g，金银花 180g，蒲公英 240g，分 3 次煎熬服用，每天灌服 2 次。可以根据奶牛的体质调整药剂种类，如果出现发热情况可在药剂中加入黄连和黄芩，如果奶牛体质较差则可加入一定量的黄芪和党参，如果奶牛乳房内部存在肿块则可以加入皂角刺。

2. 预防

（1）规范挤奶　在对奶牛挤奶时，应严格遵守挤奶的操作规程，确保挤奶设备、挤奶人员、擦拭毛巾等清洁干净。此外，奶牛的乳头在挤奶前必须擦净，要求"一牛一巾"避免交叉感染。同时，挤奶人员还应保护好奶牛乳头，防止奶牛乳头受到任何的机械损伤等。另外，每次挤奶结束后进行后药浴，使用后药浴液时要确定药浴液完全包裹乳头，保护乳头被药浴液封闭，防止病原菌侵入，造成乳头感染。

（2）加强环境卫生　牛舍是牛主要栖息和生活的地方，牛舍的环境卫生对牛机体健康至关重要，也是预防牛乳房炎的有效措施之一，应加强牛舍内的粪便清扫工作，定期对牛舍进行通风换气，以保持湿度处于一个相对稳定的水平，避免过于潮湿，减少致病菌的滋生。牛舍夏季防暑、冬季防寒，减少牛对环境的应激反应。牛舍、卧床和运动场要定期进行消毒，卧床垫料要定期进行清理和更换。

（3）隔离患病牛　牛群中如果已经有母牛患有乳房炎，需要将病牛隔离起来，要与其他正常牛分开饲养，而不是简单草率地放在一个牛舍饲养，这样会有交叉感染的风险。

（4）适时干奶　为了牛的身体健康和繁殖效率，母牛临近预产期前两月，要实行干奶。干奶时间的长短可以随实际情况进行适当的缩短或者延长，干奶期是对母牛乳腺组织提供护理的最佳时期，也是预防产后发生临床型乳房炎的重要时期。同时进行干奶前，需要注意最后一次的挤奶，一定将牛乳房中的奶彻底挤干净，并且还得给牛乳房注入长效的抗生素。

第七章

基层兽医常见牛传染病诊治

一、口蹄疫

口蹄疫也称为"口疮""蹄癀",是由口蹄疫病毒引起的一种急性、热性、高度传染性疫病,农业农村部将其列为一类动物疫病。

(一)诊断要点

1. 流行特点

本病的病原是口蹄疫病毒,属 RNA 型病毒,容易变异,主要有 O 型、A 型、C 型等 7 种血清型。2018 年 1 月 2 日,我国农业农村部宣布口蹄疫亚 1 型正式退出免疫,当前我国口蹄疫流行毒株主要是 O 型中的 CATHAY、Ind-2001e 和 Mya-98 毒株,A 型中的东南亚 Sea-97 等 4 个毒株。牛、羊、猪等偶蹄类动物易感,尤其是黄牛和奶牛;人较少感染,但如果与患病动物接触过多,也可被感染。通过直接接触病畜的排泄物、分泌物,或间接吸入含有口蹄疫病毒的尘埃、飞沫,饮用或食用被口蹄疫病毒污染的水、草料等而直接或间接传播;一年四季均可发病,以春、秋两季易流行。

2. 临床症状

家畜口蹄疫中,牛的临床症状最典型。病牛表现体温升高,口腔内黏膜、蹄部、乳房等部位出现单个或多个充满液体的水疱并溃烂。初期,体温升高达 40~41℃,食欲不振,精神沉郁;流涎,1~2d 后,在唇内面、齿龈、舌面和颊部黏膜上出现短暂的、蚕豆至核桃大的水疱并很快破裂,临床上有时难以观察到。早期病变可能会在以上部位出现一些很小的白皙区域,随着水疱破裂,白皙的区域变红,形成边缘整齐的红色糜烂,如继发细菌感染,有时会发生溃疡,并可见到新发育上皮的分界线。蹄部发生水疱时,临床上可见到趾间和蹄冠皮肤红、肿,水疱破溃后留下红色糜烂面,严重感染者可化脓,蹄不着地,甚至蹄壳脱落,运动障碍。乳房水疱常出现在乳头,继发感染或转为慢性时可引起乳房炎,导致泌乳减少甚至停滞。

新生犊牛如感染口蹄疫，成活率降低；母牛可导致流产。

（二）防控措施

自 2001 年以来，我国一直对口蹄疫实施强制免疫措施。疫苗免疫过程中要遵循 3 个"确实"，即确实接种了疫苗、选择了效果确实的疫苗、接种后确实有效（用抗原含量高、杂蛋白少的疫苗）。

1. 疫情处置

按照 2010 年农业部关于《口蹄疫防控应急预案》要求，立即进行疫情监测与预警、应急响应。对疑似疫情上报，划定疫区，扑杀销毁、隔离消毒、无害化处理、紧急接种等综合性扑灭措施。

2. 制定合理的免疫程序

规模化养牛场，犊牛 90 日龄首免，120 日龄二免，以后每隔 4~6 个月免疫 1 次；散养肉牛实行春、秋两季各进行 1 次集中免疫，每月定期补免。发生疫情时，要对疫区、受威胁区域的全部易感牛进行一次强化免疫，但最近 1 个月内已免疫的牛可不再进行强化免疫。有条件的牛场和地区，可根据母源抗体和免疫抗体的检测结果，制定相应的免疫程序。

3. 合理选用疫苗

必须选择与当地流行毒株抗原性匹配的疫苗。当前，可选用口蹄疫 O 型、A型二价灭活疫苗（O/MYA98/BY/2010 株+Re-A/WH/09 株），1mL/（头·次），肌内注射，90 日龄首免，120 日龄二免。选择其他种类的疫苗时，可在中国兽药信息网国家兽药基础信息查询平台兽药产品批准文号数据中查询。

4. 免疫效果监测

在免疫注射 21d 后，须进行免疫效果监测，存栏牛免疫抗体合格率必须达到 70%以上判定合格。

二、布鲁氏菌病

布鲁氏菌病简称布病，是农业农村部《全国畜间人兽共患病防治规划（2022—2030 年）》确定须重点防治的畜间人兽共患病之一，农业农村部将其列为二类动物疫病。

（一）诊断要点

1. 流行特点

本病的病原为布鲁氏菌，以牛种菌株种型、羊种菌株种型为主，在牛羊混养的地区，存在牛种和羊种布鲁氏菌跨畜种混合感染的情况。华北、西北和东北地区的牧区或农牧区多发，近年来有向南方扩散蔓延的态势。无明显季节性，一般呈散发，羊种布鲁氏菌有时呈地方流行性。

多种动物对布鲁氏菌均易感，以羊、牛、猪的易感性最强。在牛的布鲁氏菌病中，母牛比公牛易感，成年牛比犊牛易感。病牛和带菌牛是主要的传染源，尤其是感染的妊娠母牛，在流产或分娩时将大量的布鲁氏菌随胎儿、胎水、胎衣排出，流产后的阴道分泌物和乳汁中都含有布鲁氏菌。

2. 临床症状

本病潜伏期一般为 14~180d。感染病牛显著的临床特征是妊娠 5~8 个月的母牛流产，部分病牛流产后出现胎衣滞留，并伴发子宫内膜炎，从阴道流出污秽不洁、恶臭的分泌物，最终导致不孕。新发病地区的病牛流产较多，老疫区少，但病牛表现乳房炎、子宫内膜炎、关节炎、胎衣滞留、子宫积脓症状的较多。公牛睾丸肿大，触摸疼痛，并有附睾炎、关节炎，有时会发生坏死、化脓。

（二）防控措施

农业农村部《全国畜间人兽共患病防治规划（2022—2030 年）》中对布病的防治目标是：到 2025 年，50%以上的牛羊种畜场（站）和 25%以上的规模奶牛畜场达到净化或无疫标准；到 2030 年，75% 以上的牛羊种畜场（站）和 50%以上的规模奶牛畜场达到净化或无疫标准。

1. 疫情处置

发生疑似病例时，要及时向有关部门和人员进行疫情报告，严格按照《布鲁氏菌病防治技术规范》要求处置；严格隔离阳性牛，奶牛隔离区内要配备专用挤奶设备和全密封巴氏高温杀菌设备，鲜奶必须进行巴氏高温杀菌，隔离区每天至少 2 次全面彻底消毒；病死、扑杀的牛，患病牛的分泌物、排泄物、流产的胎儿及胎衣等必须进行无害化处理，病牛及阳性牛污染的场所、用具、物品严格进行消毒。

2. 推进区域化管理

各地根据布病流行状况和畜牧业产业布局，以县为单位划定免疫区和非免疫区。免疫区内，严格进行布病的强制免疫；非免疫区要强化布病的日常监测和剔除，不断加大对高风险畜群、高风险地区等的监测力度。严格落实牛、羊产地检疫和落地报告制度，做好隔离观察。支持奶牛场户开展布病自检。

3. 免疫程序与疫苗选用

根据《国家动物疫病强制免疫指导意见（2022—2025 年）》（农牧发〔2022〕1 号）要求，对种畜以外的牛羊进行布鲁氏菌病免疫，种畜禁止免疫。各省份根据评估情况，原则上以县为单位确定本省份的免疫区和非免疫区。对免疫区内不免疫、非免疫区免疫、奶牛是否实施免疫等情况，养殖场（户）应逐级上报省级农业农村部门，待同意后方可实施。

使用布鲁氏菌基因缺失活疫苗（A19-ΔVirB12株）或布鲁氏菌活疫苗（A19株），对3~8月龄牛免疫，皮下注射，必要时可在12~13月龄（即第1次配种前1个月），再低剂量接种1次；以后根据牛群布病流行情况决定是否再进行接种。不可用于孕牛。

三、牛结节性皮肤病

牛结节性皮肤病（LSD）是由牛结节性皮肤病病毒引起的牛的一种全身性感染疫病，以皮肤出现结节为主要临床特征。牛结节性皮肤病不是人兽共患病，人不感染。我国农业农村部将其列为二类动物疫病。

（一）诊断要点

1. 流行特点

本病的病原是痘病毒科、山羊痘病毒属、牛结节性皮肤病病毒。牛易感，黄牛、水牛、奶牛不分年龄，均可感染。病牛、带毒牛的皮肤结节、唾液、精液等均含有病毒，经吸血昆虫（如蚊蝇、蜱虫、蠓等）叮咬，或牛间相互舔舐，摄入被病毒污染的草料、饮水，共用带毒的针头，人工授精或自然交配等方式传播。发病有明显的季节性，吸血虫媒活跃的季节多发。

2. 临床症状

本病的潜伏期一般28d。病初，感染牛体温升高到41℃，高热稽留1周左右；浅表淋巴结尤其是肩前淋巴结多肿大；眼结膜炎，鼻流涕；奶牛产奶量下降。发热后大约2d，病牛头、颈肩、乳房等处见大小不等的结节突起，有时结节破溃，招来蚊蝇，经久不愈；口腔黏膜上起水疱，之后破溃、糜烂，口角流涎；有的病牛四肢、腹部、会阴等处水肿。公牛可导致不育，母牛发情延迟，孕牛可发生流产。

（二）防控措施

1. 疫情处置

2020年，农业农村部发布的《牛结节性皮肤病防治技术规范》（农牧发〔2020〕30号）中，一方面要做好外防输入性病例，必须严把国门，严防引进疫区国家的活牛及其肉制品、皮张、精液等产品；还要求对确诊的LSD病例和病原学阳性病例立即扑杀，病死牛及产品、污物、垫料等同时进行无害化处理。另一方面做好同群病原学阴性奶牛的隔离饲养和临床监视，发现异常，及时处置；对奶牛场环境、设施、车辆、用具、人员等进行彻底消毒，消灭蚊、蝇、蠓、虻、硬蜱等昆虫媒介，防止叮咬奶牛；疫区、受威胁区内，限制同群奶牛移动，禁止所有活牛调出和引进，严密监测和排查养殖场、屠宰场、交易场等感染风险和疫情动态，做好疫情监测和预警；在国内尚无特异性疫苗的情况下，选择临时替代疫苗山羊痘活疫苗对所有牛只进行紧急免疫，以保护非疫区健康牛群。

2. 加强饲养管理

要加强奶牛饲养管理，严格落实各项生物安全措施，加强并实施严格的卫生消毒，杀灭螨、蜱、蚊、蝇等吸血虫媒，填埋养殖场周边死水塘，清理杂草和污物、垃圾，消除蚊虫滋生环境；按照动物疫病监测与流行病学调查计划的要求，加强对重点防控地区和重点环节的监测，加强对边境地区散放奶牛的巡查力度，为 LSD 风险评估提供科学依据。

3. 免疫接种

如有必要，根据各地实际情况，疫区可进行免疫接种，但必须逐级上报，待批准并备案后方可实施。

（1）常规免疫程序　每年 3 月份，可试用山羊痘活疫苗 5 头份对所有易感牛进行普免，21~30d 后再进行强化免疫 1 次；犊牛在出生后，可试用 5 头份山羊痘疫苗进行首次免疫，21~30d 后强化免疫 1 次。

（2）一刀切式免疫程序　下列一刀切式免疫程序（表 4-1）可供参考。

表 4-1　一刀切式免疫程序

项目		时间	免疫对象
基础免疫	首免	3 月底到 4 月初	全部易感牛
	二免	4 月底到 5 月初	
犊牛免疫	首免	0~30 日龄	犊牛
	二免	30~60 日龄	

四、牛传染性鼻气管炎（传染性脓疱外阴阴道炎）

牛传染性鼻气管炎是由牛传染性鼻气管炎病毒或 I 型牛疱疹病毒引起的一种以呼吸道型和生殖道型为主的接触性传染病。我国农业农村部将其列为二类动物疫病。

（一）诊断要点

1. 流行特点

本病的病原是牛传染性鼻气管炎病毒或 I 型牛疱疹病毒。不分年龄和品种，牛均有易感性，20~60日龄犊牛易感性高。秋、冬季多见，舍饲、高密度饲养更容易诱发本病的传播流行。

2. 临床症状

可出现多种类型，但因临床表现复杂，且多种类型往往同时存在，很少单独发生。

（1）呼吸道型　最常见的是轻重不一的鼻气管炎。病初高热，40~42℃以上；精神委顿，不食；呼吸高度困难，偶有咳嗽但不严重，呼出气有恶臭味；鼻腔流出大量分泌物，黏性或脓性，鼻黏膜高度充血肿胀，鼻镜发红，故又称红鼻病。奶牛泌乳量突然下降。

（2）生殖道型　母牛表现传染性脓疱外阴阴道炎，外阴肿胀，流出脓性分泌物。公牛表现传染性龟头包皮炎，丧失配种能力，但可成为传染源。

（3）角膜结膜炎型　眼睑、眼结膜水肿、充血，角膜轻度混浊，流泪；严重病牛眼睑肿胀黏连，眼结膜外翻，角膜云翳，流出脓性分泌物。

（4）脑膜脑炎型　多见于犊牛。表现共济失调，无目的转圈运动，空口磨牙，口吐白沫，角弓反张。

（5）肠炎型　多见于2~3周龄犊牛。腹泻，血便。

（二）防控措施

1. 疫情处置

发现可疑病例，立即采取隔离、封锁和消毒等措施，使用弱毒疫苗，对所有假定健康牛群进行紧急免疫注射。

对于牛传染性鼻气管炎，目前没有特效药，可对症治疗，中药防治病牛继发感染。如病牛高烧不退时，可1次肌内注射复方氨基比林注射液20~50mL。

2. 综合防控

引进牛要严格检疫，隔离饲养；严禁从疫区引进种牛；加强日常饲养管理，时刻注意卫生消毒，保持合理的养殖密度，加强通风保温，定期检疫。

根据情况，灵活选用弱毒疫苗、灭活疫苗、亚单位疫苗等进行疫苗免疫；通过PCR检测技术，检出阳性牛并进行扑杀，是根除本病的有效措施。

五、牛结核病

牛结核病是由牛型结核分枝杆菌引起的一种慢性消耗性传染病，是《全国畜间人兽共患病防治规划（2022—2030年）》确定须重点防治的畜间人兽共患病之一，农业农村部将其列为二类动物疫病。近年来，由于奶牛饲养量大、调运频繁等原因，我国牛结核病在奶牛群体中仍有一定程度的流行，奶牛结核病防控形势不容乐观。

（一）诊断要点

1. 流行特点

牛结核病的病原为结核分枝杆菌，有牛型、人型以及禽型3种类型，以牛型结核分枝杆菌的致病力最强。奶牛结核病的流行特点是传染源广、传播速度快、疾病治愈率低。奶牛最易感，水牛、黄牛、牦牛、鹿等多种动物也易感，人也有易感性。通过病牛、病畜及病人，经排出的痰液、乳汁、粪尿等污染的饮水、草料、空气及环境等传播，人食用了带有结核分枝杆菌的奶、肉时，易感染。本病无明显的季节性和地域性，若检疫不严格、未及时消灭阳性牛，则会导致较大面积的交叉感染。

2. 临床症状

自然感染的牛结核病潜伏期一般为16~45d甚至长达数年，呈慢性经过，以泌乳量减少、逐渐消瘦和干咳为主要临床特征。临床上常见的类型如下。

（1）肺结核　病初无明显临床症状，只有短干咳，渐变为湿咳；随之咳嗽加重，呼吸增数，轻微气喘，肺部听诊有摩擦音；有淡黄色黏液或脓性鼻液；午后、夜间低烧。贫血，但体温一般正常或稍高。病程顽固，经久不愈。

（2）淋巴结核　可见于各型结核病的各个时期，体表淋巴肿大明显，如咽喉淋巴结核肿大，可引起吞咽、嗳气障碍。

（3）乳房结核　以后方乳腺区的乳房上淋巴结肿大最常见，两乳病区发生局限性或弥漫性硬结，乳房表面有局限性或弥漫性硬结，呈现大小不等、凹凸不平的硬结，无热痛，乳汁变稀，有时混有脓块。

（4）肠结核　肠结核多见于犊牛，以腹痛、下痢和便秘交替发生，后期顽固性下痢，粪便粥样带血或脓汁，腥臭粪便。

（5）神经结核　中枢神经系统受结核分枝杆菌侵害时，在脑和脑膜等处可发现粟粒状或干酪样结核而表现神经症状，多呈癫痫样发作，转圈运动或运动障碍等。

（二）防控措施

农业农村部发布的《全国畜间人兽共患病防治规划（2022—2030年）》对牛结核病防治目标是：到2025年，25%以上的规模奶牛养殖场达到净化或无疫标准；到2030年，50%以上的规模奶牛场养殖场户达到净化或无疫标准。为此，必须严格落实监测净化、检疫监管、无害化处理等综合防治措施。

1. 监测净化

当前，规模化奶牛场对结核病的监测比较重视，但部分肉牛养殖场

（户）却忽视对该病的监测，或监测的积极性不高，或监测能力不足，尤其是在春、秋季节，可能会导致因阳性牛未被及时检出而出现结核病传播、扩散、伪阳性、假阴性状况的发生，给结核病的有效防控带来隐患。

建立健全并认真实施奶牛的防疫制度。各地动物防疫监督机构要不断强化和加大对牛结核病疫情的监测力度，加强对奶牛场结核病防治工作的指导和监督，及时准确把握当地养殖场、屠宰场、交易市场等场所的牛结核分枝杆菌分布和结核病疫情动态，在科学监测和评估结核病疫情风险的同时，及时发布预警信息，提高应对的时效性。

要逐步建立奶牛个体健康档案和追溯标识。规模化奶牛场要逐步完善奶牛的系谱、产奶等基础信息，饲料及饲料添加剂购买、饲喂信息，消毒信息，免疫和诊疗记录等内容为主的健康档案。对规模化奶牛场的每头奶牛都要实行"一牛一标"的可追溯标识，发现感染奶牛要及时进行追踪溯源并持续跟踪监测。在此基础上，根据"一场一策"的要求，对规模化奶牛场实行分类指导，分别制定切实可行的净化计划和净化方案，统筹推进对结核病的防治工作。

在非结核病疫区，对结核病监测发现的阳性牛和临床发现的患病牛，发现一头淘汰一头，加速对牛场结核病的净化。

2. 检疫监管

加强对奶牛的产地检疫和屠宰检疫。在奶牛跨省调运过程中，必须切实加强产地检疫和流通监管，严格落实《跨省调运乳用种用家畜产地检疫规程》，按标准、按程序检疫，并做好检疫记录和检疫结果处理。规范牛的屠宰检疫，对淘汰的奶牛，要严格按照《牛屠宰检疫规程》要求进行屠宰检疫，坚决杜绝已经染上结核病的奶牛和奶牛产品（包括牛奶、牛肉、皮张等）流入市场。

3. 无害化处理

要加大推进奶牛标准化规模养殖的力度，提高饲养管理水平。努力构建以科学选址与规划、规范引种和生产管理、严格防疫、隔离和定期消毒、对病死奶牛和粪污进行无害化处理等为主要内容的、持续有效的生物安全防御体系，促进奶牛养殖业转型升级。结核病阳性奶牛要坚决扑杀，积极培育奶牛结核病阴性群。

六、犊牛巴氏杆菌病

（一）诊断要点

1. 流行特点

由多杀性巴氏杆菌引起，又称牛出血性败血症。多杀性巴氏杆菌是一种条件性致病菌，存在健康动物体内，当外界应激因素导致动物免疫能力下降时，可引发该病。发病一般无明显的季节性，但秋末、冬初及天气骤变时容易发病。

2. 临床症状

急性败血型病犊牛常突然发病，不吃奶，体温升高到40~42℃，寒战、流涕、流涎、流泪，咳嗽、气喘、张口伸颈呼吸，多在12~24h内死亡。临床常见肺炎型，以痛性干咳为主，气喘、腹式呼吸，个别从鼻孔流出浆液性和脓性鼻液，听诊呈支气管啰音、胸膜摩擦音，胸部叩诊呈浊音。严重的患病犊牛不吃奶，鼻镜干燥无汗，结膜潮红，排糊状粪便，后期有血性下痢，病程3~7d，如不及时有效治疗，常因虚脱衰竭死亡。有时可见水肿型病犊，表现胸前、头颈部水肿，舌咽高度肿胀，呼吸困难，眼睛红肿、流泪，有时出现血便。

（二）防治措施

1. 治疗

病犊牛和疑似病犊牛，严格隔离观察，测量体温，环境消毒，对症治疗。早期使用青霉素100万~300万U肌内注射，2次/d，连用3d；或20%磺胺嘧啶钠注射液，肌内或静脉注射，2次/d，连用3d。也可肌内注射瑞可新（泰拉霉素）注射液3mL/头，7d1次、土霉素注射液5mL/头、5%氟尼辛葡甲胺注射液1mL/25kg体重，连用3d。同时，加强病犊牛护理，圈舍通风保暖，提供清洁饮水和易消化饲料。

2. 预防

常发地区可每年定期接种牛出血性败血症氢氧化铝菌苗，体重100kg以上的牛只6mL，100kg以下犊牛4mL，皮下或肌内注射。

七、犊牛大肠杆菌病

（一）诊断要点

1. 流行特点

由致病性大肠杆菌引起，又称犊牛白痢。多发于10日龄以内的犊牛，一年四季均可发生，但冬春季节常见。气候骤变、阴冷潮湿、饲料和饲养条件变更、卫生不洁、母乳过浓或母乳不足，均可促进该病发生与传播。

2. 临床症状

急性败血型多见于2~3日龄犊牛，发病突然，体温升高，间有腹泻，可视黏膜充血，冲击式触诊腹部有振水音，触诊耳、鼻镜冷凉，脐带肿大，四肢关节肿大，腹泻严重时常有死亡。肠毒血型常突然死亡，以1周龄以内的犊牛多见。病程稍长者，表现兴奋不安，后沉郁昏迷，腹泻，死亡。肠炎型多见，以1~2周龄犊牛多发，病初体温升高达40℃左右、排黄色粥样酸臭稀便，继而排水样、灰白色、混有凝乳块、泡沫或血丝的稀便。病的末期排粪失禁，污染后躯、尾部和腿部，腹痛，回头顾腹或后肢踢腹，病程长的，可继发肺炎和关节炎症状。

急性败血型、肠毒血型病犊牛常无明显病理变化。腹泻的病犊，尸体消瘦，因脱水而皮肤失去弹性，眼窝下陷，肛周、尾部和后肢被粪便污染。剖检，腹腔内有纤维素性渗出。真胃内有大量凝乳块或灰色液体，胃黏膜充血、水肿、脱落，有点状出血。小肠有出血性炎症，黏膜充血、出血，肠内容物常混有血液、气泡，恶臭。肠系膜淋巴结肿大，切面多汁。肝肾苍白，有时有出血点，胆囊内充满黏稠、暗绿色胆汁。病程长的病犊牛，有关节炎、肺炎病变。

（二）防治措施

1. 治疗

发病后要及时治疗。①补充体液。脱水明显的病犊牛，可用5%葡萄糖注射液1 000~2 000mL，一次静脉注射，1~2次/d；或0.9%氯化钠注射液1 000~2 000mL，25%葡萄糖注射液250mL，5%碳酸氢钠注射液100~200mL，一次静脉注射，1~2次/d；也可用5%葡萄糖注射液2 000mL，0.9%氯化钠注射液2 000mL，5%碳酸氢钠250mL，通过口服补液，1~2次/d。②抑菌消炎。可用10%恩诺沙星注射液0.05mL/kg体重，肌内注射，2次/d，连用3~5d；或用庆大霉素1mg/kg体重灌服，12~15mg/kg体重肌内注射或静脉注射；还可用5%盐酸头孢噻呋注射液0.1mL/kg体重肌内注射，1次/d，连用3~5d。内服0.5%高锰酸钾溶液，4~8g/次，2~3次/d，也有良好效果。如输注母牛全血100~200mL，可有效缓解病犊牛全身症状，提高治愈率。

2. 预防

保持牛舍清洁干燥，定期用火碱、过氧乙酸等彻底消毒，保证牛舍、垫料和牛体卫生。产房环境清洁干燥，加强新生犊牛护理，断脐时用10%碘酊消毒，并浸泡1~2min，12h内吃足初乳。妊娠母牛日粮营养充足、均衡，适当运动，饮水清洁。

八、犊牛支原体肺炎

（一）诊断要点

1. 流行特点

由牛支原体引起，也称烂肺病。潜伏期7~14d，冬春季易发常见。2月龄内尤其是 1 周龄内的犊牛易感性强，病情严重，死亡率高，2 月龄以上的犊牛发病较少。牛支原体可通过飞沫经呼吸道传播，也可通过哺乳、生殖道或人工授精过程传播，还可经胎盘垂直传播给胎儿。

2. 临床症状

急性型病例体温升高到 40~42℃，咳嗽、气喘，有浆液性鼻液，精神沉郁，常在圈舍四周趴卧。随病情发展，咳嗽逐渐加重，呼吸急促，清亮的鼻液变黏液性、脓性并呈铁锈红色或红棕色，在鼻孔周边和上唇等处形成干的污垢块。胸部叩诊敏感、疼痛，听诊有支气管呼吸音和喘鸣音。腰背拱起，头颈伸直。眼睑肿胀，有多量黏液性分泌物。常有腹泻。最后衰竭死亡，濒死期体温下降，病程一般 7~10d，不死的病犊转为慢性病例。

临床最多的是慢性型病例，多见于 1~2 月龄犊牛。临床表现与急性型病例相似，但全身症状较轻，咳嗽、腹泻、鼻涕时有时无，被毛粗乱无光，逐渐消瘦，体弱。如不及时有效治疗，易继发其他疾病而死亡。

剖检病死犊牛，胸腔积液并形成纤维蛋白凝块，肺和胸膜不同程度粘连。肺脏不同程度实变，轻者在肺尖叶、心叶及膈叶等处见有红色或灰色肉变，或有散在的化脓灶，气管管壁出现零星小出血点或充血斑。严重病例肺脏的实变区及干酪样化脓灶增多，质地变硬，并有脓液挤出；气管、支气管内有干酪样分泌物或乳白色泡沫。

（二）防治措施

1. 治疗

早诊断，快隔离，早治疗。可用 10% 恩诺沙星注射液 0.05mL/kg 体重，肌内注射，2 次/d，连用 3~5d。同时肌注 5% 氟尼辛葡甲胺注射液 1mL/25kg 体重，1~2 次/d，连用 3~4d。口服酒石酸泰乐菌素磺胺二甲嘧啶可溶性粉 1g/10kg 体重，1 次/d，连用 5~7d。病情较重的病犊可结合临床症状输液治疗。

2. 预防

目前我国没有牛支原体疫苗供接种预防。预防该病关键是加强牛群引进管理，防止从疫区和发病区引入病牛和带菌牛。新引进的牛必须隔离饲养，1 个月后检疫确认无病后方可混群饲养。加强犊牛饲养管理，保持圈舍通风、卫生、干燥，冬、春季节注意保暖，防止过度拥挤。

九、传染性角膜结膜炎

牛传染性角膜结膜炎又名红眼病，是危害牛的一种急性传染病。其特征为眼结膜和角膜发生明显的炎症变化，伴有大量流泪，之后发生角膜浑浊，浑浊物呈乳白色。

（一）诊断要点

1. 流行特点

牛传染性角膜结膜炎是一种多病原的疾病。牛摩勒氏杆菌（又名牛嗜血杆菌）是牛传染性角膜结膜炎的主要病菌。只有在强烈的太阳紫外光照射下才产生典型症状。用此菌单独感染眼，或仅用紫外线照射，都不能引起此病，或仅产生轻微的症状。本菌对理化因素的抵抗力弱，一般浓度加热至59℃的消毒剂，经5min均有杀菌作用。病菌离开病牛后，在外界环境中存活一般不超过24h。

本病不分年龄和性别，均易感染，但犊牛发病较多，头部的相互摩擦和通过打喷嚏、咳嗽而传染；主要发生于天气炎热和湿度较高的夏秋季节，其他季节发病率较低。一旦发病，传播迅速，多呈地方性流行性。青年牛群的发病率可达60%~90%。

2. 临床症状

潜伏期一般为3~7d，初期多为单眼，然后发展为双眼。患眼畏光羞明、流泪、眼睑肿胀、疼痛，其后角膜凸起，角膜周围血管充血，结膜和瞬膜红肿，或在角膜上发生白色或灰色小点严重病例角膜增厚，并发生溃疡，形成角膜瘢痕及角膜翳。病程一般为20~30d。

（二）防治措施

1. 治疗

对病牛先用2%~4%的硼酸水洗眼，拭干后再用3%~5%蛋白银溶液滴入结膜囊，每日2~3次。在用硼酸水洗眼并擦干后，也可滴入青霉素溶液（每毫升含5 000U），或涂四环素眼膏。

2. 预防

勿从疫区引进牛、饲料及动物产品，引进的牛要隔离观察3~7d，严格消毒圈舍、器具，观察无病的方可入群。对病牛要立即隔离，早期治疗，避免强烈阳光刺激。

十、放线菌病

牛放线菌病是由几种放线菌感染所致的一种慢性化脓性肉芽肿性传染病。其特征是在舌、颌、头、颈的皮肤及软组织等部位，形成局灶性的坚硬的放线菌肿。牛等多种动物常见，人也可感染。

（一）诊断要点

1. 流行特点

由多种放线菌引起。一年四季均可发生，常呈散发性流行。导致本病的病原主要存在于被污染的饲料、土壤和饮水中，放线菌可通过破损的皮肤和黏膜引起感染。给牛饲喂带芒刺的饲料，可造成其口腔黏膜受损而发病。本病常见于牛，尤其是以 2~5 岁牛易感。除牛外，猪、羊、鹿、人等均可感染本病。

2. 临床症状

病初牛舌体微肿，流涎，咀嚼和吞咽困难，严重时舌体肿硬，并伸出口外，难以缩回，患牛水草难进，舌上有小疮，其粪便干燥，有时患牛病部化脓、破溃，流出脓汁，形成瘘管。侵害颌骨时，上下颌骨肿大，界限明显，引起咀嚼、吞咽困难；侵害舌肌时，舌组织肿胀变硬、不灵活，流涎，咀嚼困难；侵害乳房时，出现硬块或整个乳房肿大、变形，排出黏稠、混有脓的乳汁；侵害肺脏时，多形成慢性肉芽肿。病程缓慢者皮肤破溃形成经久不愈的瘘管。

（二）防治措施

1. 治疗

10%碘仿醚（或 2%鲁戈氏液）适量。伤口周围分点注射，创腔涂碘酊。

碘化钾 5~10g。成年牛一次内服（犊牛用 2~4g），每天 1 次，连用 2~4周。重症可用 10%碘化钠 50~100mL 静脉注射，隔天 1 次，连用 3~5 次。如出现碘中毒现象，应停药 6d。

注射用青霉素钠 240 万 U，注射用硫酸链霉素 3g，注射用水 20mL。溶解后，患部周围分点注射，每天 1 次，连用 5d。

2. 预防

为防止本病的发生，应避免在低洼潮湿地放牧。舍饲牛最好于饲喂前将干草谷糠等浸软，避免刺伤口腔黏膜。加强饲养管理，遵守兽医卫生制度，特别是防止皮肤、黏膜发生损伤，有伤口时及时处理、治疗，对预防本病十分重要。

十一、破伤风

牛破伤风又名"强直症"，是破伤风梭菌经伤口感染引起的一种急性、中毒性人兽共患传染病。

(一) 诊断要点

1. 流行特点

有创伤史，特别是有深部感染创，如手术、断尾、去势，各种外伤等都容易被感染。子宫或损伤的消化道黏膜也可以感染破伤风杆菌。

不分年龄、种别、品种的牛都有被感染的可能，尤其以幼龄牛易感。该病感染不分季节，一年四季都可发生，呈散发性。

2. 临床症状

牛多发生于分娩、断角、去势之后。病牛体温正常，但由于头部肌群痉挛性收缩，呈现张口困难，重的牙关紧闭，采食、咀嚼障碍，咽下困难，流涎，口内含有残食时则发酵有臭味，舌的边缘往往有齿压痕或咬伤。两耳耸立，由于颈部肌群痉挛而使头颈伸直僵硬或角弓反张。因反刍和嗳气停止，腹肌紧缩，阻碍瘤胃蠕动，常发生瘤胃臌气。背部肌肉强直时，表现凹背或弓腰，或弯向一侧。尾肌痉挛时则尾根高举，偏向一侧。四肢肌群强直时，则关节屈曲困难，步态显著障碍，尤以转弯或后退更感困难。病牛不安，对外来刺激（声响、触动等）常表现敏感、惊恐，易出现全身性痉挛症状。

(二) 防治措施

1. 治疗

仔细检查，彻底清创，创口过小还要扩创。使用 3% 双氧水清洗创口，0.1% 高锰酸钾溶液清洗消毒。必要时，在扩创、清创之后，使用抗生素防止继发感染。

精制破伤风抗毒素 30 万~90 万 U，40% 乌洛托品治疗 20~50mL，静脉滴注。破伤风抗毒素每次用量犊牛为 30 万~40 万 U，成年牛为 50 万~90 万 U，每 3~5d 使用 1 次，直至症状消失。乌洛托品用量，犊牛 20~30mL，成年牛可用 50mL，每天 1 次。

25% 硫酸镁注射液 100mL 缓慢静脉注射。为了镇静解痉，也可使用 5% 静松灵 5mL 肌内注射，或 5% 溴化钙注射液 299mL 静脉注射，或水合氯醛 30g，淀粉 50g，水 500mL，调成稠浆，深部灌肠。

2. 预防

在日常管理中要防止牛发生创伤，如有外伤应尽早清洗、消毒、包扎。当牛需要断角、断脐带、打耳号、分娩、穿鼻环、手术时，应严格按照相应的工作规程进行操作。严格消毒，防止污染。

最好在手术后及时注射预防剂量的抗破伤风血清，可以有效预防牛群发生本病。

免疫接种针对发病普遍区域，需要根据当地实际情况制定免疫程序，建议每年定期给整个牛群免疫接种破伤风类毒素，一般每头注射剂量为1mL，经过1个月就可以产生较高的抗体水平，达到保护机体免受病原体侵害的目的。通常第一次注射接种破伤风类毒素后的保护期为1年，第2年接种再免疫后，能够产生长达4年之久的保护期。

十二、牛流行热

牛流行热是由牛流行热病毒引起的一种虫媒性急性热性传染病，以呼吸迫促、突然高热、流涎、跛行等为特点。又称暂时热、三日热。

（一）诊断要点

1. 流行特点

牛流行热是由牛流行热病毒引起的急性、热性、全身性传染病，一般称暂时热，呈良性经过，发病率高、病死率低。由于临床症状与感冒相似，兽医称为牛流感，又因四肢僵硬，走路跛行，不少人称为搓腿瘟或软脚病。该病在不少地区都有发生，因传播迅速，发病率高，对奶牛的产奶量有明显影响，一般经过2~3d恢复正常，个别严重者常因瘫痪而被淘汰，有的因未及时治疗而死亡，给养殖户带来相当大的经济损失。

2. 临床症状

本病特征是牛突然发病，一过性高热，虚弱、呼吸系统障碍。潜伏期2~7d。初期少量牛发病，随时间发病牛逐渐增多，病牛体温上升，可高达40~42℃，食欲开始减退、停止反刍，精神萎靡，瘤胃蠕动弱，有轻度瘤胃臌气，部分牛粪便带血，犊牛拉血痢。黏膜潮红，流泪，甚者羞明，鼻镜干燥，初期鼻流浆液性鼻涕，后期呈黏性；呼吸紧迫，咳嗽，头颈直伸，张口伸舌，个别行走困难，多呈腹式呼吸，每分钟50~100次，喘气如拉风箱。少数病例于发病12~36h内死亡，急性病例发病1~2h突然倒地死亡，听诊肺泡音粗厉；妊娠母牛发病早产、流产或死胎，患病牛尿量减少，尿液呈黄色或褐色、浑浊；部分病牛肌肉及关节痛疼，个别步态不稳，喜卧不站，跛行瘫痪，常因瘫痪被淘汰，或因治疗不及时继发感染而死亡。

（二）防控措施

1. 治疗

（1）注射治疗　肌内注射复方氨基比林、安乃近等药物，以解热退烧。高烧不退的患牛，同时给予强心补液，静脉注射安那咖注射液10~20mL，葡萄糖生理盐水1 500~2 000mL，配合用凉水敷头、洗身、灌肠；对呼吸困难或伴有肺水肿的病牛，配合静脉滴注氟美松注射液 50~150mL。加葡萄糖生理盐水 500~1 000mL。肌内注射青霉素和链霉素及磺胺类药物，以防继发感染。跛行和瘫痪患牛可静脉注射水杨酸钠或氢化可的松等，以减轻疼痛，缓解症状。

（2）中药治疗　中药治疗以制止瘤胃臌气、促进胃肠功能恢复为治则。可用柴胡 40g，黄芩 30g，甘草 20g，大青叶 30g，双花 30g，连翘 30g，薄荷 25g，大枣 20g，共为末，开水 1 次冲服。

2. 预防

（1）保持环境整洁　饲养环境的清洁可以降低病毒的传播，坚持每隔几天对牛舍及周围的环境生石灰水喷洒消毒，也可以用高效杀虫剂喷洒牛身。蚊蝇叮咬是该病主要的传染源，做好驱蚊虫工作，也可以避免该病发生。

（2）加强饲养管理　饲喂易消化且营养丰富的草料，以增强牛的体质。经常保持牛舍清洁干燥、通风凉爽。减少阳光直射，防止牛群中暑，做好降温工作。定期接种疫苗，第一次接种之后，隔 3~4 周再进行 1 次接种。

（3）对病牛的处理　对已经染病的病牛进行隔离，未染病的假定健康的牛进行观察，对其注射高免血清进行紧急预防，对重症患牛特别是乳牛，应在加强护理的同时，采取相应的综合疗法。

第八章

基层兽医常见牛寄生虫病诊治

一、肝片吸虫病

肝片吸虫病是由肝片形吸虫寄生于牛肝脏胆管引起，主要表现食欲减退、反刍异常、腹胀、贫血、消瘦、被毛粗乱，颌下水肿、腹泻，并伴发有肝炎、胆管炎等。

（一）诊断要点

1. 流行特点

由肝片吸虫寄生于牛的肝脏和胆管中引起。其发生与中间宿主椎实螺密切相关，多发于低洼地、湖泊草滩、沼泽地带。干旱年份流行轻，多雨年份流行重；夏季为主要感染季节。

2. 临床症状

患肝片吸虫病的牛，其临床表现与虫体数量、宿主体质、年龄、饲养管理条件等有关。当牛体抵抗力弱又遭大量虫体寄生时，症状较明显。急性症状多发生于犊牛，表现为精神沉郁、食欲减退或消失、体温升高、贫血、黄疸等，严重者常在 3~5d 内死亡。慢性症状常发生在成年牛，主要表现为贫血、黏膜苍白、眼睑及体躯下垂部位发生水肿、被毛粗乱无光泽、食欲减退或消失、肠炎等，往往死于恶病质。

剖检，急性病例肝肿大、质软，包膜有纤维素沉积，有长 2~5mm 的暗红色虫道，虫道有凝固的血液和很小的童虫；腹腔中有血色的液体，有腹膜炎病变。慢性病例肝实质萎缩、褪色、变硬，胆管肥厚、扩张呈绳索样突出于肝表面，胆管内壁粗糙，内含大量血性黏液和虫体以及黑褐色或黄褐色磷酸盐结石。

生前诊断常采用水洗沉淀法检查虫卵。如果在粪便中能检出吸虫虫卵则可以确诊。但由于牛肝片形吸虫排卵是间歇性的，因此，粪便虫卵检查比较困难。血液学检查会出现低清蛋白血症，在移行阶段，谷氨酸脱氢酶会升高。一旦胆管黏膜脱落，血浆中的 γ-谷氨酸转移酶会升高，这是一种有效的诊断指标。

（二）防治措施

1. 治疗

硝氯酚（拜耳9015），按3~7mg/kg体重用药，一次内服。或用阿苯达唑（丙硫咪唑），按10~15mg/kg体重用药，一次内服，禁用于产奶牛和怀孕前期45d的牛。

硫双二氯酚（别丁），按40~60mg/kg体重用药，装于小纸袋内一次投服。

2. 预防

定期驱虫的时间和次数可根据流行区的具体情况而定。在我国北方地区，每年应驱虫2次，一次在秋季，另一次在春季。在南方地区一年应驱虫3次。同一牧地放牧的动物最好同时进行驱虫。消灭中间宿主，灭螺是预防肝片形吸虫的重要措施。草场进行改良，化学药物灭虫。加强饲养卫生管理，选择地势较高、干燥地方放牧，动物的饮水必须干净，从流行区运来的牧草经处理后再饲喂牛。

二、前后盘吸虫病（胃吸虫病）

前后盘吸虫病是指由于大量前后盘吸虫的童虫（已变为成虫但尚未长大的虫体）寄生于牛皱胃、小肠和胆管，引起以腹泻、消瘦等症状为主的寄生虫病。大多数牛都有成虫寄生于瘤胃和胆管壁上，但一般危害性不大，但当较多童虫寄生于皱胃、小肠和胆管时，可引起严重疾病，甚至引起牛大批死亡。

（一）诊断要点

1. 流行特点

肠道内幼虫可经小肠黏膜移行到胆管、胆囊和皱胃，在瘤胃发育为成虫。

2. 临床症状

幼虫移行时危害严重，表现为顽固性拉稀，粪便恶臭，呈粥样或水样，有时粪中带鲜血并含有幼小的虫体。颌下水肿，逐渐消瘦。

急性幼虫移行期病例，往往在粪便中找不到虫卵，可取大量粪便，采取反复水洗沉淀法，可在沉淀物中发现未成熟的幼小吸虫。慢性病例可用水洗沉淀法检查粪便，发现大量虫卵即可确诊。注意与肝片吸虫虫卵相区别。

3. 不同时期的诊断

（1）成虫寄生的诊断　用水洗沉淀法在粪便中检查虫卵。虫卵形态与肝片吸虫相似，但颜色不同。

（2）童虫的诊断　生前用驱虫药物试治，如果症状好转或在粪便中找到相当数量的童虫，即可做出判断。

（3）死后诊断　成虫吸附于瘤胃及其与网胃交接的黏膜，局部黏膜充血、出血或有溃疡。死于童虫感染的牛，除恶病质变化外，胃、肠道及胆管等黏膜充血、出血、水肿及脱落，其内容物中可检出童虫或虫卵。

（二）防治措施

1. 治疗

参考肝片吸虫的治疗方法。

氯硝柳铵（灭绦灵），按 50~60mg/kg 体重用药，一次内服。也可用溴羟苯酰苯胺，1kg 体重 65mg 内服；吡喹酮，按 10~15mg/kg 体重内服；硫双二氯酚，按 40~50mg/kg 体重，内服，均有较好疗效。

2. 预防

应根据流行病学特点采取定期驱虫、消灭中间宿主、加强饲养管理和卫生管理等综合防治措施。

三、肺丝虫病

牛肺丝虫病又称牛网尾线虫病，是胎生网尾线虫和丝状网尾线虫寄生于牛气管、支气管引起的以呼吸系统症状为主的寄生虫病。病初表现干咳，逐渐频咳有痰，喜卧，呼吸困难，消瘦。

（一）诊断要点

1. 流行特点

由胎生网尾线虫和丝状网尾线虫寄生于反刍兽支气管和细支气管内引起，又称大型肺虫病。主要危害犊牛。

胎生网尾线虫主要寄生于牛等动物的气管、支气管、细支气管和肺泡，主要引起患牛的呼吸系统症状。我国西南的黄牛和西藏的牦牛多有此病发生，常呈地方性流行；牦牛常在春季牧草枯黄时大量地发病死亡，是牦牛春季死亡的重要原因之一。

寄生于牛体内的主要是胎生网尾线虫，其虫体乳白色，呈细丝状，雄虫长40~55mm，交合伞发达，交合刺也为多孔性构造；雌虫长 60~80mm，虫卵呈椭圆形，内含幼虫，大小为（82~88）μm×（33~39）μm。寄生于牛体气管、支气管内的网尾线虫的雌虫产出含有幼虫的虫卵；当患牛咳嗽时，被咳到口中，咽入胃肠道里；虫卵中的第一期幼虫孵出后随牛的粪便排体外；幼虫在适宜的条件下经 3 周左右发育成具有感染能力的第三期幼虫；这种幼虫被牛吞食后沿血液循环经心脏到达肺，逸出肺的毛细血管进入肺泡，再移行到支气管内发育成为成虫。

2. 临床症状

最初出现的症状为咳嗽，初为干咳，后变为湿咳，咳嗽的次数逐渐频繁；有的发生气喘和阵发性咳嗽，流淡黄色的黏液性鼻液。体温有时升高到 39.5～40℃，食欲减少或消失、消瘦、贫血，放牧时落群，精神不振，呼吸困难。听诊有湿啰音，在 8～9 肋间有浊音。严重者常导致肺泡性及间质性肺气肿，表现为吃力的咳嗽及严重的呼吸困难；后期卧地不起，口吐白沫，多经 3～7d 左右窒息死亡。

（二）防治措施

1. 治疗

阿苯达唑（丙硫咪唑），10～15mg/kg 体重用药，一次内服；注意禁用于产奶牛和怀孕期前 45d 牛。或用伊维菌素 0.2mg/kg 体重，一次肌内注射；注意禁用于产奶牛。或用左旋咪唑，7.5mg/kg 体重，一次内服；注意禁用于产奶牛。

2. 预防

① 加强饲养管理，合理补充精料，以增强牛体的抗病能力，从而达到减少寄生数量和缩短寄生时间的目的。

② 避免在低湿牧地放牧。有条件时应实行分区轮牧，定期更换牧地，注意饮水清洁。

③ 由放牧改为舍饲前后进行 1～2 次驱虫。放牧期间做好普查和定期驱虫工作。

④ 成年牛与犊牛分群放牧，以避免接触感染幼虫。

⑤ 对粪便及时堆积发酵处理，以免虫体污染外界环境。

四、绦虫病

牛绦虫病主要是莫尼茨绦虫和曲子宫绦虫寄生于小肠引起，对犊牛危害严重。虫体寄生数量多时，牛表现为食欲减退、消瘦、衰弱、贫血、急腹症、腹泻，粪便中可见乳白色孕卵节片。

（一）诊断要点

1. 流行特点

莫尼茨绦虫为世界性分布，在我国的东北、西北和内蒙古的牧区流行广泛；在华北、华东、中南及西南各地也经常发生。农区较不严重。

由绦虫的成虫寄生于牛的小肠引起。莫尼茨绦虫主要感染当年生的犊牛；曲子宫绦虫主要感染老龄牛，且一般不出现临床症状。

动物感染莫尼茨绦虫是由于吞食了含似囊尾蚴的地螨。地螨种类繁多，现已查明有20余种地螨可作为莫尼茨绦虫的中间宿主，其中以肋甲螨和腹鬃甲螨受染率较高。地螨在富含腐殖质的林区，潮湿的牧地及草原上数量较多，而在开阔的荒地及耕种的熟地里数量较少。性喜温暖与潮湿，在早晚或阴雨天气时，经常爬至草叶上；干燥或日晒时便钻入土中。六钩蚴在地螨体内发育为成熟似囊尾蚴的时间在20℃，相对湿度100%时需47~109d。成螨在牧地上可活14~19个月。因此，被污染的牧地可保持感染力达近两年之久。地螨体内的似囊尾蚴可随地螨越冬，所以，动物在初春放牧一开始，即可遭受感染。

2. 临床症状

严重感染时，犊牛消化不良，便秘，腹泻，慢性臌气，贫血，消瘦，最后衰竭而死。有时有神经症状，呈现抽搐和痉挛及旋回病样症状。有的由于大量虫体聚集成团，引起肠阻塞、肠套叠、肠扭转，甚至肠破裂。

3. 检查粪便中的绦虫节片

特别是在清晨清扫牛圈时，查看新鲜粪便，如在粪球表面发现孕卵节片即可确诊。用饱和食盐水浮集法检查粪便，有时可以发现莫尼茨绦虫卵。曲子宫绦虫和无卵黄腺绦虫卵较难检出。

（二）防治措施

1. 治疗

氯硝柳胺（灭绦灵）50mg/kg体重，一次内服；或吡喹酮10~15mg/kg体重，一次内服；或硫双二氯酚（别丁）40~60mg/kg体重，一次内服。

南瓜子750g、槟榔125g、白矾25g、鹤虱25g、川椒25g。水煎取汁，候温灌服。

2. 预防

在虫体成熟前，即牛放牧后30d内进行第一次驱虫；再经10~15d后进行第二次驱虫。此法不仅可驱除寄生的绦虫，还可防止牧场或外界环境遭受污染。有条件的地区，可有计划地与单蹄兽进行轮牧。尽可能避免雨后、清晨和黄昏放牧，以减少牛吃入中间宿主地螨的概率。结合牧场改良，进行深耕，种植优良牧草或农牧轮作，不仅能大量减少地螨，还可提高牧草质量。

五、犊牛隐孢子虫病

(一) 诊断要点

1. 流行特点

由小隐孢子虫寄生在犊牛的回肠、十二指肠和大肠上皮细胞内而引起。8~15日龄是犊牛隐孢子虫病的发病高峰，偶见3日龄犊牛感染，超过30日龄的犊牛则少见。感染隐孢子虫卵囊的牛犊，被牛粪污染的饮水、土壤及牛舍、产房垫料，接生员污染的手清理犊牛口腔内的羊水、污染的奶桶、不洁的灌胃器等，均可使牛隐孢子虫卵囊经口传入新生犊牛体内，经1~7d潜伏期，引起隐孢子虫感染。该病常合并感染其他肠道病原体，如轮状病毒、冠状病毒、大肠杆菌等，使病情复杂化。

2. 临床症状

少量感染小隐孢子虫的犊牛无明显临床症状，为隐性带虫者。大量感染时表现嗜睡，体温升高；严重腹泻，粪便黄绿色，常混有血液、黏液；犊牛渐进性消瘦，被毛粗乱，运动失调；使用普通抗生素治疗无效。

3. 实验室检查

可用饱和蔗糖溶液漂浮镜检法、改良抗酸染色镜检法等，检测粪便中隐孢子虫卵囊，进行确诊。

（1）饱和蔗糖溶液漂浮镜检法　将454g蔗糖溶于355mL蒸馏水，沸水浴煮10min即成饱和蔗糖溶液，静置排净气泡后分装，可室温长期保存。取粪便1g，放进2.5mL离心管，加入清水1mL，充分混匀，静置，用滴管吸取1滴饱和蔗糖溶液上层的粪液滴在载玻片上，随后在粪液上滴加饱和蔗糖溶液2~3滴，混匀。加盖玻片后在盖玻片上滴加镜油。镜检时可在上层焦点观察到边缘清晰、呈淡红色的牛隐孢子虫卵囊。

应用饱和蔗糖水漂浮法时，应考虑卵囊漂浮在饱和蔗糖溶液上层，常在首次出现的清晰视野内。

（2）改良抗酸染色镜检法　传统的抗酸染色操作烦琐，在规模化牧场难推广。市售Kinyoun染色液，操作简单，经临床验证即可使用。棉签蘸取待测粪便后，在载玻片上滚动几次，使粪便均匀涂抹在载玻片上，但不可过厚。用吹风机将载玻片涂层吹干。用市售Kinyoun染色液染色，依次滴加试剂A（复红染色液）、试剂B（脱色液）、试剂C（亚甲蓝染色液）至覆盖涂层，室温下分别染色5min、3min、7min，之后清水冲洗，用滤纸吸干水分后，即可在普通光学显微镜的油镜下检查。经抗酸染色后，牛隐孢子虫卵囊呈红色，背景为蓝色。

(二) 防治措施

1. 治疗

目前无特效治疗方法，发现病犊牛后及时隔离，对症治疗。牛舍消毒、杀卵。用5%葡萄糖氯化钠注射液1 000～1 500mL，25%葡萄糖注射液250～300mL，5%碳酸氢钠注射液250～300mL，一次静脉注射，2～3次/d，连用3～5d。可同时给患病犊牛口服补液盐。在奶桶中加入蒙脱石粉或膨润土等吸附剂。腹泻严重的犊牛，灌服螺旋霉素或阿奇霉素。

2. 预防

规范产房管理，严格脐带消毒，喂足优质初乳，最好将新生犊牛饲养在干净的犊牛岛或单个小隔间，避免直接接触母牛粪便。对牛舍环境使用30%过氧化氢、10%福尔马林、5%氨水等消毒杀卵。

六、犊新蛔虫病

(一) 诊断要点

1. 流行特点

犊新蛔虫病是由弓首科新蛔属的犊新蛔虫，寄生于初生犊牛的小肠内，引起的一种寄生虫病。遍及世界各地，我国南方各省份犊牛多见该病流行。主要危害2～5月龄内的犊牛，出生后2周龄内犊牛大量感染时死亡。

犊新蛔虫成虫虫体粗大，雄虫长15～25cm，雌虫长22～30cm。虫体柔软且透明，易破裂，淡黄色。犊新蛔虫的虫卵近球形，短圆，大小为（70～80）μm×（60～66）μm，壳厚，外层蜂窝状，新鲜虫卵淡黄色，内含单一卵细胞。

2. 临床症状

病犊牛以肠炎、下泻、腹部膨大、腹痛等为主要临床特征。病初精神沉郁、嗜睡，不愿行动。继而消化不良，食欲不振，吮乳无力或停止吮乳，腹胀、腹泻、腹痛。继发感染时，粪便糊状、腥臭、带血，口腔发出刺鼻的酸味。后期病牛虚弱、贫血、消瘦，臀部肌肉无张力，站立不稳。当虫体大量寄生时，可致病犊牛肠阻塞或肠穿孔而死亡。

3. 实验室检查

用饱和食盐水漂浮法，在粪便中检查出虫卵或虫体即可确诊。

（二）防治措施

1. 治疗

枸橼酸哌嗪 200~250mg/kg 体重，盐酸左旋咪唑 8mg/kg 体重，混入牛奶或饮水，一次灌服。丙硫咪唑 10~20mg/kg 体重，一次口服。伊维菌素注射液 0.2mg/kg 体重，一次皮下注射。

2. 预防

该病流行地区，对 10d 的犊牛进行 1 次预防性驱虫。对 6 月龄内犊牛普查，粪检发现犊新蛔虫卵囊的犊牛进行 1 次驱虫。

七、犊牛球虫病

（一）诊断要点

1. 流行特点

由艾美耳球虫寄生于犊牛小肠、盲肠和结肠引起。近年我国规模化牛场犊牛球虫病的发生与流行，呈暴发上升趋势，主要集中在 3.5~4 月龄犊牛，也发生在 6 月龄犊牛。

2. 临床症状

病犊牛精神沉郁，厌食，水样腹泻，极个别犊牛粪便带血或有血凝块。因肠黏膜损坏，影响饲料消化和水吸收，约 1 周后，病犊牛明显消瘦，不吃草料，不反刍，增重停滞；严重病例可死亡。

3. 实验室检查

球虫在犊牛体内向外排出卵囊具阶段性，每 3 周向外大量排卵囊时间仅为 0.5~2d，其他时间是无性繁殖阶段，无卵囊形成。用粪便饱和食盐水漂浮法检查时，在显微镜下常找不到球虫卵囊，粪便中检查到少量球虫卵囊，反而常是隐性感染带虫的犊牛。因此，仅根据粪便检查有无卵囊做出判断是不确切的。建议反复、多次采集腹泻犊牛的粪便，进行饱和食盐水漂浮法，检查球虫卵囊；或在病变部位刮取物中检查球虫裂殖体、裂殖子或卵囊，才有实际诊断价值。

（二）防治措施

1. 治疗

可用 5%妥曲珠利混悬液内服，一次 15mg/kg 体重。

2. 预防

牛舍保持干燥、通风、清洁，无积水，定期消毒。饲料和饮水清洁，严防粪尿污染。对病犊牛及时隔离治疗。成年牛和犊牛分开饲养。哺乳母牛的乳房要经常擦洗。规模化牧场饲养在犊牛岛内的犊牛，由于实行全进全出的饲养模式，此阶段犊牛一般不生球虫病，应在断奶混群后第3周投药预防。一般中小型养牛场和散户养牛，可在断奶时预防性驱虫；犊牛每次转群、重新混群，都要在混群后第3周，使用5%妥曲珠利混悬液，投药1次预防。

八、牛梨形虫病

牛梨形虫病又称焦虫病、血孢子虫病，是一类经硬蜱传播，由梨形虫纲巴贝斯科或泰勒科原虫引起的血液原虫病的总称。双芽巴贝斯虫、牛巴贝斯虫、环形泰勒虫对牛致病性强。

（一）诊断要点

1. 流行特点

该病在我国各地常有发生，硬蜱是该病的主要传播者。本病的流行有一定的季节性，与蜱的出没密切相关。幼畜发病最多，耐过的病畜为带虫者，不再重新发病。

硬蜱传播焦虫病的方式主要有如下两种。

（1）经卵传播　梨形虫随雌蜱吸血进入蜱体内发育繁殖后，转入蜱的卵巢经过蜱卵传给蜱的后代，之后由蜱的幼虫、若虫或成虫进行传播。梨形虫可随蜱的传代长期在其体内生存。当幼蜱吸食健康牛血时，将焦虫接种到牛体内，在牛的红细胞内继续发育繁殖而使健康牛发生焦虫病。

（2）期间传播　幼蜱或若蜱吸食了含有梨形虫的血液，可传递给它的下一个发育阶段——若蜱或成蜱进行传播，即在蜱的同一个世代内进行传播。泰勒虫是以这种方式传播的，即当感染泰勒焦虫的硬蜱在牛的畜体吸血时，虫体（子孢子阶段）随硬蜱的唾液进入牛体内，这些虫体在牛的脾、淋巴结和肝等网状内皮细胞内进行裂体增殖，形成多核虫体，多核体破裂后又释放出很多大裂殖子，裂殖子又侵入新的网状内皮细胞重复其无性繁殖。一般认为当其繁殖进行6代后，有的大裂殖子侵入网状内皮细胞发育为小裂殖体，小裂殖体破裂后释放出来的小裂殖子进入红细胞内变成配子体，即红细胞+寄生的泰勒焦虫。

2. 临床症状

牛的双芽巴贝斯焦虫病的潜伏期是8~15d，牛的巴贝斯焦虫病潜伏期是5~10d，这两种病的临床症状相似。患畜发热，体温可达40~42℃，呈稽留热，精神沉郁，食欲减退，消瘦，贫血和黄疸，反刍停止或迟缓，便秘或腹泻，粪便呈黑褐色，恶臭，带有黏膜。呼吸加快，大量红细胞被破坏，出现血红蛋白尿、尿的颜色由淡红色，到棕红色，甚至黑红色。泰勒焦虫病的潜伏期约为14~20d，病牛体温升高到39.5~41.8℃，为稽留热，病畜随体温升高而表现精神沉郁，行走无力，离群落后，个别病畜昏迷，卧地不起，呼吸增快，眼结膜初期充血肿胀，流出多量浆液性眼泪，以后贫血黄疸，布满绿豆粒大出血斑。病初食欲减退，中后期病畜喜啃土或其他异物，反刍次数减少以至停止，常磨牙、流涎，排少量干而黑粪便，常带有黏液或血丝。体表淋巴结肿胀为本病的特征，大多数病畜一侧肩前或腹股沟浅淋巴结肿大如鸭蛋，病初硬肿、疼痛，后渐变软。病畜迅速消瘦，在眼睑、尾根部和薄的皮肤上出现粟粒乃至扁豆大的、深红色结节状的溢血斑点。病程6~12d，急性病例常于1~2d死亡。

剖检，主要以全身性出血，第4胃黏膜有溃疡斑，以肝、脾、淋巴结高度肿胀为特征。死于焦虫病畜尸体消瘦，血液稀薄、色淡、凝固不全。皮下结缔组织充血、黄疸。肝、脾肿大，表面也有出血点。胸、腹部皮下水肿。

（二）防治措施

1. 治疗

静脉补液，注射三氮脒或贝尼尔等专用药物。

将0.5%黄色素按牛3~4mg/kg体重静脉注射；贝尼尔5~7mg/kg体重静脉注射，每天1次，重病畜连用2~3d。此外，辅助药一般有10%~25%葡萄糖300~500mL、10%维生素C 50~100mL、40%乌洛托品80~100mL、10%安钠咖10~20mL，分组静注。一般情况早确诊、早治疗，预后良好，病至晚期愈后不良。

2. 预防

预防的关键是灭蜱。要根据当地牛蜱的活动规律（如生活习性），制订灭蜱措施，严格执行。较简单又省钱的方法是用精制敌百虫粉，配成1%溶液局部涂擦或喷雾，效果很好；还要喷洒栏舍、牛场及蜱活动的田间野地等场所，但要注意人畜安全。在发病季节，可用贝尼尔、黄色素定期进行预防性给药，尤其对育成牛、新购入的奶牛尤为重要。对新购入的奶牛，在疫区应避免放牧，降低自然感染率。

九、牛无浆体病

牛无浆体病又称边虫病，是由无浆体引起、发生在反刍动物身上的一种病害。患病牛常呈间歇热或稽留热型，病畜精神沉郁，食欲减退，眼睑和咽喉部发生水肿，体表淋巴结肿大等症状。

牛无浆体病主要是由边缘无浆体经蜱传播的专性寄生于红细胞内的血液传染病，给养牛业带来较大的经济损失。

（一）诊断要点

1. 流行特点

通过蜱类进行生物源性传播，尤其是以雄蜱为主。通过其他吸血类昆虫（如蚊子、蝇、牛蛇等）以及污染有虫体的血液进行机械性传播。

各种牛不分年龄均易感但随年龄的增长而病情加剧。本地牛或犊牛感染后症状较轻，个别可耐过，但可成为带菌者（最长可在牛体内存活 13~15 年）。3 岁以上的成年牛常常与牛焦虫混合感染导致死亡，多发生于 7—10 月，早者在 5 月下旬就有发生，可持续发生到 11 月。

2. 临床症状

牛感染无浆体病潜伏期一般在 5~15d；病牛症状轻微的表现贫血，衰弱和黄疸，食欲减退。临床检查见牛体有蜱附着，特别是在腹下无毛和少毛处较多，大多数器官的变化都与贫血有关。

急性的体温突然升高达 40~42℃。病牛唇、鼻镜干燥，食欲减退，反刍减少，贫血，黄疸。黏膜或皮肤变为苍白和黄染。呼吸加快与心跳增速。个别见有腹泻，便秘较多、常伴有胃弛缓。粪便暗黑，并有黏液覆盖。患病后牛迅速消瘦，10~12d 病牛的体重可减少 7%~10%，严重者出现肌肉震颤、流产和发情抑制等。

（二）防治措施

1. 治疗

（1）针对性治疗　病牛可按体重肌内注射 250~500mg/kg 盐酸氯喹，每天 1 次，连续用药 5d，也可使用四环素、金霉素或者土霉素，治疗效果都较好。

另外，也可使用贝尼尔、台盼蓝等药物进行治疗。例如：按体重使用 3.5mg/kg 贝尔尼，添加适量生理盐水配制成浓度为 7%的溶液，给病牛缓慢静脉推注，每天 1 次，连续用药 3d。

（2）对症治疗　病牛可静脉注射 1 500~2 000mL 25%葡萄糖、500mL 5%的葡萄糖氯化钠溶液、40~60mL 维生素 C 进行补液，每天 1 次，连续用药 3d。发热病牛可肌内注射 20mL 柴胡注射液，20mL 氨基比林注射液，每天 1 次，连续用药 3d。

病牛健胃，可灌服 200~300mL 姜酊或者 150~300mL 陈皮酊，每天 1 次，连续用药 3d。

2. 预防

禁止到疫区引进牛，且牛到场后必须进行隔离检疫。避免通过用具或者饲料使舍内混入蜱，还要避免通过注射针头或者外科器械带入传播媒介。注意消灭蜱虫以及蚊子、蝇、牛虻等多种吸血昆虫，尤其是每年5—10月蜱虫旺盛活动的时节，牛群尽可能不到滋生大量蜱虫的地方进行放牧。

十、螨和虱病

螨和虱病是由痒螨、疥螨、蠕形螨和虱在体表寄生引起。螨病以剧痒和皮炎为特征。

（一）诊断要点

1. 流行特点

疥螨从牛体表离开，在牛舍以及周围环境中能够存活3周，而痒螨能够生存长达2个月。该病急性发生，较快传播，传染性较强，牛群中只要有牛患病就会快速扩散至全群。健康牛主要是由于直接或者间接接触病牛，使其体表感染螨虫，从而引起发病。该病通常在气候寒冷的冬季和初春时节容易发生，这是由于此时光照时间较短，体表被毛较密，而此时皮肤湿度往往相对较高，有利于螨虫的繁殖和发育。

牛虱病通常在冬春季节容易发生，主要是由于牛体表寄生有牛毛虱、牛管虱、牛血虱以及牛颚虱，吸食血液以及皮屑、毛等导致。第一种为吸血虱，另外3种为食毛虱，其中比较常见的是吸血虱，会造成较重的危害。该病通过接触进行传播。

2. 临床症状

疥螨病牛在临床上的主要特征是严重瘙痒、脱毛以及湿疹性皮炎。发病初期，病牛体表皮肤严重瘙痒，接着食欲减退甚至完全废绝，机体消瘦，病变处皮肤形成结痂且有所增厚，被毛逐渐脱落。感染疥螨而引起发病时，病牛皮肤上会出现水疱、丘疹和脓疱，后期会形成灰白色的痂皮，硬如橡皮，一般是体表被毛较少的部位会发生病变，形成明显的褶皱。感染痒螨而引起发病时，病牛皮肤上会出现浅红色或者浅黄色的小结节和水疱，接着出现鳞屑以及呈浅黄色的脂肪样痂皮，一般是体表被毛较密的部位会发生病变，导致大量被毛脱落，导致其通常由于冷冻、体质虚弱而发生死亡。

牛虱病由寄生于牛体表的牛血虱、牛腭虱和牛毛虱引起。各种虱有宿主和部位的特异性。牛虱常寄生于牛体的背部、颈部、肩部和尾部。当数量很多时才分布到全身。病牛表现不安，采食和休息受到影响。消瘦，奶牛产奶量下降。犊牛由于体痒，经常舔吮患部，可造成食毛癖，时间久之，在胃内形成毛球，影响食欲和消化机能及其他严重疾病。毛虱在严重感染的情况下痒觉剧烈，患牛表现不安，摩擦，影响采食和休息。在牛体上发现有牛虱时即可确诊。

（二）防治措施

1. 治疗

疥螨病牛可在患处使用 1% 敌百虫和酒精溶液进行擦洗，每周 1 次，连续使用 2~3 次。另外，病牛也可按体重每 50kg 皮下注射乙酰氨基阿维菌素 1mL进行治疗。

牛虱病通常是使用 0.5%~1% 敌百虫水溶液进行治疗，直接喷洒病牛体表即可。另外，也可直接在体表撒布适量的硫黄粉进行治疗，还可使用伊维菌素 200μg/kg 体重，配制成 1% 溶液后用于皮下注射。

2. 预防

加强饲养管理，保持环境卫生良好、干燥，适当通风，牛舍、运动场要定期进行消毒，确保机体健康。牛群日常要经常进行检查，观察是否有牛出现掉毛，一旦发现要立即采取隔离诊断治疗，彻底康复后才能够再次合群饲养。

十一、皮蝇蛆病

牛皮蝇蛆病是由于牛皮蝇和纹果蝇的幼虫寄生在背部皮下组织引起的慢性寄生虫病。临床表现皮肤发痒，患部疼痛、肿胀发炎，严重的引起皮肤穿孔。

（一）诊断要点

1. 流行特点

牛皮蝇成蝇形似蜂类，体表面有绒毛，头上有复眼及三角单眼，不能采食或叮咬。幼虫的体形较大，呈棕色，腹侧稍隆起。纹果蝇的表绒毛与牛皮蝇相似，第三期幼虫体细，最后一节的腹面无刺。

成蝇与纹皮蝇的生活史相似，外来物种仅能存活 5~6d。夏秋季，雌雄蝇交配，雌蝇在牛毛上产卵后死亡，幼虫则直接钻进牛皮内，在组织内发育，演化成三级幼虫。纹叶蝇幼虫在皮下生出后，直接进入皮下层，再进入第二阶段，后移至背侧皮下，形成第三阶段。它们从皮孔蹦出，落到成蛹，经 1~2个月羽化成蝇。在牛只体内可寄生 10~11 个月，发育期为 1 年。

每年 4—5 月，成蝇开始出现，最初并不叮咬牛只，经过 5~6d 后雌雄蝇开始交配，然后雌蝇就会在四肢上、腹部等部位产卵，经 4~7d 产卵后死亡，可产生第一期幼虫，再直接钻进牛只的皮下，可在体内游动两个半月，再转化为第二阶段幼虫。第二阶段幼虫经外膜组织移至脂肪部位，经5个月发育后爬出，至腰背部皮下发育为第3期的幼虫。第三阶段幼虫在发育过程中，可在2个月后成蛹，然后羽化1~2个月。成年牛毛继续产卵发育，主要经历4个阶段，整个发育过程约需1年，病牛是本疾病的主要传染源。值得注意的是，雌蝇在产卵过程中会引起惊恐和不安，影响牛群的休息与进食，甚至造成伤害、流产等后果。第一阶段幼虫可钻入牛体，引起牛体疼痛及瘙痒症状。第二阶段幼虫主要破坏牛的组织。3期幼虫主要是引起皮下组织炎症，也可引起继发性感染，出现脓肿及浆液外流。幼虫数量和发育期的不同对牛群的影响也有一定的差异，但都会影响牛的正常生长和发育，影响牛的生产性能，使牛肉的质量下降。

由牛皮蝇和纹皮绳的幼虫寄生在背部皮下组织引起，幼虫出现于背部皮下时易于确诊。最初可在背部摸到长圆形的硬结，过一段时间后可以摸到瘤状肿，瘤状肿中间有一小孔，可挤压出幼虫。此外，剖检时在食道浆膜下、皮下和脊椎管内可发现第1、2期幼虫。

2. 临床症状

牛群遭到成蝇的攻击后，惊恐地跑开。被蝇蛆寄生的背部发痒及疼痛，若细菌入侵，可化脓，愈合后瘢痕形成，影响皮革品质。牛皮癣幼虫可影响血凝块，溶解蛋白，引起病牛贫血、瘦弱，奶牛泌乳量减少，抵抗力和免疫也受到影响。当幼虫挤干后，如花生米或手指样大，会留下小孔，形成小脓肿。虫体分泌毒素，严重损害牛血壁和血管壁，导致牛贫血，病牛瘦弱，幼畜生长缓慢。另外，一些幼虫可进入脑部，引起神经症状，引起病牛后退运动，突然间倒地，严重时可致病牛死亡，对养牛业危害较大。幼虫移动引起各处组织损伤，引起局部组织增生及炎症。

（二）防治措施

1. 治疗

试验结果表明，蝇毒素成年牛1.5mL、青年牛1~1.5mL、小牛0.5mL，髋部注射给药，对治疗1、2期幼虫均可达95%以上。

蝇毒素采用髋肌注射法，对灭杀蚊蝇幼虫活动期效果显著。

用2%敌百虫水溶液涂在牛背上，可杀灭第3个虫卵，24h后死亡，5~6d，瘤肿明显缩小。只涂1次，杀菌率可以达到90%~95%。

采用人工灭虫，病牛的数量很少，可以采用这种方法。幼虫成熟期，用手指挤压鼻孔，将虫卵直接挤出肿瘤，然后杀灭幼虫。应注意的是，不要挤压虫体，一定不能把虫子踩死。

在成虫活跃季节，用溴氰菊酯或敌虫菊酯每 20d 喷洒 1 次，喷在牛体表面。

对幼虫，可以皮下注射伊维菌素，能杀灭幼虫。

2. 预防

夏季蝇类活动季节，用 1%~2% 敌百虫对牛体进行喷洒，每隔 10d 喷洒 1 次，奶牛不得使用本品，肉牛宰前 7d 停药。或用拟除虫菊酯类药物 1 000~1 500mg/kg 体重喷洒，每 30d 喷洒 1 次，可杀死产卵的雌蝇或由卵孵出的幼虫。

参考文献

郭爱珍，2021. 牛病图鉴［M］. 北京：中国农业科学技术出版社.

李宏全，2016. 门诊兽医手册［M］. 北京：中国农业出版社.

李连任，2018. 牛病中西医结合诊疗处方手册［M］. 北京：中国农业科学技术出版社.

罗超应，2008. 牛病中西医结合治疗［M］. 北京：金盾出版社.